Python
資料結構×演算法
刷題 鍛鍊班

Python
資料結構×演算法
刷題 鍛鍊班

感謝您購買旗標書，
記得到旗標網站
www.flag.com.tw
更多的加值內容等著您⋯

<請下載 QR Code App 來掃描>

● FB 官方粉絲專頁：旗標知識講堂、從做中學 AI

● 旗標「線上購買」專區：您不用出門就可選購旗標書！

● 如您對本書內容有不明瞭或建議改進之處，請連上
旗標網站，點選首頁的 聯絡我們 專區。

若需線上即時詢問問題，可點選旗標官方粉絲專頁
留言詢問，小編客服隨時待命，盡速回覆。

若是寄信聯絡旗標客服 email，我們收到您的訊息
後，將由專業客服人員為您解答。

我們所提供的售後服務範圍僅限於書籍本身或內
容表達不清楚的地方，至於軟硬體的問題，請直接
連絡廠商。

學生團體　　訂購專線：(02)2396-3257 轉 362
　　　　　　傳真專線：(02)2321-2545

經銷商　　　服務專線：(02)2396-3257 轉 331
　　　　　　將派專人拜訪
　　　　　　傳真專線：(02)2321-2545

國家圖書館出版品預行編目資料

Python 資料結構 x 演算法刷題鍛練班：234 題帶你突破
Coding 面試的難關
謝樹明 著 --
臺北市：旗標，2022. 12　面；公分

ISBN 978-986-312-712-3　（平裝）

1. CST: 資料結構　　2. CST: Python(電腦程式語言)

312.73　　　　　　　　　　　　　　111004403

作　　者／謝樹明 著

發 行 所／旗標科技股份有限公司

　　　　　台北市杭州南路一段15-1號19樓

電　　話／(02)2396-3257(代表號)

傳　　真／(02)2321-2545

劃撥帳號／1332727-9

帳　　戶／旗標科技股份有限公司

監　　督／陳彥發

執行企劃／陳彥發

執行編輯／王寶翔、陳彥發

美術編輯／蔡錦欣

封面設計／蔡錦欣

校　　對／陳彥發、謝樹明、李依蓁

新台幣售價：650 元

西元 2022 年 12 月 初版

行政院新聞局核准登記-局版台業字第 4512 號

ISBN 978-986-312-712-3

版權所有・翻印必究

學習地圖

▲ 打好 Python 基礎

▲ 使用 Python 做出
自己的 Side Project

◀ 打好資料結構與演
算法基礎，從容應
付求職面試的測驗

延伸學習

作者序
PREFACE

這是一本適合學校講授資料結構及演算法的教科書，也是一本適合個人提升程式能力的自修練功書。

講授時可以依照章節的主題進行，以課文及範例說明為主，輔以刷題程式及練習題，可建立學習者對於本學科的廣度，適合一至二個學期的進度。自修練功時，閱讀課文及範例說明可以適時補足原理基礎，練習刷題程式及課後習題則能夠加強思考的深度。

有人把寫程式比喻作武俠世界裡的功夫，程式語言的運用技能屬於外功，而演算法、資料結構等邏輯思維則屬於內力，內外兼修則為高手無誤。新世代的 IT 人則喜歡把寫程式比喻為羽球等球類運動，羽球選手的體能、肌力及耐力是類比於邏輯思維的內力，而擊球及反應移動的技巧則是類比於程式語言運用的外功。本書就是協助大家同時提升內力與技巧而成為高手的好工具。

有系統有組織地練習，絕對比一題一題盲目拼湊更有效率，本書就是以資料結構及演算法中各個重要的主題為內容，配合知名刷題網站中相關題目進行講解與示範，書中強調解題思考與模組分解，學習者可以觀摩、練習、思考，甚至改進，在練習中思考、藉思考提升功力，循序而進，建立自己的解題經驗值與解題信心。

資訊科技正以鋪天蓋地之勢改變每一個人的生活工作及休閒娛樂的樣貌。在這個時代學習資訊相關技能、從事資訊相關職業，是一件最剛好的事。期望這本書能成為無數資訊人的踏腳石，穩步邁向高處的目標。

本書是旗標編輯團隊高品質的成果產出，特別感謝陳彥發主編在過程中不間斷地提出建議與反饋，來來回回不斷淬煉，讓這本書更臻完美。

三十年前因緣際會，能夠在旗標這樣的資訊出版業翹楚成為作者，「**細談資料結構**」也成為史上累積銷量最多的原生中文資料結構教科書，幫助了七萬多位讀者進入一窺資料結構及演算法的堂奧。期望本書也能幫助更多有心的學習者，讓他們有心也有力，提升自己及台灣的資訊競爭值。

謝樹明於台北

本書表示方式
CONVENTIONS USED

強化程式功力最好的方式就是實作，因此本書安排各種不同類型的例題，增加讀者實際演練，與動腦解題的經驗。全書共計有 234 個例題，區分成**範例**、**刷題**、**延伸刷題**、**練習題**等不同形式，各題型的呈現方式和意義。

本書題目大致會如同下列格式呈現，說明如下：

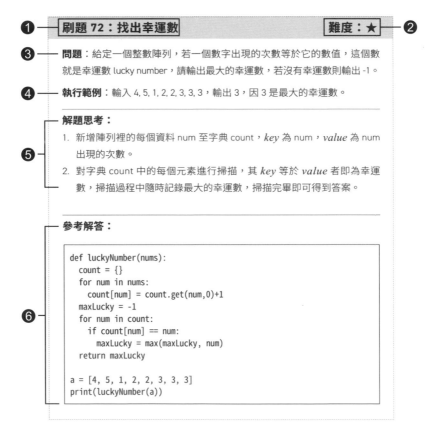

❶ 題目類型，有 3 種不同的形式：

範例：一般基本資料結構的實作和推導。

刷題：面試或其他各種測驗場合很常出現的題目。

延伸刷題：從範例或刷題延伸而來，滿足特定要求的題目。

❷ 此為刷題網站的難度參考，星星越多難度越高，有難、中、易等 3 個級別；有些題目刷題網站沒有收錄 (包括範例、延伸刷題)，因此沒有難度標示。

❸ 此為題目敘述，刷題網站的題目多半是使用英文，很多面試測驗也常以英文為主，不過為方便初學者理解，本書題目都用中文敘述，先聚焦解題技巧。

❹ 此為題目要求的輸入和輸出格式，較複雜的題目會提供好幾組輸出入的範例，解題時必需按照格式的要求才算過關。

❺ 此為解題技巧與程式思維的推導，通常會用到前面主題所涉及的觀念，是本書最核心的內容。

❻ 依照題意的參考解答之一，有些程式碼會與先前的範例重複，也會指引您參考前述的說明。

除此之外，各主題最後也會提供如下的練習題，這些都是作者輔導學生參與各級別考試，所蒐集而來的考古題，因此題型也比較多元，除了程式實作，也會有問答或選擇題。

✏ **練習題**

4.1 請完成 stackClass 類別的 peek 方法的實作。

4.2 下列有關堆疊資料結構的敘述何者錯誤？
(A) 常用於函式的呼叫與返回　(B) 可存放執行副程式時的活動記錄
(C) 屬於後進先出的存取限制　(D) 可用圖形實作

書附檔案說明

R E S O U R C E S

本書所使用的範例程式皆可由下面的網址進入到下載的頁面，經網頁上的指示輸入書中關鍵字後即可下載：

https://www.flag.com.tw/bk/st/F2752

下載的範例檔為 F2752.zip，解壓縮後即可使用，例如解壓縮到 D:\F2752 資料夾中，請依照不同章節資料夾，按照書中內容的說明取用所需的檔案：

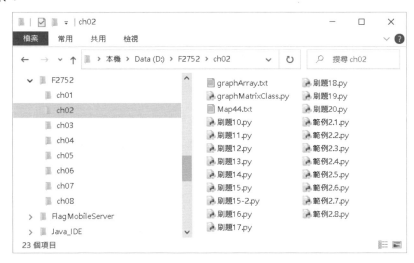

本書所附的例題檔案，均在 Spyder、VS Code 等 IDE 環境測試過，皆可正常執行，或者也可以選擇用 Python 原生的 IDLE 來執行也沒問題。

此外，也歡迎註冊加入旗標 VIP 會員，可下載作者不定時提供的 Bonus 刷題技巧。讀者們若對本書有任何疑問隨時歡迎到**旗標從做中學**粉絲專頁一起學習討論：

旗標從做中學 Learning by doing 粉絲專頁
https://www.facebook.com/flaglearningbydoing

目錄

CONTENTS

第 1 章 初探資料結構與演算法

1-1 資料結構、演算法與程式設計 (Data Structures, Algorithms & Programming)

- 主題 1-A 什麼是資料結構 1-2
- 主題 1-B 什麼是演算法 1-5
- 主題 1-C 什麼是程式設計 1-6
- 主題 1-D 迴圈的設計 1-9

1-2 遞迴 (Recursion)

- 主題 1-E 什麼是遞迴 1-19
- 主題 1-F 河內塔 (Towers of Hanoi) 1-27
- 主題 1-G 費伯納西數列 (Fibonacci Sequence) 1-32
- 主題 1-H 二項式係數 (Binomial Coefficient) 1-35

1-3 程式的效率—時間複雜度 (Time Complexity)

- 主題 1-I 程式碼敘述的計數 1-39
- 主題 1-J 時間複雜度的漸近符號 (Asymptotic Notation) 1-42

第 2 章 陣列與字串

2-1 陣列 (Array)

- 主題 2-A 一維陣列 (One-Dimensional Array) 2-2
- 主題 2-B 貪婪演算法 (Greedy Method) 2-15
- 主題 2-C 二維陣列 (2-Dimensional Array) 2-26
- 主題 2-D 動態規劃演算法 (Dynamic Programming Method) 2-37

2-2 字串 (String)

- 主題 2-E 字串的處理 2-42
- 主題 2-F 字串的比對 2-50

第 3 章 鏈結串列

3-1 各種鏈結串列 (Linked List)

- 主題 3-A　什麼是鏈結串列 3-2
- 主題 3-B　以類別實作鏈結串列 3-8
- 主題 3-C　環狀鏈結串列 3-32
- 主題 3-D　雙向鏈結串列 3-35

3-2 鏈結串列的應用

- 主題 3-E　多項式的表示與運算 3-41
- 主題 3-F　稀疏矩陣的表示 3-46

第 4 章 堆疊與佇列

4-1 堆疊 (Stack)

- 主題 4-A　堆疊的運算 4-2
- 主題 4-B　鏈結堆疊 (Linked Stack) 4-16
- 主題 4-C　運算式的轉換與計算 4-17

4-2 佇列 (Queue)

- 主題 4-D　佇列的運算 4-24
- 主題 4-E　鏈結佇列 (Linked Queue) 4-38

第 5 章 圖 (Graph)

5-1 圖的定義、資料結構與走訪

- 主題 5-A　圖的相關定義與名詞 5-2
- 主題 5-B　表示圖形的資料結構 5-6
- 主題 5-C　圖的走訪 5-17

5-2 圖形上的貪婪演算法

- 主題 5-D　最小花費展開樹 (Minimum Cost Spanning Tree) 5-41
- 主題 5-E　最短路徑 (Shortest Path) 5-47

5-3 工作網路 (Activity Network)

- 主題 5-F 頂點工作網路 (Activity on Vertices, AOV Networks)

  與拓樸排序 (Topological Sorting) 5-53

- 主題 5-G 邊工作網路 (Activity on Edges, AOE Networks)

  與關鍵路徑 (Critical Path) 5-57

第 6 章 樹狀結構

6-1 樹的資料結構與走訪

- 主題 6-A 樹的定義及資料結構 6-2
- 主題 6-B 樹的走訪 6-6

6-2 二元樹 (Binary Tree)

- 主題 6-C 二元樹的儲存、建立與走訪 6-13
- 主題 6-D 引線二元樹 (Threaded Binary Tree) 6-28
- 主題 6-E 二元樹的計數 6-31

6-3 搜尋樹 (Search Tree)

- 主題 6-F 二元搜尋樹 6-36
- 主題 6-G AVL 樹 (高度平衡二元樹) 6-48
- 主題 6-H m 元搜尋樹及B樹 6-56

6-4 樹的應用

- 主題 6-I 互斥集合 (Disjoint Set) 與 Union-Find 6-62
- 主題 6-J 資料壓縮與霍夫曼 (Huffman) 樹 6-65

第 7 章 資料排序

7-1 基本排序法 (Basic Sorting Methods)

- 主題 7-A 排序及定義 7-2
- 主題 7-B 氣泡排序法 (Bubble Sort) 7-5
- 主題 7-C 選擇排序法 (Selection Sort) 7-10
- 主題 7-D 插入排序法 (Insertion Sort) 7-13

7-2 進階排序法 (Advanced Sorting Methods)

- 主題 7-E 合併排序法 (Merge Sort) 與分而治之演算法 7-21
- 主題 7-F 快速排序法 (Quick Sort) 7-30
- 主題 7-G 基數排序法 (Radix Sort) 7-37
- 主題 7-H 堆積排序法 (Heap Sort) 7-44

第 8 章 資料搜尋

8-1 在循序結構上的搜尋

- 主題 8-A 搜尋及定義 (Definition of Searching) 8-2
- 主題 8-B 循序搜尋 (線性搜尋) 8-5
- 主題 8-C 二分搜尋法 (Binary Search) 8-6
- 主題 8-D 內插搜尋法 (Interpolation Search) 8-15

8-2 利用索引結構的搜尋

- 主題 8-E 直接索引 (Direct Index) 8-23
- 主題 8-F 樹狀結構索引 (Tree Index) 8-25

8-3 雜湊表 (Hash Table)

- 主題 8-G 雜湊表 8-28

附錄 A Python 語法快速入門

A-1 資料型別、變數及運算 A-1

A-2 Python 內建的資料結構(容器) A-10

A-3 Python 的流程控制 A-21

A-4 函式 Function A-31

A-5 物件、類別與套件 A-35

例題列表
L I S T I N G S

第 1 章 初探資料結構與演算法

▶ 範例 1.1　單層 for 迴圈的設計—數列累加..1-9

▶ 範例 1.2　單層 for 迴圈的設計—計算級數...1-10

▶ 刷題 1　　找出數字 0 連續出現最多的次數...1-11

▶ 刷題 2　　判斷是否為回文數字...1-13

▶ 刷題 3　　雙層 for 迴圈的設計—詞彙的配對...1-15

▶ 刷題 4　　九九乘法表...1-16

▶ 刷題 5　　星星金字塔...1-17

▶ 範例 1.3　遞迴累加式...1-22

▶ 刷題 6　　遞迴版歐幾里得演算法...1-24

▶ 刷題 7　　快速次方...1-24

▶ 刷題 8　　河內塔遊戲...1-30

▶ 刷題 9　　計算第 n 個費伯納西數列...1-32

▶ 延伸刷題　費伯納西數列迴圈版...1-34

▶ 範例 1.4　二項式係數...1-36

▶ 範例 1.5　單層 for 迴圈的計數...1-39

▶ 範例 1.6　雙層 for 迴圈...1-40

▶ 範例 1.7　雙層 for 迴圈，內圈次數由外圈決定...1-40

▶ 範例 1.8　三層 for 迴圈...1-41

▶ 範例 1.9　排序時間複雜度...1-45

▶ 範例 1.10　取得時間複雜度...1-47

▶ 範例 1.11　計算程式的時間複雜度...1-47

第 2 章 陣列與字串

▶ **範例 2.1** 插入元素到陣列中的指定位置 2-4

▶ **範例 2.2** 刪除陣列中指定位置的元素 2-6

▶ **範例 2.3** 找出陣列中最大（或最小）的元素 2-8

▶ 延伸刷題 找出最大元素的位置 2-9

▶ 刷題 10 找出小於 n 的質數 2-10

▶ 延伸刷題 找出小於 n 的質數（進階版） 2-11

▶ 刷題 11 從陣列中找出相加等於 k 的兩數 2-12

▶ 刷題 12 找零錢問題 2-16

▶ 刷題 13 比例背包問題 2-17

▶ 刷題 14 最少裝箱浪費問題 2-20

▶ 刷題 15 最大子陣列 (Maximum Subarray) 2-23

▶ 延伸刷題 最大子陣列位置 2-25

▶ **範例 2.4** 矩陣的輸出 2-30

▶ **範例 2.5** 矩陣的轉置 2-31

▶ **範例 2.6** 兩個矩陣的相加 2-32

▶ **範例 2.7** 兩個矩陣的相乘 2-33

▶ 刷題 16 費氏數列 DP 版 2-38

▶ 刷題 17 二項式係數 DP 版 2-39

▶ 刷題 18 巴斯卡三角形 Pascal Triangle 2-41

▶ 刷題 19 判斷回文數字（字串處理） 2-44

▶ 刷題 20 員工出勤紀錄 2-46

▶ 刷題 21 Excel 欄位編碼 2-48

▶ **範例 2.8** 暴力法字串比對 2-51

第 3 章 鏈結串列

▶ **範例 3.1** 走訪鏈結串列 3-11

▶ **範例 3.2** 附加新節點到鏈結串列 3-14

▶ 範例 3.3 在鏈結串列中搜尋資料為 value 的節點 3-15

▶ 範例 3.4 在鏈結串列中刪除資料為 value 的節點 3-17

▶ 刷題 22 效率 O(1) 的節點刪除 3-18

▶ 刷題 23 反轉鏈結串列 3-21

▶ 刷題 24 遞迴版反轉鏈結串列 3-23

▶ 刷題 25 兩數相加 3-25

▶ 刷題 26 合併兩鏈結串列 3-27

▶ 刷題 27 找出兩鏈結串列的末端交集 3-29

▶ 延伸刷題 兩鏈結串列的末端交集（不可呼叫反轉功能） 3-30

▶ 範例 3.5 在雙向鏈結串列中 p 所指節點右方插入為 value 的新節點資料 3-38

▶ 範例 3.6 在雙向鏈結串列尾端附加資料為 value 的新節點 3-39

▶ 範例 3.7 在雙向鏈結串列刪除 p 指到的節點 3-40

▶ 範例 3.8 多項式相加 3-43

第 4 章 陣列與字串

▶ 範例 4.1 用堆疊將字串反轉 4-3

▶ 刷題 28 判斷回文數字（堆疊版） 4-8

▶ 刷題 29 最小值堆疊 4-9

▶ 刷題 30 檢查括號的正確性 4-11

▶ 刷題 31 驗證進出堆疊結果序列是否合理 4-13

▶ 範例 4.2 使用堆疊將中序式轉為後序式 4-19

▶ 範例 4.3 使用堆疊計算後序式的值 4-22

▶ 刷題 32 實作環狀佇列—效率為O(1) 的佇列 4-28

▶ 刷題 33 用佇列實作堆疊 4-32

▶ 刷題 34 用堆疊實作佇列 4-35

第 5 章 圖 (Graph)

▶ 範例 5.1 鄰接矩陣的類別 5-9

▶ 範例 5.2 鄰接串列的類別 5-11

▶ 範例 5.3　加權鄰接串列的類別 5-14

▶ 刷題 35　檢查是否為星形圖 5-15

▶ 刷題 36　廣度優先走訪圖形 5-20

▶ 刷題 37　測試無向圖中的兩頂點 是否存在路徑（連通）............................ 5-22

▶ 範例 5.4　DFS 遞迴版 5-24

▶ 刷題 38　深度優先走訪圖形 5-25

▶ 範例 5.5　DFS 堆疊版 5-27

▶ 刷題 39　檢查兩個頂點間是否有路徑 5-30

▶ 刷題 40　檢查圖形是否為連通圖 5-32

▶ 刷題 41　檢查有向圖是否有死結 5-33

▶ 刷題 42　修課限制是否可行 5-35

▶ 刷題 43　檢查無向圖是否有環路 5-36

▶ 刷題 44　計算地圖中最大的島 5-38

▶ 刷題 45　取得加權圖的最小花費展開樹 MCST 5-44

▶ 刷題 46　取得加權圖的最短路徑 5-50

▶ 範例 5.6　取得無環有向圖的拓樸順序 5-55

▶ 範例 5.7　計算 AOE 網路的關鍵路徑 5-59

第 6 章 樹狀結構

▶ 範例 6.1　建立樹的類別 6-5

▶ 刷題 47　樹的 BFS 走訪 6-6

▶ 刷題 48　樹的 DFS 走訪 6-8

▶ 刷題 49　計算樹的高度 6-9

▶ 刷題 50　計算樹的最大距離 6-11

▶ 刷題 51　計算二元樹的節點數 6-22

▶ 刷題 52　計算二元樹的高度 6-23

▶ 刷題 53　由中序順序及前序順序建構二元樹.. 6-24

▶ 範例 6.2　建立二元搜尋樹 6-38

▶ 範例 6.3　在二元搜尋樹進行搜尋 6-41

▶ 刷題 54　建立二元搜尋樹的 Iterator 類別 6-42

▶ 刷題 55　計算二元搜尋樹的最小值距 6-45

▶ 刷題 56　找出相加等於 k 的兩數 (Two Sum) 6-46

▶ 範例 6.4　建立 AVL 樹 6-53

▶ 刷題 57　判斷二元樹是否為 AVL 樹 6-53

▶ 範例 6.5　建立 Huffman 樹 6-66

▶ 範例 6.6　霍夫曼編碼 Huffman Encoding 6-70

▶ 刷題 58　連接木棍的最小花費 6-72

第 7 章 資料排序

▶ 範例 7.1　設計氣泡排序法 7-7

▶ 延伸刷題　設計最佳狀況為 O(n) 的氣泡排序法 7-9

▶ 範例 7.2　設計選擇排序法 7-11

▶ 刷題 59　將數字組合成最大數 7-12

▶ 範例 7.3　設計插入排序法 7-15

▶ 刷題 60　以最少移動數讓學生坐定位 7-16

▶ 刷題 61　按照出現頻率排序資料 7-17

▶ 刷題 62　排序單向鏈結串列資料 7-18

▶ 刷題 63　合併兩個排序好的陣列 7-22

▶ 範例 7.4　設計合併排序法 7-26

▶ 範例 7.5　非遞迴的合併排序法 7-28

▶ 刷題 64　分割資料 7-32

▶ 刷題 65　將偶數排序在前 7-34

▶ 範例 7.6　設計快速排序演算法 7-35

▶ 範例 7.7　設計分配法 7-40

▶ 刷題 66　排序顏色 7-41

▶ 範例 7.8　設計基數排序法 7-42

▶ 範例 7.9　設計堆積類別 7-47

▶ 範例 7.10　設計堆積排序法 7-52

第 8 章 資料搜尋

▶ 範例 8.1　設計循序搜尋法 8-5

▶ 刷題 67　二分搜尋法 8-8

▶ 刷題 68　搜尋儲存位置或可插入點 8-10

▶ 刷題 69　找出相加等於 k 的兩數（二分搜尋法） 8-11

▶ 延伸刷題　相加等於 k 的答案不存在的處理方式 8-12

▶ 刷題 70　找出相加等於 k 的兩數之位置 8-13

▶ 延伸刷題　使用字典來解 Two Sum 問題 8-15

▶ 範例 8.2　設計內插搜尋法 8-18

▶ 刷題 71　在 3 個陣列出現至少 2 次的數 8-20

▶ 刷題 72　找出幸運數 8-21

▶ 範例 8.3　設計雜湊表類別 8-33

▶ 刷題 73　找出相加等於 k 的兩數—雜湊版 8-35

▶ 刷題 74　找出最長不重複子字串 8-36

第 1 章

初探資料結構與演算法

1-1 資料結構、演算法與程式設計 (Data Structures, Algorithms & Programming)

主題　1-A　　什麼是資料結構　　主題　1-C　　什麼是程式設計

主題　1-B　　什麼是演算法　　　主題　1-D　　迴圈的設計

1-2 遞迴 (Recursion)

主題　1-E　　什麼是遞迴

主題　1-F　　河內塔 (Towers of Hanoi)

主題　1-G　　費伯納西數列 (Fibonacci Sequence)

主題　1-H　　二項式係數 (Binomial Coefficient)

1-3 程式的效率—時間複雜度 (Time Complexity)

主題　1-I　　程式碼敘述的計數

主題　1-J　　時間複雜度的漸近符號 (Asymptotic Notation)

1-1 資料結構、演算法與程式設計

▌主題 1-A　什麼是資料結構

　　資料結構探討的是計算機系統如何使用程式來組織、儲存以及處理資料。計算機系統包括超級電腦、個人電腦、筆電、平板、手機、車用電腦等有計算能力的電子裝置，其中的資料都經過巧妙且有結構的組織與儲存，以便配合對應的處理方法，幫助程式設計師設計軟體以解決生活上的各種問題、提供多樣又好用的服務。因此資料結構是學習如何組織資料，以及學習處理這些資料的方法，以便依照要解決的問題，設計或選用適合的資料結構及處理方法。以下三個例子說明資料結構的重要性。

✦ 資料結構的應用

〔a〕導航系統　　　　　　　　〔b〕搜尋引擎　　　　　　〔c〕社群網路〔用戶分析圖〕
〔來源：Martin Grandjean@
commons.wikimedia.org〕

圖 1.1

應用在地圖及導航系統

　　現在大家都高度依賴電子地圖或車用導航系統。當我們想要知道從甲地到乙地最好的走法時，這個系統可以把計算出來的路線顯示在螢幕上，

甚至在每個需要轉彎的路口都用語音導引。這是因為這些地點及道路的地理資訊，都已經被組織好、安排成為資料結構中的「**圖形**」資料，只要再配合一些方法算出「**最短路徑**」，就可以幫助駕駛人解決認路或選擇路徑的問題。

應用在搜尋引擎

大家也都用過「搜尋引擎」在網路上尋找想要的資料。當我們輸入關鍵字以後，搜尋引擎會很快的將包含這些關鍵字的網頁依照它所認定的重要性依序列出。搜尋引擎的作法是事先日夜不斷地蒐集網路上的網頁資料，並且依照關鍵字等線索在電腦主機中建構成資料結構中的「**索引結構**」。當網路使用者下達關鍵字進行搜尋時，搜尋引擎就可以很快地從已建好的索引結構中找出相關網頁資料回應給使用者。所以搜尋引擎才可以瞬間回報大量結果，例如圖 1-1(b) 搜尋之後回應了以下訊息：約有 1,550,000 項結果 (搜尋時間：0.34 秒)。

應用在社群網站

社群網站的網頁或 App，是我們與朋友溝通互動不可少的工具。社群網站將每一個視為「**圖形結構**」上的一個「點」，兩個人若是朋友則相對應的兩個點就會有一條連接「線」。如果某個點接了很多線，意味著這個點所代表的這個人有很多朋友。位置接近的點會形成群組，將這些點放到某個集合，例如把這些點的編號集中放置在「**陣列**」、「**集合**」或「**串列**」等資料結構中，以便推薦群組內其他點 (人) 成為好友。

本書將在接著的各章節介紹上面提到的主題，例如第二章介紹「陣列」與「串列」、第三章介紹「鏈結串列」、第四章介紹「堆疊」與「佇列」、第五章介紹「圖形結構」、「最短路徑」、第六章介紹「樹狀結構」、第七章介紹「資料排序」、第八章介紹「搜尋」、「索引結構」與「雜湊表」。

✦ DIKW 架構

資料結構中的「資料」，可被歸類於 DIKW(Data, Information, Knowledge, Wisdom or Intelligence) 四層金字塔架構的最底層，因此資料最為具體，接著是資訊及知識，越往上層越抽象，位於最頂層的是智慧。

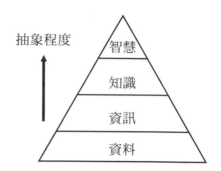

- **資料 (data)**：指具體的符號或文數字，被記載在實際的媒體上，例如電腦儲存設備、紙張，甚至古代的竹簡、羊皮、或龜甲獸骨。「數位資料」則是專指放在電腦系統各種儲存設備裡面的資料。

- **資訊 (information)**：指資料經過分析而理解所呈現出來的訊息。資訊比資料抽象。

- **知識 (knowledge)**：知識是藉由對資訊的學習歸納，使人類（或電腦？）能應用所學習到的資訊來行動。

- **智慧 (wisdom)**：綜合運用知識的能力與素養，對知識主動進行思考、分析、探求的能力。

以網路購物為例說明 DIKW 金字塔：

- 資料：我們在某家電商的帳戶中，有屬於我們這個帳戶的消費「資料」，包括每筆訂單的購買品項、金額、日期等。

- 資訊：商家可以從銷售資料中，分析得到一些「資訊」，包括每月、季、年營業總金額、各類型商品的數量與金額、營業額與時間的關係圖表等等。

- 知識：商家再從用戶的銷售資訊中，歸納出一些規則作為行銷的依據，例如什麼年齡層、什麼收入層的消費者在哪些日期傾向購買哪一類商品。越是深層且尚不為人知的知識就越有價值。

　　從 DIKW 金字塔可以看出，資料可說是資訊、知識、智慧的基礎，因此需要有組織有結構地整理。例如網路購物所產生的資料量十分可觀，若沒有完善的資料結構規劃，要從中歸納出資訊與知識就難如登天了。現在最夯的「**人工智慧**」(Artificial Intelligence, AI)，就是要讓電腦在各種領域都有能力從資料中自動獲取資訊與知識，至於上述網購例子沒有提到的最頂層—**智慧**，正是電腦學家們不斷努力試圖讓電腦達到的終極目標。

主題 1-B　什麼是演算法

　　有一位大師曾說：「**演算法 + 資料結構 = 程式**」，因此在初探了資料結構之後，接著介紹演算法。演算法的正式定義是：「在有限步驟內解決數學問題的程序」，一般的定義是「適合被實作為程式的解題方法」，也就是解決某個問題的一系列步驟，所以也有學者把演算法叫作「計算機方法」。例如計算兩個自然數的最大公因數的演算法，稱為「歐幾里得演算法」、排列資料順序的演算法，被統稱為「排序演算法」。演算法具有下列五個特性：

✦ 演算法特性

1. 準確描述的**輸入** (Input)。演算法可以接受輸入加以處理或運算，而得到一些輸出。輸入可以是零個或多個。

2. 每個步驟必須具有**明確性** (Definiteness)，清楚不造成混淆。

3. **有效性** (Effectiveness)：演算法必須可以實際地解決問題。(有些原文書稱為正確性 (Correctness)。

4. **有限性** (Finiteness)：演算法必須在有限步驟內結束。

5. 結果的描述和**輸出** (Output)。至少有一個輸出或結果。

▌ 演算法必須在有限步驟內結束，但是一個應用程式卻可能在無窮迴圈中一直等待並執
  行工作。例如作業系統在啟動之後除非關機或例外狀況發生，否則將一直執行，這是
  程式和演算法的區別。

▌主題 1-C　什麼是程式設計

　　學習程式設計的最終用武之地就是設計完成某個任務的系統，例如網路銀行(網頁程式)、會計系統(視窗程式)、手遊(手機程式)、甚至是行車控制程式(嵌入式系統)等。而程式設計的過程則是使用某些程式語言，針對想要解決的問題，選擇適當的資料結構與演算法，並且以正確的「邏輯」與「流程」加以組合設計。所以寫程式如同蓋房子，不是要親自燒每塊磚，而是站在巨人的肩膀上，將精力用在提升程式的工程價值(效率、擴充性、…)。以球類運動為例，使用各種程式語言的能力就好比運動技巧，而資料結構與演算法就像是肌力耐力等基本體能，光有技巧而無體能則此種運動的造詣將會受限，徒有體力而無技巧則良好條件也無法發揮，唯有內外兼修方能在某項運動中出類拔萃。

✳ 程式執行流程

　　前面提到程式的邏輯與流程，程式的流程通常有三種基本結構：循序結構、重複結構(迴圈)、決策分支結構，另外加上函式的呼叫與返回可視為第四種流程。

1. **循序結構**：依照程式敘述出現的先後順序，逐一執行敘述。

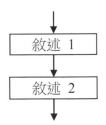

2. **重複結構**：就是迴圈，迴圈主要是由檢查點及迴圈主體所構成，先檢查條件，成立的話就執行迴圈主體，執行完再回頭檢查條件，所以只要檢查點的條件成立，就可以重複執行迴圈主體，這就是迴圈滴水穿石的威力。最常用的迴圈結構是 for 迴圈與 while 迴圈：

- while 迴圈：

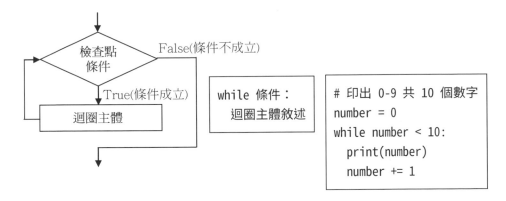

- for 迴圈：

▌ 這裡的可走訪範圍包括「數值範圍」range、「串列」list、「字典」dict、「數組」tuple 等，在後續的解題練習中將會有說明。

3. **決策分支結構** (decision and branch)：根據決策條件是否符合，而有不同的路徑。從結構最簡單的 if，到 if-else、if-elif-else 等，可以表達各種邏輯，以產生各種需要的流程。

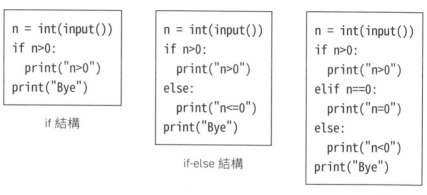

if 結構

if-else 結構

if-elif-else 結構

這裡的 elif 就是 else if 的縮寫，可以有很多個 elif，就像一層一層的魚網去撈住條件適合的魚，第一層 if 如果不成立，後面還有一道道的 elif 等著依序判斷不同條件，如果都沒有被撈住，最後還可以有 else 這張超大漁網攔截所有的漏網之魚。

4. **函式的呼叫與返回**：函式的呼叫及返回也會改變執行的流程，因為呼叫一個函式可以看做是跳到被呼叫的函式去執行：

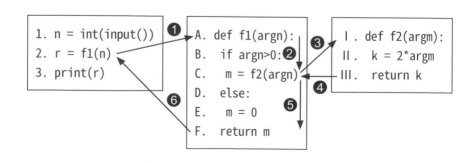

　　最左邊的程式碼循序執行到第 2 行，呼叫函式 f1，在追蹤程式時可以看做是跳到 f1 去執行，f1 中如果 argn>0 成立，就會執行第 C 行，也就會呼叫函式 f2。如果 f2 還有呼叫別的函式，就還會繼續深入。在這裡 f2 在第 Ⅲ 行結束，就會回到 f1 的第 C 行，等 f1 執行到第 F 行結束，回到第 2 行，所以如果輸入 10，這幾個程序每一行敘述執行的順序會是：1, 2, A, B, C, Ⅰ, Ⅱ, Ⅲ, C, F, 2, 3，輸出 20。

主題 1-D　迴圈的設計

　　迴圈是程式的威力所在，絕大部分的程式問題都與迴圈的設計有關，迴圈設計最重要的 4 點：(1) 從哪裡開始、(2) 找出規律性：每一圈作些什麼、(3) 找出規律性：如何過到下一圈、(4) 何時結束迴圈。後續只要遇到需要使用迴圈的地方，都可以依照這 4 個步驟來幫助解題。

範例 1.1　單層 for 迴圈的設計—數列累加

問題：根據輸入的整數 n，計算 1 加到 n。

解題思考：

1. 迴圈設計

   (1) 從哪裡開始：迴圈計數器 i 從 1 開始。

   (2) 找出規律性（每一圈作些什麼）：將 i 累加到結果 sum 中。

   (3) 找出規律性（如何過到下一圈）：i 加 1 即可。

   (4) 何時結束迴圈：最後一個合法的 i 是 n，因此 i 大於 n 就要結束迴圈。

2. (1)、(3)、(4) 可以用 Python 的 range 實作，在下列程式碼 for 迴圈的範圍中，i in range(a, b) 是指 a 到 b 的整數，包含 a 但不包含 b，數線表示法為 $i \in [a, b)$。

3. (2) 就是放在迴圈主體的敘述。

```
n = int(input())
sum = 0
for i in range(1, n+1):               # i 的範圍是從 1 到 n
  sum = sum + i                       # 也可寫成 sum += i
```

這題雖然簡單，但說明了迴圈設計應把握的重點，只要稍加變化即可推廣到其他問題。

範例 1.2 單層 for 迴圈的設計—計算級數

問題：計算級數 $1 + x/2 + x^2/4 + x^3/8 + x^4/16 + x^5/32$，$x = 1.4$。

迴圈設計：

(1) 從哪裡開始：迴圈計數器 i 從 0 開始，第 i 項的值 termi 從 1 開始。

(2) 找出規律性（每一圈作些什麼）：將第 i 項 termi 累加到 sum 中。

(3) 找出規律性（如何過到下一圈）：i 加 1 時，termi 乘上 $x/2$。

(4) 何時結束迴圈：最後一個合法的 i 是 5。

```
sum = 0
termi = 1
x = 1.4
for i in range(0, 6):                 # i 的範圍是從 0 到 5
  sum += termi
  termi = termi * x/2
```

在這個 for 迴圈中，計數器 *i* 並沒有被用來做計算，只是單純控制迴圈次數，Python 提供另一個寫法：for _ in range(0, 6)，用意是避免讓計數器 *i* 分散注意力，並可以確認計數器只是單純控制次數，不會出現在迴圈主體中。

刷題 1：找出數字 0 連續出現最多的次數　　　　難度：★

問題：給定一個整數 n，傳回數字 0 在 n 中連續出現最多的次數。

執行範例 1：輸入 903, 輸出 1，因 903 有 1 個 0。

執行範例 2：輸入 9000608, 輸出 3，因 9000608 有 3 個連續的 0

執行範例 3：輸入 91, 輸出 0，因 91 沒有 0。

解題思考：

1. 這一題需要辨識整數 n 的每一個位數是否為 0，因此需要用迴圈來實作。當處理的位數是 0 時，就要累加次數；否則次數的累積就要中斷並重設為 0。只要次數有增加就和目前已知最大次數比較，比較多就更新最大次數。因此基本想法就是掃描每一位數，而處理的方法由以下各點敘述。

2. 掃描方向可以從最高位或最低位開始檢視其是否為 0，而從最低位開始處理會比較容易，

   ```
   n = int(input())     # 假設 n = 903
   d = n % 10           # d = 3
   ```

   例如 903 的個位數取法是 903%10 得到 3，但要取得最高位數則需先計算 $\lfloor \log 903 \rfloor$（=2）來得知最高位是百位數，然後再計算 903 // (10**2) 得到最高的百位數是 9，運算比較複雜。

↓

3. 接下來考慮規律性,從檢視個位數開始,只要把數字 n 除以 10 取餘數即可得到下一個循環的新數,例如 903%10 得到 3,處理完 3 之後,計算 903//10

```
while n > 0:        # 假設 n = 903
  d = n % 10        # d = 3, 0, 9
  ...
  n = n // 10       # n = 90, 9, 0
```

得到除法的商,將新數字 90 給下一圈使用。90%10 得到 0,再計算 90//10 得到 9 給下一圈。9%10 得到 9,如此即可由個位數倒過來依序得到 903 的 3, 0, 9。

4. 何時結束:當 n 剩下一位數字時,n//10 得 0 就結束,例如當 n 為 9,新的 n 值是 9//10 為 0,不符合 while 迴圈的條件 n > 0,因此停止。

5. 接下來是計數的方式,因為要計算連續 0 出現次數,所以當碰到 0 時 count 加 1,而且每次 count 加 1 時就與 max_count 做比較,讓 max_count 隨時記錄最大值。count 和 max_count 均初設為 0。以 9000608 為例,執行完第 1 圈,個位數數值 d=8, count=0, max_count=0,執行完第 2 圈

```
if d == 0:          # 個位數字為 0
  count += 1        # 計數器加 1
  max_count = max(max_count, count)
else:
  count = 0         # 計數器歸零
```

d, count, max_count 為 0, 1, 1(遇到 0 了),執行完第 3~7 圈分別是 6, 0, 1、0, 1, 1、0, 2, 2、0, 3, 3、9, 0, 3,所以輸出 max_count 的值 3。

6. 將以上 3 個部分融合成最後結果:

參考解答:

```
def  countZero(n):
  count = 0                         # 初設為 0
  max_count = 0
  while n > 0:
    d = n % 10                      # 取得個位數字
    if d == 0:                      # 若個位數字為 0
                                                          ⬇
```

```
        count += 1                      # 計數器加 1
        max_count = max(max_count, count)  # max_count 記錄目前最多
                                        # 連續 0 的次數
    else:
        count = 0                       # 個位數字不為 0 則計數器 count 歸零
    n = n // 10                         # 去除個位數字，得到新數
  return max_count                      # max_count 是答案

n = int(input())
print(countZero(n))
```

了解上述刷題的思路之後，我們繼續介紹同樣是數值處理的回文問題，回文問題至少有 3 種解法，這裡先介紹純數字的解法，另外兩個解法分別會在第二章（字串）及第三章（堆疊）介紹。

刷題 2：判斷是否為回文數字　　　　　　難度：★

問題：給定一個整數 n，判斷此數字是否為回文數字，亦即從右邊看到左邊，和原來數字是一樣的。

執行範例 1：輸入 13231, 輸出：是，因 13231 是回文。

執行範例 2：輸入 132, 輸出：否，因 132 不是回文。

執行範例 3：輸入 11, 輸出：是，因 11 是回文。

解題思考：

1. 本題與上題一樣要進行類似的逐位數處理，但每次必須處理兩個位數：檢查最高位和最低位是否相等，一遇到不相等就停止計算而輸出 " 否 "。

↓

2. 總位數 digits = ⌊ log n ⌋ + 1（⌊ ⌋是地板符號 floor，亦即無條件捨去小數部分，後面章節還會出現），log(n, 10) 是以 10 為底的對數。最低位 low = n % 10，最高位數 high = n // 10**(digits-1)(** 是次方符號)，例如 n 是 93231 時，digits = ⌊ 4.12 ⌋ + 1 = 5（5 位數），high = 93231//10**4 = 9。

```
from math import floor, log      # 因為會用到地板運算，所以先匯入
                                 # 相關模組
n = int(input())                 # 假設 n = 903
digits = floor(log(n, 10))+1
low = n % 10                     # low = 3
high = n // 10**(digits – 1)     # high= 9
if low != high:
  return False
```

3. 第一圈如何進到第二圈？只要將數字去掉最高位和最低位這兩個位數即可得到新數字來執行重複的計算。去掉最高位是 n = n% 10**(digits-1)，去掉最低位是 n = n //

```
n = n % 10**(digits-1)
n = n // 10
digits -= 2
```

10，例如 n 是 13231，去掉最高位 n = 13231 % 10**(5-1) = 3231，再去掉最低位 n = 3231 // 10 = 323，所以每次會去頭去尾除掉 2 位數字。

4. 至於上述動作要重複幾次呢？由於一次會刪掉頭尾兩個位數，因此要重複總位數 digits 的一半：digits // 2，n 是 13231 時（digits 為 5）需要 5//2 (=2) 次，n 是 132231 時需要 6//2 (=3) 次。

```
d = digits//2
for i in range(d):
  …
```

5. 將以上 3 個部分融合成最後結果：

參考解答：

↓

```
from math import floor, log          # 要使用數學函式 floor, log
def  palindrome(n):
  digits = floor(log(n, 10))+1       # 計算 n 的總位數
  d = digits // 2                    # 計算迴圈重複次數
  for _ in range(d):
    low = n % 10                     # 取得最低位數字
    high = n // 10**(digits-1)       # 取得最高位數字
    if low != high:
      return False
    n = n % 10**(digits-1)           # 去掉最高位數字
    n = n // 10                      # 去掉最低位數字
    digits -= 2                      # 總位數少 2
  return True

n = int(input())
print(palindrome(n))
```

迴圈的威力還可以延伸到多層迴圈，下面幾題將使用雙層迴圈，雖然是老掉牙的考古題，不過目前在各種程式測驗中還是很常見的題目。

刷題 3：雙層 for 迴圈的設計—詞彙的配對　　　難度：-

問題：列出兩個 list 元素的所有可能配對 (list 的詳細用法可參考附錄 A，後續章節會很常出現)。

執行範例：輸入 A = [" 好吃的 "," 好看的 "," 好玩的 "]，B = [" 蘋果 "," 手機 "]。輸出：好吃的蘋果 , 好吃的手機 , 好看的蘋果 , 好看的手機 , 好玩的蘋果 , 好玩的手機。

解題思考：

1. 由於每個配對都是「形容詞」配「名詞」，有 3 個形容詞與 2 個名詞，所以會有 3×2 = 6 種配對，要達到題目所要求的配對結果，顯然一層迴圈是無法完成的，所以必須使用雙層迴圈。

2. 此處外圈是形容詞、內圈是名詞，由於雙層迴圈的運作規定，使得每個在外圈的形容詞會配到 2 個在內圈的名詞，而得到執行範例要求的輸出順序。

參考解答：

```
A = ["好吃的", "好看的", "好玩的"]
B = ["蘋果", "手機"]
for adj in A:
  for noun in B:
    print(adj, noun)
```

如果外圈改成名詞、內圈改成形容詞，但 print(adj, noun) 不變，那麼執行此雙層迴圈的結果會有不同的順序，正可說明雙層迴圈的運作機制，可以自行修改試試看。

刷題 4：九九乘法表　　　　　　　　　　難度：-

九九乘法表是非常基本卻常見的考古題，每個乘法都是「被乘數 × 乘數」，有 9 個被乘數與 9 個乘數共 81 種配對，同樣需要設計雙層迴圈。

問題：印出 81 個乘法的九九乘法表，每列有 9 個乘法，共 9 列。

解題思考：

⬇

1. 可以用 r 代表被乘數（第 1 個數字），由 1 遞增到 9，每個被乘數 r 會對應 9 個乘數 c（第 2 個數字），c 也是由 1 到 9，只要將 r 放在外圈、c 放在內圈，就可以產生這 81 種配對。

參考解答：

```
def  timesTable():
  for r in range(1, 10):                       # 1 <= r < 10
    for c in range(1, 10):                     # 1 <= c < 10
      print("%1dX%1d=%d" %(r, c, r*c), end=" ")   # 不換列
    print()                                    # 換列，給下一個 r

timesTable()
```

刷題 5：星星金字塔　　　　　　　　　　　　　　　難度：-

問題：輸入整數 n，n < 30，印出星號金字塔，第 1 列 1 顆、第 2 列 3 顆、…。例如 n = 4，印出：

```
      *
     ***
    *****
   *******
```

解題思考：

1. 需要設計雙層迴圈，可以用列號 r 來控制每列的星號個數和第一顆星的起始位置。

2. 分析第一顆星位置的規律性，當列數 n = 4 時，第 1 列先空 3 格再印星星、第 2 列空 2 格、第 3 列空 1 格、第 4 列空 0 格，所以第 r 列先空 s = n-r 格再印星星。

3. 再分析星星個數的規律性，第 1 列星數 1、第 2 列星數 3、第 3 列星數為 5、…，所以第 r 列星數 c = 2*r - 1。

⬇

參考解答：

```
def  starTree(n):
  for r in range(1, n+1):           # 1 <= r < n+1  (範圍 1~n)
    for s in range(n-r):            # 0 <= s < n-r  (共 n-r 次)
      print(' ', end = '')          # 印空格，不換列
    for c in range(2*r - 1):        # 0 <= c < 2*r - 1 (共 2*r-1 次)
      print('*', end = '')            # 印星號，不換列
    print()                         # 換列，給下一個 r

n = int(input())                    # 輸入列數 n
starTree(n)
```

✎ **練習題**

1.1　如下程式片段執行後，"SUM=SUM+1" 的敘述被執行的次數為？

```
SUM = 0
for I in range(-5, 101, 7):
  SUM = SUM + 1
```

1.2　請問下列的程式執行完後，其 sum 的值為何？

```
value = 100
sum = 0
while sum < 300:
  value -= 20
  if value < 0: break
  sum += value
```

1.3　下列程式片段執行的輸出為何？

```python
def F(x, y):
  k = 0
  for i in range(x, 0, -1):
    for j in range(y, 0, -1):
      k += 1
  return k
```

1.4　Write a for loop (without using any function call) to compute:

$$1 - x^2 + x^4/2! - x^6/3! + x^8/4! - x^{10}/5! + x^{12}/6!$$

1-2 遞迴

▍主題 1-E 什麼是遞迴

　　決策分支設計與迴圈設計是程式設計的重中之重，因為搞定條件敘述 if 以及迴圈 for 和 while，就幾乎能產生程式設計需要的所有邏輯。但在實際解題時，也常需要用到一個非常重要的程式技巧—遞迴，了解遞迴的設計原理，在理解演算法以及設計程式時將會如添雙翼。

✦ 遞迴的兩種形式

　　遞迴分為直接遞迴 (direct recursion) 和間接遞迴 (indirect recursion)：

- **直接遞迴**：函式在定義中自己呼叫自己，例如：

```
def  recur(n):
  if n <= 0: return 1
  pre = recur(n-1)                # recur 呼叫 recur
  return pre+n
```

- **間接遞迴**：函式 A 呼叫函式 B，B 也呼叫 A，例如：

```
def A(n1):                    def B(n2):
  n = 0                         n = 0
  while n < 10:                 if n2 > 0:
    n = n + B(n1)                 n = n + A(n2)
  return n                     return n
```

✴ 遞迴定義 vs. 遞迴函式

數學式的遞迴定義與遞迴函式可以相對應。例如階乘函數：

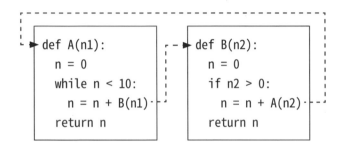

$$f(n) = \begin{cases} 1 & , 若\ n = 0 \\ n \cdot f(n-1) & , 若\ n > 0 \end{cases}$$

f(n) 是由 f (n-1) 來定義的，用自己的函式定義自己即為遞迴的定義。要計算 f(n) 的值，須先取得 f(n-1)，要求得 f(n-1)，須先取得 f(n-2)，…，一路呼叫下去，一直到「終止條件」成立時 (n= 0)，得到一個確定值 1，再一路迭代回來，得到最後答案。上述求解過程如下：

```
f(n) = n * f(n-1)
     = n * ((n-1) * f(n-2))              # 因為 f(n-1) = (n-1) * f(n-2)
     = n * (n-1) * (n-2) * f(n-3)
      :
     = n * (n-1) * (n-2) *…* 2 * 1 * f(0)
     = n * (n-1) * (n-2) *…* 2 * 1 * 1 ( = n! )
```

與這個遞迴定義對應的遞迴函式可以寫成：

```
def  f(n):
  if n == 0: return 1                    # 終止條件
  pre = f(n-1)                           # 遞迴呼叫
  return n*pre
```

如果呼叫 f(3)，執行流程像一摺摺展開的扇子：

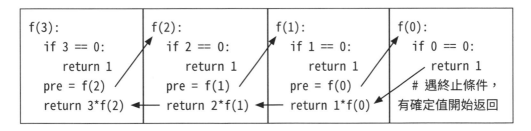

以呼叫圖表示：

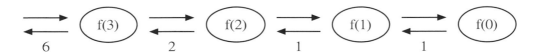

▌ 設計遞迴函式的兩個步驟：(1) 設計「遞迴呼叫」、(2) 找出「終止條件」(不過撰寫函式時，要先寫終止條件)，依照這兩個步驟即可設計遞迴程式解決問題。

✦ 遞迴程式與非遞迴程式的優缺點

大部分的問題都同時存在遞迴版和非遞迴版兩種解法，同樣能解決問題，但各有優缺點如下：

	優點	缺點
遞迴程式	程式較為精簡、易寫、可讀性高、合乎直覺。	1. 執行效率通常較差。 2. 遞迴呼叫需使用堆疊，通常需較多記憶體空間。
非遞迴程式	1. 程式執行效率通常較佳。 2. 若可用迴圈替代遞迴，可使用較少記憶體空間。	程式通常較長、較不易寫。

以下範例是遞迴的設計—由遞迴定義（或遞迴關係式）寫成遞迴函式。

範例 1.3　遞迴累加式

問題：輸入正整數 n，$n >= 2$，寫一個遞迴程式來計算累加和，例如 $n = 4$，則 sum(4) = 1*2 + 2*3 + 3*4= 20：

$$\text{sum}(n) = 1*2 + 2*3 + 3*4 + \cdots + (n\text{-}1)*n$$

解題思考：

1. 遞迴的設計就是找出遞迴規則以及終止條件。

2. 找出遞迴關係式，根據以下定義：

sum(*n*-1) = 1*2 + 2*3 + 3*4 + ⋯ + (*n*-1-1)*(*n*-1)，而
sum(*n*) = 1*2 + 2*3 + 3*4 + ⋯ + (*n*-2)*(*n*-1) + (*n*-1)*n，
所以 <u>sum(n) = sum(n-1) + (n-1)n</u> ⟵——— 此為遞迴關係式

3. 找出終止條件：根據題目最小的 *n* 是 2，當 *n* = 2 時，帶入 sum(*n*) 得
   到 2。

4. 將終止條件和遞迴關係式寫入遞迴函式即可：

```
def  sum(n):
  if n==2:
    return 2                    # 終止條件
  return sum(n-1) + (n-1)*n      # 遞迴呼叫

n = int(input())
print(sum(n))
```

　　如果本題沒有要求使用遞迴方法，也可使用迴圈：

```
def  sum(n):
  sum = 0
  for i in range(1, n):
    sum += i*(i+1)
  return sum
n = int(input())
print(sum(n))
```

對同一個問題而言，優先考慮使用迴圈來解決，
因為通常迴圈會比較有效率，如果沒有迴圈解法
或是題目要求使用遞迴，就用遞迴方法。

刷題 6：遞迴版歐幾里得演算法　　　　　　　　　難度：★

問題：數學上求兩數的最大公因數（Great Common Divisor, GCD）可使用歐幾里得（Euclid）的輾轉相除法來完成。遞迴規則是「兩數 m 與 n（$m \geqq n$）的最大公因數等於 n 與 $m \bmod n$ 的最大公因數」。請寫一個遞迴程式來計算 m 與 n 兩數的最大公因數 GCD(m, n)。例如 GCD(18, 12) = 6

解題思考：

1. 找出遞迴關係式：根據定義，GCD(m, n) = GCD($n, m\%n$)，$m \geqq n$。

2. 找出終止條件：當 $n = 0$ 時不可能執行 $m\%n$，停止並回傳 GCD(m, n) = m。

3. 將終止條件和遞迴關係寫入遞迴函式即可：

參考解答：

```
def GCD(m, n):
  if n == 0:                    # 終止條件
    return m
  return GCD(n, m % n )         # 遞迴呼叫

a, b = map(int, input().split()) # 將輸入字串切開再轉成整數，例 18 12
print(GCD(a, b))
```

刷題 7：快速次方　　　　　　　　　　　　　　　難度：-

問題：寫一個 FastExp 函式，FastExp(x, n) = x^n，x 為實數且 n 為正整數，最多只能使用 2 * lg n 個乘法。（lg n = $\log_2 n$）

執行範例：輸入 1.07 10，輸出 1.967，因執行 FastExp(1.07, 10) 要得出 1.07^{10} 的結果。

　　　　　　　　　　　　　　　　　　　　　　　　　　　　　　⬇

解題思考：

1. 如果單純使用迴圈 " 累乘 "，每次乘 x，將需要 n 次乘法，顯然不可行 (超過 $\lg n$)。

```
def FastExp(x, n):
    xn = 1
    for i in range(n):
        xn *= x
    return xn
```

2. 想想 $x^n = x^{n/2} * x^{n/2}$，例如 $x^8 = x^4 * x^4$，只要知道 x^4 的值，再多做 1 次乘法即可得到 x^8。一樣的形式，$x^4 = x^2 * x^2$ (有 x^2 的值後再多 1 次乘法)，又一樣，$x^2 = x * x$ (x^2 的值只要 1 次乘法即可)，所以求得 x^8 的值共做 3 次乘法 (分別獲得 x^2、x^4、x^8)，共用了 $\lg 8 = 3$ 次乘法。

3. 第 2 點就是一個遞迴過程：

遞迴關係式：$x^n = x^{n/2} * x^{n/2}$

終止條件：$n = 1$ 時，$x^1 = 1$

4. 但上述只考慮 n 是偶數，如果 n 是奇數該如何？例如當 $n = 9$，$x^9 \neq x^4 * x^4$，因此當 n 是奇數時就多做 1 個乘法，$x^n = x^{n/2} * x^{n/2} * x$，所以遞迴函式如下：

參考解答：

```
def FastExp(x, n):
    if n == 1:    return x          # 終止條件
    half = FastExp(x, n // 2 )      # 遞迴呼叫，取得  x^(n/2)
    if (n % 2) == 1:                # n 是奇數：x^n = x^(n/2) * x^(n/2) * x
        return half * half * x
    return half * half              # n 是偶數：x^n = x^(n/2) * x^(n/2)

x = float(input())
n = int(input())
print(FastExp(x, n))
```

要分析上述所需乘法次數，需要解「遞迴方程式」。假設 $M(n)$ 是求得 x^n 所需的乘法次數，遞迴方程式 $M(n)$ 列式如下：

$$M(n) \leq M(n/2) + 2 \quad , \quad M(1)=0 \qquad \text{，當 } n \text{ 是奇數時需要 2 個乘法}$$
$$\leq (M(n/2^2) + 2) + 2 \qquad \text{，因為 } M(n/2) \leq M(n/2^2) + 1$$
$$\rightarrow M(n) \leq M(n/2^2) + 2*2$$
$$\vdots$$
$$\rightarrow M(n) \leq M(n/2^k) + 2*k$$
$$\text{當 } n \fallingdotseq 2^k \ (\lg n \fallingdotseq k) \text{ 時}$$
$$\rightarrow M(n) \leq M(n/2^k) + 2*k$$
$$\rightarrow M(n) \leq M(1) + 2*k$$
$$\leq 0 + 2*k$$
$$= 2 * \lg n \quad (k \fallingdotseq \lg n)$$
所以最多需要 $2 * \lg n$ 次乘法，符合題目要求

✎ 練習題

1.5 Consider the following recursive function. What is the returned value of the function call maze(1020, 10, 7) ?

```
def maze(a, b, c) :
  if a < b:
    return a
  else:
    return c * maze( a // b, b, c) + ( a % b )
```

1.6 函數 f 定義如下，如果呼叫 f(1000)，指令 sum=sum+i 被執行的次數最接近下列何者？

　　(A) 1000　　　　(B) 3000　　　　(C) 5000　　　　(D) 10000

↓

```
def f(n):
    sum=0
    if n<2:  return 0
    for i in range(1, n+1):
        sum = sum + i
    sum = sum + f(2*n/3)
    return sum
```

主題 1-F　河內塔遊戲

說明了基本的遞迴設計方法之後，接著介紹 3 個舉足輕重的遞迴例子，分別是河內塔遊戲、費伯納西數列、二項式係數，我們先從河內塔遊戲開始介紹。

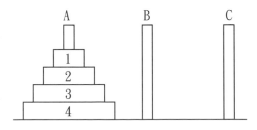

河內塔是經典的演算法問題，通常是演算法書籍探討的第一個主題，也是程式測驗、筆試常出的題目，非得要徹底搞懂不可。

✦ 河內塔遊戲規則

有 A、B、C 三個塔柱，A 塔柱上插有 n 個由小到大編號為 1, 2, 3, …, n 的圓盤，編號越大直徑越大，如下圖所示。遊戲的目的是要把這 n 個盤子，由 A 塔柱搬至 C 塔柱，並且必須遵守下列規則：

1. 一次只能搬動一個盤子。

2. 任何時間直徑較大的盤子都不能壓在較小盤子的上面。

3. 只要不違背前 2 個規則，盤子能暫時放在任何塔柱上。

當 $n = 1$ 時，只需一次搬移：編號 1 的盤子，從塔柱 A 直接搬至塔柱 C。

當 $n = 2$ 時，必須執行 3 次搬移，即：

1. 將 1 號盤從 A 搬至 B($1 : A \rightarrow B$)，以便空出 2 號盤。

2. 將 2 號盤從 A 搬至 C($2 : A \rightarrow C$)。

3. 將 1 號盤從 B 搬至 C($1 : B \rightarrow C$)。

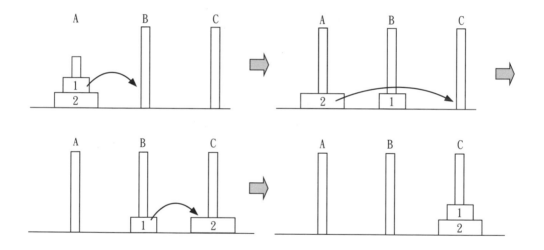

當 $n = 3$ 時，必須執行 7 次搬移，即：

1. 前 3 步是把 1, 2 號盤，從 A 搬到 B(3 號盤先視而不見，與 n=2 時情形一樣，只是目標從 C 改成 B)。

2. 第 4 步將 3 號盤從 A 搬到 C。

3. 第 5, 6, 7 步將 1, 2 號盤從 B 搬到 C。

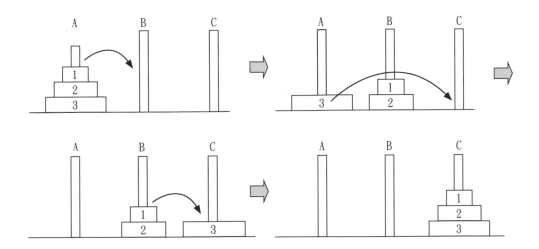

其中前三步可細分為：

1. 將 1 號盤由 A 搬至 C（1：A → C）。

2. 將 2 號盤由 A 搬至 B（2：A → B）。

3. 將 1 號盤由 C 搬至 B（1：C → B）。

　與 $n= 2$ 時對照一下，可以發現只是 B 和 C 的角色互換而已。

✴ 由規則推導出遞迴式

　當有 n 個盤子需要搬移時（將 1～n 號盤從 (from) A 經由 (by) B 搬至 (to) C），可以歸納出一套規則，將搬 n 個盤子的動作分解成三大步，第一大步和第三大步都是搬 n-1 個盤子，第二大步則是 1 個盤子：

1. 將 1～n-1 號盤從 A 經由 C 搬至 B。from A、by C、to B

2. 將 n 號盤由 A 搬至 C（n：A → C）。

3. 將 1～n-1 號盤從 B 經由 A 搬至 C。from B、by A、to C

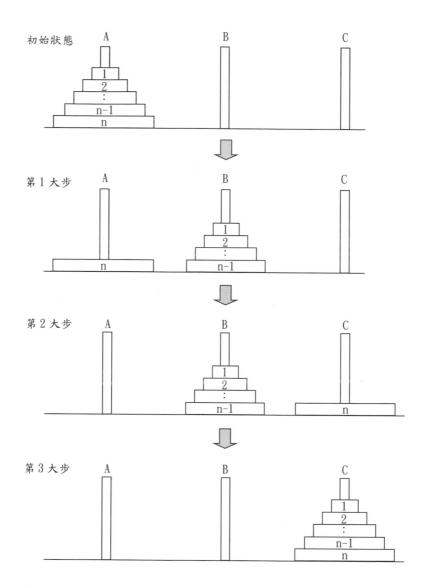

初始狀態

第 1 大步

第 2 大步

第 3 大步

刷題 8：河內塔遊戲   **難度：-**

問題：寫一個程式輸入正整數 n（$n < 10$），能列出 n 個盤子的河內塔遊戲完整搬移過程。

解題思考：   ⬇

1. 如前述 " 河內塔規則推導 "。

```
def hanoi(n, from, by, to):              # ('A', 'B', 'C')
  if n > 0:
    hanoi(n-1, from, to, by)             # ('A', 'C', 'B')
    print("{} : {} -> {}".format(n, from, to))
    hanoi(n-1, by, from, to)             # ('B', 'A', 'C')

n = int(input())
hanoi(n, 'A', 'B', 'C')
```

2. 假設 A_n 為搬 n 個盤子所需搬移的次數，所以 A_{n-1} 為搬 n-1 個盤子所需
搬移的次數。終止條件為 A_1=1。搬 n 個盤子可以分解成三大步，所以：

$$
\begin{aligned}
A_n &= A_{n-1} + 1 + A_{n-1}, \ (A_1=1) \\
&= 2 * A_{n-1} + 1, \ (A_1=1) \\
&= 2 * (2 * A_{n-2} + 1) + 1 \quad (\text{因 } A_{n-1} = 2 * A_{n-2} + 1) \\
&= 2^2 * A_{n-2} + 2 + 1 \\
&\quad \vdots \\
&= 2^k * A_{n-k} + 2^{k-1} + 2^{k-2} + \cdots + 2 + 1
\end{aligned}
$$

當 k = n-1 時

$$
\begin{aligned}
A_n &= 2^{n-1} * A_1 + 2^{n-2} + 2^{n-3} + \cdots + 2 + 1 \\
&= 2^{n-1} + 2^{n-2} + 2^{n-3} + \cdots + 2^1 + 2^0 \quad (\text{等比級數和，公比為 2、首項為} \\
&\qquad\qquad\qquad\qquad\qquad\qquad\qquad\qquad\quad \text{1、項數為 } n) \\
&= 2^n - 1
\end{aligned}
$$

河內塔問題是一個典型的遞迴問題，因為用非遞迴的方式解河內塔相當繁複難懂，而用遞迴方式解決則非常簡潔。

主題 1-G　費伯納西數列

費伯納西數列定義：

$$\text{Fib}(n)=\begin{cases} 0 \text{ , 若 } n = 0 \\ 1 \text{ , 若 } n = 0 \\ \text{Fib}(n\text{-}1)+\text{Fib}(n\text{-}2), \text{若 } n \geq 2 \end{cases}$$

第 n 項費氏數 $\text{Fib}(n)$ 是由 $\text{Fib}(n\text{-}1)$ 及 $\text{Fib}(n\text{-}2)$ 定義的，自己定義自己所以是遞迴定義。此無窮數列為：0, 1, 1, 2, 3, 5, 8, 13, 21, 34, …。欲求此數列的第 n 項 $\text{Fib}(n)$，先要知道 $\text{Fib}(n\text{-}1)$ 和 $\text{Fib}(n\text{-}2)$，但 $\text{Fib}(n\text{-}1)$ 並沒有確定值，因為它是 $\text{Fib}(n\text{-}2)$ 加 $\text{Fib}(n\text{-}3)$ 而得，以此類推，必須一直到 $\text{Fib}(1)$ 或 $\text{Fib}(0)$ 才有確定值，然後再一層一層把確定值代回來，這也是解遞迴問題的特性：不斷遞迴直到終止點，再逐層迭代回來。

與費氏數列相關奇妙的現象：隨著 n 變大，$\text{Fib}(n)$ / $\text{Fib}(n\text{-}1)$ 的值：2/1, 3/2, 5/3, 8/5, 13/8, 21/13, 34/21, 55/34…= 2, 1.5, 1.66, 1.6, 1.625, 1.615, 1.619, 1.617, …，會趨近於一個神奇的數字─黃金比例（1.618…），這個無理數用在建築、工程、繪畫，具有比例性、藝術性、和諧性，例如維納斯女神像的肚臍至腳底長與頭頂至肚臍長的比例，恰好是黃金比例。

刷題 9：計算第 n 個費伯納西數列　　　　難度：★

問題：寫一個遞迴函式輸入正整數 n，能輸出第 n 個費伯納西數。

解題思考：

1. 終止條件：$n = 0$ 時確定值 0、$n = 1$ 時確定值 1。
2. 遞迴呼叫：$\text{Fib}(n) = \text{Fib}(n\text{-}1) + \text{Fib}(n\text{-}2)$

↓

```
def Fib(n):
  if n == 0: return 0          # 終止條件 1
  if n == 1: return 1          # 終止條件 2
  return Fib(n-1) + Fib(n-2)   # 兩個遞迴呼叫

n = int(input())
print(Fib(n))
```

✦ 遞迴函式執行過程：

以呼叫 Fib(5) 得到 5 為例，每個點有兩個遞迴呼叫，所以執行過程（下圖空間有限，以 F() 取代 Fib()）是一棵二元樹（第六章將介紹）：

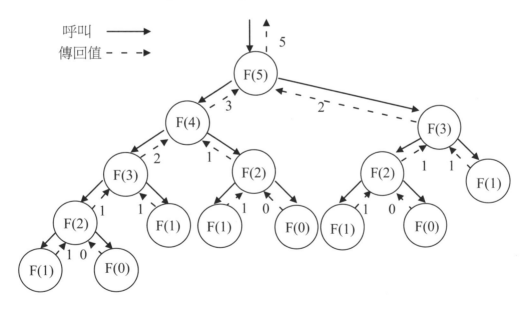

觀察這棵樹，有許多部份是一模一樣的，例如 F(3) 出現 2 次、F(2) 出現了 3 次，F(1) 和 F(2) 更分別出現了 5 次及 3 次，因此有許多計算重複了。

要改善遞迴方式的重複無效率，可以從底層 F(2) 開始往上計算，並且把計算過的資料存放在陣列裡面，這種方式屬於「動態規劃法」(dynamic programming) 的精神，將在第二章介紹。

延伸刷題：費伯納西數列迴圈版

費氏數還可以使用迴圈的方式如下：

因為每個費氏數都是由前 2 個費氏數相加而成，所以只要在每次迴圈中記錄兩個費氏數，生成後再把角色遞移，如下面函式：

```
def iterativeFib(n):
  if n == 0: return 0          # 底層 1
  if n == 1: return 1          # 底層 2
  Fn_1, Fn_2 = 1, 0
  for i in range(2, n+1):      # 2 ≦ i < n+1
    Fn = Fn_1 + Fn_2           # 生成 Fib(i)
    Fn_2 = Fn_1                # 角色遞移
    Fn_1 = Fn                  # 角色遞移
  return Fn

n = int(input())
print(iterativeFib(n))
```

效率分析　迴圈版的時間複雜度為 $O(n)$，從指數級大幅改善成線性級。

　　把每一圈參與計算的 3 個費氏數（Fn_2 , Fn_1, Fn）看成一組窗口（即以下方框處）：

費氏數列：0, 1, 1, 2, 3, 5, 8, 13, 21, 34, …，一開始　Fn_2 = 0, Fn_1=1
執行 i=2 的迴圈：0, 1, 1, 2, 3, 5, 8, 13, 21, 34, …，(Fn_2 =0, Fn_1=1, Fn=1)
執行 i=3 的迴圈：0, 1, 1, 2, 3, 5, 8, 13, 21, 34, …，(Fn_2 =1, Fn_1=1, Fn=2)
執行 i=4 的迴圈：0, 1, 1, 2, 3, 5, 8, 13, 21, 34, …，(Fn_2 =1, Fn_1=2, Fn=3)
…

✎ 練習題

1.7　一遞迴函式如下：

```
def f(n):
  if n <= 2:
    return 2
  else:
    return 2*f(n-1) + f(n-2)
```

呼叫 f(3) 和 f(6) 各傳回何值？

▌主題 1-H　二項式係數

✴ 二項式係數的遞迴定義

$$C(n,k) = \begin{cases} C(n-1, k-1) + C(n-1, k), & \text{if } n > k > 0 \\ 1 & , \text{if } k = 0 \text{ or } k = n \end{cases}$$

C(n, k) 被稱為二項式係數，是因為以下的二項展開式：

$$(x + y)^n = C(n,0)x^n + C(n,1)x^{n-1}y + C(n,2)x^{n-2}y^2 + \ldots + C(n,n-1)x\,y^{n-1} + C(n,n)y^n$$
$$= \sum_{i=0}^{n} C(n,i)x^{n-i}\,y^i$$

例如 $(x + y)^2 = C(2, 0)x^2 + C(2, 1)x^{2-1}y + C(2, 2)x^{2-2}y^2 = x^2 + 2xy + y^2$，同時 C($n$, k) 也是排列組合中的「組合」(combination)，組合的定義：

$$C(n,k) = \frac{n!}{k!(n-k)!}$$

因為階乘的增長非常快速，n 值只要大於 13 就超出 32 位元整數所能表示的範圍。用組合的定義先算出 3 個階乘（$n!$, $k!$, (n-k!)）再代入計算 C(n, k) 並不可行，例如計算 C(20, 8)，要先計算 20!、8!、12!（就算可以先消去部分乘項也可能超出整數能表示的範圍），因此才有以遞迴關係式求解的途徑產生。

範例 1.4 二項式係數

問題：寫一個遞迴函式輸入正整數 n 及 k ($n \geq k$)，能輸出 C(n, k)。

解題思考：

1. 遞迴呼叫：C(n, k) = C(n-1, k-1) + C(n-1, k)。

2. 終止條件：$k = 0$ 或 $n = k$ 時回傳確定值 1。

```
def C(n, k):
    if k == 0 or n == k: return 1        # 終止條件
    return C(n-1, k-1) + C(n-1, k)       # 兩個遞迴呼叫

n, k = map(int, input().split())
print(C(n, k))
```

▌ 遞迴版的二項式係數雖然可以避開計算階乘可能的爆大數字，但是呼叫次數相當龐大，C(n, k) 共遞迴呼叫 2*C(n, k)-1 次，亦即以 C(n, k) 為樹根的二元樹共有 2*C(n, k)-1 個節點。例如呼叫 C(20, 10) 這棵樹上會有 369,511 個節點。以下用數學歸納法對 n 證明提供參考：

歸納法的基礎：當 n = 1 時，執行 C(1, 0) 和 C(1, 1) 都各需 1 次呼叫，分別等於
　　　　　　　 2*C(1, 0)-1 及 2*C(1, 1)-1。

歸納法的假設：假設當 n 時，執行 C(n,k) (n ≥ k ≥ 0) 需 2*C(n,k)-1 次呼叫。

歸納法的證明：當 n+1 時，依照遞迴定義，執行 C(n+1,k) 所需呼叫的次數等於
　　　　　　　 執行 C(n,k) 所需呼叫的次數加上執行 C(n,k-1) 所需呼叫的次數
　　　　　　　 再加本身 1 次。同時根據假設，執行 C(n,k) 所需呼叫的次數
　　　　　　　 為 2*C(n,k)-1 次，且執行 C(n,k-1) 需呼叫 2*C(n,k-1)-1 次。
　　　　　　　 因此，執行 C(n+1,k) 所需呼叫的次數
　　　　　　　 = 2*C(n,k) -1 + 2*C(n,k-1) -1 +1
　　　　　　　 = 2*(C(n,k) +C(n,k-1)) -1
　　　　　　　 = 2*C(n+1,k) -1

二項式係數可以使用動態規劃法來改善效率，將在第二章介紹。

1.8 有一個遞迴函式的定義是：

$$f(n) = \begin{cases} n + f(n\text{-}1), & \text{if } n > 1 \\ 1, & \text{if } n = 1 \end{cases}$$

則 f(5) = (A) 1　(B) 5　(C) 15　(D) 60

1.9 請實作艾克曼函式（Ackerman's function），其定義是：

$$\text{Ackerman}(m, n) = \begin{cases} n+1 & \text{, if } m = 0 \\ \text{Ackerman}(m-1, 1) & \text{, if } n = 0 \\ \text{Ackerman}(m-1, \text{Ackerman}(m, n-1)), & \text{others} \end{cases}$$

當 m 和 n 均不為 0 時，A(m, n) 可由 A(m, n-1) 而來（至少 n 少 1 了）。而 n 為 0 時，A(m, 0) 變為 A(m-1, 1)，一直到 m 為 0 時，A(0, n) 有確定值 n+1。

1-3 程式的效率—時間複雜度

寫好程式以後，除了最重要的正確性之外，效率是永遠不變的追求。要量測一段程式碼所花的時間，可以在量測的那段程式碼前後加上取得時間的敘述，再將執行後的時間減去執行前的時間，就是執行這段程式碼所需要的時間。

```python
from time import process_time
start_t = process_time()
… (要量測時間的程式碼)
end_t = process_time()
timeUsed = end_t - start_t
```

另一個方法是分析程式碼本身：計算程式中敘述被執行的總次數，通常以輸入的資料或處理的資料量 n 來表示，再取其「時間複雜度」來分級並且互相比較。所以本節的 2 個主題依序是「敘述的計數」以及「時間複雜度的漸進符號」。

主題 1-1　程式碼敘述的計數

在三種程式結構中，因為循序結構是單純一個接一個執行，所以要計算一段循序結構要執行多少行程式敘述，只要將敘述的行數加總即可。而決策分支結構因為流程會根據條件判斷的結果不同而走不同的路（執行不同區塊），所以計數一段決策分支結構，是取各個條件分支區塊中總行數的最大值即可。這兩種結構都很單純，所以重點是迴圈的計數。

範例 1.5　單層 for 迴圈的計數

```
for i in range(1, n+1):         # i 的範圍是從 1 到 n
  count = count + 1             # 也可寫成 count += 1
  sum = sum + i                 # 也可寫成 sum += i
```

迴圈計數器 i 的範圍是 1 到 n，所以迴圈主體（第 2~3 行）會重複 n 次，如果 n 是 10，迴圈計數器 i 的範圍是 1 到 10，共重複 10 次（會執行 20 行敘述），所以本迴圈的計數為 $2n$，嚴格來說迴圈的頭（第 1 行）也需要考慮，但忽略它並不會影響下個主題要提到的時間複雜度計算，所以此後我們只考慮迴圈主體的次數。也可用下式表示：

$$\sum_{i=1}^{n} 2 = 2n$$

範例 1.6　雙層 for 迴圈

```
for i in range(1, n+1):          # 定義 i 的範圍從 1 到 n
  for j in range(1, n):          # 定義 j 的範圍從 1 到 n-1
    count = count + 1
    sum = sum + i
```

雙層迴圈是迴圈主體中又包含迴圈，先看內圈（第 2 行），計數器 j 的範圍是 1~n-1，所以外圈每執行 1 圈，內圈就會固定執行 n-1 圈。而外圈計數器 i 的範圍是 1~n，會執行 n 圈，因此內圈迴圈內（第 3~4 行）的敘述共將執行 $n*(n$-1$)$ 次，計數為 $2n(n$-1$)$。也可用下式表示：

$$\sum_{i=1}^{n}\sum_{j=1}^{n-1}2 = \sum_{i=1}^{n}2(n-1) = 2n(n-1)$$

範例 1.7　雙層 for 迴圈，內圈次數由外圈決定

```
for i in range(1, n+1):          # 定義 i 的範圍從 1 到 n
  for j in range(i+1, n+1):      # 注意：j 的範圍是從 i+1 到 n
    result = result + 1
```

觀察內迴圈計數器 j 的範圍，發現它是隨著外圈計數器 i 的範圍改變的，例如當 i 是 1 時，j 的範圍是 2 到 n，而當 i 是 2 時，j 的範圍是 3 到 n。因此我們必須針對外迴圈計數器 i 的變化來分析：

i 的值	j 的範圍	第 3 行執行次數
1	$2 \cdots\cdots n$	n-1
2	$3 \cdots\cdots n$	n-2
3	$4 \cdots\cdots n$	n-3
…	…	
n-1	$n \cdots\cdots n$	1
n	n+1 $\cdots n$〔此範圍無意義〕	0
總次數 = $(n-1) + (n-2) + (n-3) + \cdots + 1 = n(n-1)/2$		

也可以用累加式來計算：

$$\sum_{i=1}^{n}\sum_{j=i+1}^{n}1 = \sum_{i=1}^{n}(n-(i+1)+1) = \sum_{i=1}^{n}(n-i) = n^2 - \frac{n(n+1)}{2} = \frac{n(n-1)}{2}$$

範例 1.8　三層 for 迴圈

```
for i in range(1, n+1):          # 定義 i 的範圍從 1 到 n
  for j in range(i, n+1):        # j 的範圍是從 i 到 n
    for k in range(j, n+1):      # k 的範圍是從 j 到 n
      result = result + 1
```

總次數
$$=\sum_{i=1}^{n}\sum_{j=i}^{n}\sum_{k=j}^{n}1 = \sum_{i=1}^{n}\sum_{j=i}^{n}(n-j+1) = \sum_{i=1}^{n}(\sum_{j=i}^{n}n - \sum_{j=i}^{n}j + \sum_{j=i}^{n}1)$$

$$=\sum_{i=1}^{n}(n(n-i+1)-(\frac{n(n+1)}{2}-\frac{i(i-1)}{2})+(n-i+1)$$

$$=\sum_{i=1}^{n}(n^2-2ni+i^2+3n-3i+2)$$

$$=\frac{n(n+1)(n+2)}{6}$$

1.10 試問下面程式片段，sum 的輸出結果為何？已知 N = 5

```
sum = 0
 for k in range(1, N):
   for i in range(k+1, N+1):
     for j in range(k+1, N+1):
         sum = sum + 1
```

1.11 Consider the following program segment, i, j, and k are integer variables.

```
for i in range(1, 11):
  for j in range(1, i+1):
    for k in range(1, j+1):
       print ("%d\n" % (i*i+j-k) )
```

How many times is the *print* statement executed in this program segment?

主題 1-J　時間複雜度的漸進符號

✦ 上限符號

在得到程式敘述的計數之後，可以進一步取得程式或演算法的「效率分級」，描述符號為「Big–O 符號」。例如範例 1.5 的計數為 $2n$，就可以表示為 $O(n)$，讀作 "Big Oh of n"。範例 1.6 的計數為 $2n^2 - 2n$，表示為 $O(n^2)$；範例 1.7 的計數為 $\dfrac{n(n-1)}{2}$，也表示為 $O(n^2)$。如果計數是「多項式形式」，Big-O 的效率分級可以看最高次項而不管係數，因為當 n 越來越大

時，最高次項就足以代表整個多項式，而 Big-O 裡沒有係數的原因，是因為係數並不會改變分級，因為當 n 夠大以後，係數會變得無關緊要，接下來的敘述說明會讓大家更清楚。Big-O 除了有「概略分級」的作用，還有「上限」的含意：當 n 夠大時，$O(n^2)$ 可以看作是 $2n^2 - 2n$ 的上限。

Big-O 符號的正式定義為：

若且唯若 $f(n) = O(g(n))$ ，則存在大於 0 的常數 c 和 n_0，使得對所有的 n 值，當 $n \geq n_0$ 時，$f(n) \leq c * g(n)$ 均成立。

用數學式表示為：

$f(n) = O(g(n)) \Leftrightarrow \exists\ c,\ n_0 > 0 \ni \forall\ n \geq n_0\ ,\ f(n) \leq c * g(n)$

用口語解釋為：$f(n)$ 取 Big-O 符號為 $O(g(n))$，當 n 夠大的時候，$g(n)$ 的常數倍是 $f(n)$ 的上限。用圖示可表達為下圖：

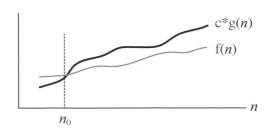

例如：$5n^2 + 6n + 9 = O(n^2)$，因為若取 $n_0 = 2,\ c=11$，當 $n \geq n_0$ (=2) 時，$5n^2 + 6n + 9 \leq 11 * n^2$ 恆成立（以大於等於 2 的數字代入 n 都成立）。

時間複雜度提供執行效率的「等級區分」，常見的時間複雜度等級有：

- $O(1)$　　：常數級 (constant)，固定次數，和資料值或資料量無關。

- O(lg n)   ：對數級 (logarithmic)，其中 lg $n = \log_2 n$。

- O(n)   ：線性級 (linear)。

- O(n lg n) ：對數—線性級 (log linear)。

- O(n^2)   ：平方級 (quadratic)。

- O(n^3)   ：立方級 (cubic)。

- O(2^n)   ：指數級 (exponential)。

- O($n!$)   ：階乘級 (factorial)。

> 以 2 為底的對數，本書都會採用 lg n 這種表示方式喔！

以下是各個時間複雜度隨著 n 的遞增，針對其函數值的成長速度所做的比較：

n 等級	2	10	50	100	500	1 千	1 萬	1 百萬
lg n	1	3.3	5.6	6.6	9	10	13.3	20
n	2	10	50	100	500	1000	10000	10^6
n lg n	2	33	280	660	4500	10000	1.3×10^5	2×10^7
n^2	4	100	2500	10000	250000	10^6	10^8	10^{12}
n^3	8	1000	125000	10^6	1.25×10^8	10^9	10^{12}	10^{18}
2^n	4	1024	10^{15}	10^{30}	10^{150}	10^{300}	10^{3000}	10^{300000}
$n!$	2	3628800	3×10^{64}	9×10^{157}	10^{1134}	4×10^{2567}	3×10^{35659}	太大

當 $n \geqq 10$ 時，執行次數的增長速度排序是：

O(1) < O(lg n) < O(n) < O(n lg n) < O(n^2) < O(n^3) < O(2^n) < O($n!$)

例如查看 $n = 10$：$3.3 < 10 < 33 < 100 < 1000 < 1024 < 3628800$。如果有三個解決同樣問題的程式或演算法，它們的時間複雜度分別是第一個程式：$O(n^2)$、第二個程式：$O(n \lg n)$、第三個程式：$O(n^3)$，第二個程式的 $O(n \lg n)$ 是三個中最有效率的。

> ▌ 時間複雜度是 "指數級" 或 "階乘級" 的問題，稱為「難解問題」(intractable problem)。河內塔問題就是演算法裡面一個典型的難解問題，因其時間複雜度是 $O(2^n)$ 指數級。

範例 1.9　排序時間複雜度

問題：將下列時間複雜度函數按照增長速度遞增列出。($\lg n = \log_2 n$)

$$n^{2/3} \qquad n! \qquad 3^n \qquad \lg n \qquad O(1) \qquad 4 \lg n$$

解題思考：

1. 須記住常用的等級：$O(1) < O(\lg n) < O(n) < O(\lg n) < O(n^2) < O(n^3) < O(2^n) < O(n!)$。

2. 指數運算法則：$4^{\lg n}$ 依照指數運算法則 $a^{\lg b} = b^{\lg a}$，所以：
    $$4^{\lg n} = n^{\lg 4} = n^2$$

因此本題答案為 $O(1) < \lg n < n^{2/3} < 4^{\lg n} < 3^n < n!$

★ 下限符號、上下限符號

除了最常用的上限符號 Big-Oh 符號 $O(g(n))$，另外還有下限符號 Big-Omega 符號 $\Omega(g(n))$，以及上下限符號 Big-Theta 符號 $\Theta(g(n))$，定義比較如下：

上限	下限	上下限
Big Oh 符號 O(g(n))	Big-Omega 符號 Ω(g(n))	Big-Theta 符號 Θ(g(n))
若且唯若 f(n)=O(g(n))，則存在大於 0 的常數 c 和 n_0，使得對所有的 n 值，當 $n \geq n_0$ 時，f(n) $\leq$ c * g(n) 恆成立。	若且唯若 f(n)=Ω(g(n))，則存在大於 0 的常數 c 和 n_0，使得對所有的 n 值，當 $n \geq n_0$ 時，f(n) $\geq$ c * g(n) 恆成立。	若且唯若 f(n)=Θ(g(n))，則存在大於 0 的常數 c1, c2 和 n_0，使得對所有的 n 值，當 $n \geq n_0$ 時，c1 * g(n) $\leq$ f(n) $\leq$ c2 * g(n) 恆成立。
f(n) = O(g(n)) $\Leftrightarrow \exists$ c, $n_0 > 0 \exists \forall n \geq n_0$, f($n$) $\leq$ c * g(n)	f(n) = Ω(g(n)) $\Leftrightarrow \exists$ c, $n_0 > 0 \exists \forall n \geq n_0$, f($n$) $\geq$ c * g(n)	f(n) = Θ(g(n)) $\Leftrightarrow \exists$ c_1, c_2, $n_0 > 0 \exists \forall n \geq n_0$, c_1 * g(n) $\leq$ f(n) $\leq$ c_2 * g(n)
f(n) 取 Big-O 符號為 O(g(n))，當 n 夠大的時候，g(n) 的常數倍是 f(n) 的上限	f(n) 取 Big-Omega 符號為 Ω(g(n))，當 n 夠大的時候，g(n) 的常數倍是 f(n) 的下限。	f(n) 取 Big-Theta 符號為 Θ(g(n))，當 n 夠大的時候，g(n) 的常數倍是 f(n) 的下限及上限。
$5n^2 + 6n + 9 = $ O(n^2)，因為若取 n_0 = 2, c = 11，當 $n \geq$ 2 時，$5n^2 + 6n + 9 \leq 11 * n^2$ 恆成立	$5n^2 + 6n + 9 = $ Ω(n^2)，因為若取 n_0 = 1, c = 1，當 $n \geq$ 1 時，$5n^2 + 6n + 9 \geq 1 * n^2$ 恆成立	$5n^2 + 6n + 9 = $ Θ(n^2)，因為若取 n_0 = 2, c1=1, c2=11，當 $n \geq$ 2 時，$1 * n^2 \leq 5n^2 + 6n + 9 \leq 11 * n^2$ 恆成立

若已知頻率計數 f(n) 為「多項式型式」：f(n) = $a_m n^m + \cdots + a_1 n + a_0$，則：

$$\text{f}(n) = \text{O}(n^m) , \text{f}(n) = \Omega(n^m), \text{f}(n) = \Theta(n^m)$$

例如：

$$5n^2 + 6n + 9 = \text{O}\left(n^2\right)$$
$$5n^2 + 6n + 9 = \Omega\left(n^2\right)$$
$$5n^2 + 6n + 9 = \Theta\left(n^2\right)$$

亦即當 f(n) 是多項式型式時，f(n) 取三種符號的方法都是取最高次項而不計係數。

範例 1.10　取得時間複雜度

前述範例 1.5～範例 1.8 的 Big-Oh 時間複雜度各為何？

範例 1.5： $\sum_{i=1}^{n} 2 = 2n = \mathrm{O}(n)$

範例 1.6： $\sum_{i=1}^{n} \sum_{j=1}^{n-1} 2 = 2n^2 - 2n = \mathrm{O}(n^2)$

範例 1.7： $\sum_{i=1}^{n} \sum_{j=i+1}^{n} 1 = \frac{1}{2}n^2 - \frac{1}{2}n = \mathrm{O}(n^2)$

範例 1.8： $\sum_{i=1}^{n} \sum_{j=i}^{n} \sum_{k=j}^{n} 1 = \frac{n(n+1)(n+2)}{6} = \mathrm{O}(n^3)$

範例 1.6 跟 1.7，雖然執行次數會差 4 倍，但增長速度差不多，都屬於平方級。

(計算過程請參考各範例)

範例 1.11　計算程式的時間複雜度

問題：假設 n 為 2 的次方數，右下程式片段之時間複雜度 T(n) 為何？

解題思考：

1. 根據題意，可假設 $n = 2^k$，亦即 $k = \lg n$，內圈主體次數是決定因素，因此只要計算 $j = 2 * j$ 那一行的次數即可。

2. 觀察外圈 i 迴圈，i 每做一圈會除以 2，亦即次方會少 1($2^k \rightarrow 2^{k-1}$)。

3. 觀察外圈 j 迴圈，j 會從 i 逐次乘以 2 直到 n。

4. 作表即可得到內圈主體 $j = 2 * j$ 那一行的次數。

```
i = n
while i >=1:
  j = i
  while j <= n:
    j = 2 * j
  i = i / 2
```

i 的值	j 的範圍	內圈 Body 執行次數
2^k	$2^k \sim 2^k$	1
2^{k-1}	$2^{k-1} \sim 2^k$	2
2^{k-2}	$2^{k-2}, 2^{k-1}, 2^k$	3
...	...	...
2^1	$2^1, 2^2, \cdots, 2^k$	k
2^0	$2^0, 2^1, 2^2, \cdots, 2^k$	$k+1$
總次數＝ $1+2+3+\cdots+k+(k+1) = (k+1)(k+2)/2 = \lg(n+1)*\lg(n+2)/2 = O((\lg n)^2)$			

 練習題

1.12 The following table shows the running time (in seconds) of three programs given different size of input (n).

program	n=10	n=20	n=100
A	1000	1001	1000
B	10	40	1000
C	100	200	1000
D	500	650	1000

What order of magnitude do you expect the algorithm used by each program to be ? ($O(1)$, $O(\log_{10} n)$, $O(n)$, $O(n^2)$, $O(n^3)$, $O(2^n)$)

第 **2** 章

陣列與字串

2-1　陣列 (Array)

主題　2-A　　一維陣列 (One-Dimensional Array)

主題　2-B　　貪婪演算法 (Greedy Method)

主題　2-C　　二維陣列 (2-Dimensional Array)

主題　2-D　　動態規劃演算法 (Dynamic Programming Method)

2-2　字串 (String)

主題　2-E　　字串的處理

主題　2-F　　字串的比對

2-1 陣列

第一章初探了資料結構、演算法、以及程式設計的迴圈與遞迴之後，從第二章開始將帶領學習者進入單元式學習，系統化的建立程式設計的基礎與實力，比盲刷程式更有效率，效果也更好。我們從最基本、最常見的資料結構 — 陣列開始。

▌主題 2-A　一維陣列 (One-Dimensional Array)

陣列是由多個資料元素排列在一起所組成的資料結構，這些元素共用一個名稱，所以需要加上「編號」（索引值，index）來區別。我們可以把陣列想像成一排有編號的格子，我們可以隨意打開某一個編號的格子，以查看裡面的內容；也可以把資料擺在某一個喜歡的格子內，這就是所謂的「隨機存取」(random access) 性質，可以根據索引值指定要讀取或要儲存哪一格資料。

✳ 同質陣列與異質陣列

只能放同類型資料的陣列，例如所有元素都是整數，稱為「同質陣列」；可以存放不同類型資料的陣列，例如有的元素是整數、有的元素是字串，稱為「異質陣列」。Python 語言的 NumPy 套件所提供的 array，以及 C 和 Java 語言所提供的陣列，都屬於同質陣列；Python 提供的內建結構「串列」(list)，則屬於異質陣列。

以下用 Python 宣告有 5 個元素的陣列 nums：

```
nums = [19, 21, 500, 119, 28]
```

這個 nums 陣列共有 5 個整數元素，元素的索引值是從 0 到 4，這 5 個元素在邏輯上有 " 次序 " 的位置關係，例如 nums [2] 是緊接在 nums [1] 的後面。

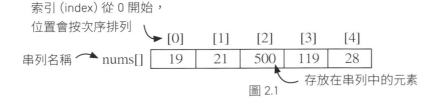

圖 2.1

串列 list 起初是數學名詞，在數學上串列是有順序性的資料排列。而陣列是屬於計算機科學的名詞，陣列和串列兩者都是用索引值來產生順序與取得資料項目，例如：讀出索引值為 2 的元素。

在本書中除非特別指明，否則都是以 Python 中的 list 來實作陣列，因此陣列與串列這兩個名詞在敘述上會混用，除非必須區別才會特別說明。

▌ 與串列 list 相對的名詞是集合 set。集合的資料是沒有順序性的，所以集合沒有索引值，要取得資料項目只能透過列舉所有元素、或是下條件篩選，例如：列出值大於 10 的元素。

✳ 陣列的宣告

Python 提供兩種宣告陣列的方法，第一種是先宣告夠用的大小，並且賦予每個元素的初始值：

```
nums = [0]*5000          # 宣告有 5000 個元素的陣列，每個元素初始值都為 0
```

第二種是先宣告一個空的串列，再於程式中視需要用 append 來逐一擴充：

```
nums = []                   # 宣告一個空陣列
…
nums.append(19)             # 將整數 19 加入到陣列中
```

　　第一種方法比較有效率、第二種方法則比較有彈性。因為 Python 能夠隨時調整陣列大小，當一開始預留的位置不夠用時，就會另找一塊比較大的記憶體，再將原來資料複製過去，然後所有操作都會轉到新的這一塊記憶體，所以當資料量大而且常常擴充的時候，頻繁搬移會耗用多餘的執行時間，而且舊的記憶體如果變成沒有變數參考到，就要再花時間回收。總之，想要在使用上具有彈性，執行效率就要有所妥協。

✴ 一維陣列的運算

　　只需要一個索引值就可以定位到一個元素的陣列，稱為一維陣列，一個索引就是一個維度。一維陣列的索引值剛好可以用一層 for 迴圈來定位，以下 3 個範例將介紹一維陣列的三個重要運算，都是使用 for 迴圈來完成。

範例 2.1 　插入元素到陣列中的指定位置

問題：給定一個整數陣列 A，在編號 k 的位置插入一新元素 value。

執行範例：輸入 A = [5, 11, 25, 36, 49, 56, 77, 120], k=3, value=27，
　　　　　　　輸出 A=[5, 11, 25, 27, 36, 49, 56, 77]

解題思考：

1.　為了空出第 k 個位置給新插入的元素，原來第 k 個以及之後的元素都各往後挪一個位置，例如要插入 27 至 A 陣列的 3 號位置 (A[3])：

A[0]	A[1]	A[2]	A[3]	A[4]	A[5]	A[6]	A[7]
5	11	25	36	49	56	77	120

$$\Downarrow$$

A[0]	A[1]	A[2]	A[3]	A[4]	A[5]	A[6]	A[7]
5	11	25	27	36	49	56	77

圖 2.2

搬移過程如下，要從最後面的資料開始往後搬，才不會有資料被覆蓋：

A[0]	A[1]	A[2]	A[3]	A[4]	A[5]	A[6]	A[7]	
5	11	25	36	49	56	77 →	120	77 往右移
5	11	25	36	49	56 →		77	56 往右移
5	11	25	36	49 →		56	77	49 往右移
5	11	25	36 →		49	56	77	36 往右移
5	11	25		36	49	56	77	[3] 已空出
5	11	25	27	36	49	56	77	27 插入

圖 2.3

2. 迴圈的開始：迴圈計數器 i 從最後一個位置 $(n\text{-}1)$ 開始遞減（$i \leq n\text{-}1$）。

3. 每一圈做什麼：把第 $i\text{-}1$ 個位置的資料往右複製（可視為搬移）到第 i 個位置，迴圈主體：$A[i] = A[i\text{-}1]$。

4. 如何過到下一圈：每圈執行完後 i 遞減 1（i 往左移 1 格）。

5. 何時結束（最後一圈）：$i=k\text{+}1$ 是最後一圈，執行完畢後 i 會減 1 成為 k 而離開迴圈，所以迴圈條件為 $i > k$。

6. 將以上說明編碼成 range 的寫法即為：

```
i in range(len(A)-1, k, -1)
```

range 的第 3 個參數是步進值 step，當 step 為 -1 代表遞減，代表從第 1 個參數 len(A) -1（包含）遞減到第 2 個參數 k（不含）。其中 step 參數可省略，若寫：

```
i in range(k, len(A))
```

則 step 為預設值 1 代表遞增，從第 1 個參數 k（包含）遞增到第 2 個
參數 len(A)（不含）。

依照上述說明，最後可寫成如下程式碼：

```
def arrayInsert(arr, k, value):
  for i in range(len(arr)-1, k, -1):  # n-1 ≧ i > k，亦即 k < i ≦ n-1
    arr[i] = arr[i-1]                  # 因 i-1 在左、i 在右，所以是左往右移
  arr[k] = value

A = [5, 11, 25, 36, 49, 56, 77, 120]
arrayInsert(A, 3, 27)
print(A)
```

效率分析 當插入位置 k 為 0 時，需要搬 n-1 個元素（n 是 len(arr)），
這是最差狀況；當插入位置 k 為 n-1 時，則不需要搬元素。也
就是插入位置越往右，需要搬移的資料越少，平均來說需要搬
移一半 (n/2) 的資料，因此插入運算的平均及最差時間複雜度均
為 O(n)。

▌ Python 提供一個串列插入新資料的寫法 A.insert(k, value)，它會自動進行以上『逐一移
動、留下空位』的概念，但我們看不到細節，而且串列的大小會增加 1。

範例 2.2 刪除陣列中指定位置的元素

問題：給定一個整數陣列 A，刪除編號 k 位置的元素。

執行範例：輸入 A = [5, 11, 25, 36, 49, 56, 77, 120], k = 3，輸出 A =
[5, 11, 25, 49, 56, 77, 120]

解題思考：

1. 由於編號 k 位置的元素已經刪除，為了不留下一個空位，原來在第 k 個位置之後的所有元素都要各往左挪一格，以便補滿因刪除而留下來的空位。

例如要刪除 A 陣列的 3 號位置 (A[3])：

A[0]	A[1]	A[2]	A[3]	A[4]	A[5]	A[6]	A[7]
5	11	25	36	49	56	77	120

$$\Downarrow$$

A[0]	A[1]	A[2]	A[3]	A[4]	A[5]	A[6]	A[7]
5	11	25	49	56	77	120	

圖 2.4

過程如下，要從刪除點的下一個元素開始往左搬，資料才不會被覆蓋：

A[0]	A[1]	A[2]	A[3]	A[4]	A[5]	A[6]	A[7]	
5	11	25	36 ◄—	49	56	77	120	49 左移
5	11	25	49		◄— 56	77	120	56 左移
5	11	25	49	56		◄— 77	120	77 左移
5	11	25	49	56	77		◄— 120	120 左移
5	11	25	49	56	77	120		

圖 2.5

2. 迴圈從哪裡開始：迴圈計數器 i 從 k 開始，$i \geq k$。

3. 每一圈做什麼：把第 $i+1$ 個位置的資料往左移到第 i 個位置：A[i] = A[$i+1$]。

4. 如何過到下一圈：每圈執行完後 i 遞增 1（i 往右 1 格）。

5. 何時結束（最後一圈）：$i = n-2$ 是最後一圈，執行完後 i 會加 1 成為 $n-1$ 而離開迴圈，因此迴圈條件為 $i < n-1$。上述想法編寫成 range 的語法即為：

```
i in range(k, len(A)-1)
```

將以上所述思維整合起來，即可寫成如下：

```
def arrayDelete(arr, k):
  for i in range(k, len(arr)-1):          # k ≦ i < n-1
    arr[i] = arr[i+1]                      # i+1 在右、i 在左，亦即由右往左移
  arr[-1] = None                          # 最後一個位置填 None

A = [5, 11, 25, 36, 49, 56, 77, 120]
arrayDelete(A, 3)
print(A)
```

效率分析　當刪除位置 k 為 0 時，需要搬 $n-1$ 個元素；當刪除位置 k 為
$n-1$ 時，不需要搬元素。也就是刪除位置越往後，需要搬移的
資料越少，平均來說需要搬移一半 ($n/2$) 的資料，因此刪除運算
的平均及最差時間複雜度均為 O(n)。

▌ Python 提供一個串列刪除資料的寫法 delete(A(k))，和 insert 一樣會自動完成 "逐一移
動、填補空位" 的行為，並將串列的大小減 1。

範例 2.3　找出陣列中最大（或最小）的元素

問題：給定一個整數陣列 A，回傳其中最大的元素。

執行範例：輸入 A = [36, 5, 25, 120, 49 , 11, 56, 77]，輸出 120。

解題思考：

1.　找最大元素的作法，就是從頭到尾掃描陣列一遍，並且用 max_now
　　變數隨時記住最大的值。

2. 由第 0 個資料先當霸主，A[i] (1 <= i < n) 輪流挑戰霸主，最後勝者
   即會存於 max_now。

```python
def findMax(arr):
  max_now = arr[0]                      # 第 0 個資料先當霸主
  for i in range(1, len(arr)):          # 1 ≦ i < n
    max_now = max(max_now, arr[i])      # max(a, b)取兩者中較大者
  return max_now                        # 最後勝者

A = [5, 11, 25, 336, 49, 256, 77, 120]
print(findMax(A))
```

效率分析　陣列每個位置都掃描過，因此本運算的時間複雜度為 $O(n)$。

由於 Python 提供一個找最大資料的函式 max(A)，需要時直接使用即可，所以本範例的重點是在掃描陣列的概念，以此範例的概念為基礎，可延伸解決許多問題。

延伸刷題：找出最大元素的位置

如果題目的要求改為 " 找出最大元素的位置 "，那麼就必須改成隨時記錄霸主位置而非其值，因此只能用 if 比較而非使用 max 取較大值：

```python
def findMaxPos(arr):
  max_now = 0                           # 第 0 個位置的資料先當霸主
  for i in range(1, len(arr)):          # 1 <= i < n
    if arr[i] > arr[max_now]:           # 輪流挑戰霸主
      max_now = i                       # 挑戰成功，霸主換人
                                        # (此處記錄的是索引)

  return max_now                        # 最後勝者
A = [5, 11, 25, 336, 49, 256, 77, 120]
print("最大元素的位置：{}".format(findMaxPos(A)))
```

刷題 10：找出小於 n 的質數　　　　　　難度：★★

問題：給定一個整數 *n*，傳回小於 *n* 的質數的個數。

執行範例：輸入 10，輸出 3，因有 2, 3, 7 三個質數小於 10。

解題思考：

1. 宣告一個串列 (陣列) 大小為 *n*，初
   設均為 True。當後續的處理知道某
   數 k 是某一個質數 p 的倍數時，就

   ```
   n = int(input())
   prime = [True]*n      # 宣告串列
   ```

   把 prime[k] 改為 False。例如質數 p 為 2 時，所有 2 的倍數 k 都不是質數。
2. 迴圈的開始及規律性：i 從第一個質數 2 開始處理，做完後 i 加 1。
3. 每一圈做的事：若 prime[i] = False 就直接跳下一圈 (下一個 i)，否則將 i
   的所有倍數 k 標為非質數，如第 1 點所述。
4. 迴圈何時結束：需檢查所有 i < n。
5. 最後再從 prime [2] 到 prime[*n*-1] 掃描陣列一次，輸出 prime[i] 為 True
   的 i。

參考解答：

```
def findPrime(n):
  prime = [True]*n                # 產生陣列
  for i in range(2, n):           # 2 ≤ i < n
    if prime[i] == True:          # 若 i 是質數
      for j in range(i+1, n):        # 消去 i 的所有倍數
        if (j % i) == 0:     # 檢查 i+1 ~ n-1 每一個數是否為 i 的倍數
          prime[j] = False
  return prime

n = int(input())
primes = findPrime(n)
for i in range(2, n):
  if primes[i]:
    print(i, end = " ")
```

效率分析 　外圈 i 迴圈重複 *n-2* 次、內圈 j 迴圈重複 *n-i-2* 次，類似範例 1.3 的算法，時間複雜度為 $O(n^2)$。

延伸刷題：找出小於 n 的質數（進階版）

學習者應該常常思考：直覺的暴力法已經不錯，但有沒有改進的空間？上面的暴力法做很多重複的檢查，有沒有可能減少呢？

解題思考：

1. 外圈檢查 i ≤ $\sqrt{n}$ 的範圍即可：無須檢查到 i < n，因為小於 n 的數 k 如果不是質數，k 一定可以表示成 k 的兩個因數相乘 (p*q, p ≦ q)，例如 n=400，k=385，k 可以表示為 5*77，5 ≦ 20 (=$\sqrt{400}$)，則 p 一定小於等於 $\sqrt{n}$（否則 k 會超過 n），那麼 k 一定在處理 p 的那一圈就被標為 False 了，所以只要檢查到 i ≦ $\sqrt{n}$ 的範圍即可。例如 n=400，i 只需檢查從 2 到 20，超過 20 沒有被設為 False 的數就是質數。任何超過 20 的非質數，例如 385，必定有一個不超過 20 的因數，因此 385 已經在檢查 i=5 時（因為是 5 的倍數）就標為 False 了。

2. 內圈檢查 i 的倍數即可：內圈 j 迴圈的 step 設為 i 而直接設定 i 的倍數為 False，不須一個一個做 MOD 運算餘 0 才設為 False，如此可減少處理的數量。

3. 內圈從 i^2 開始檢查而非 i+1：當 prime[i] = True（i 是質數）時，要將 i 的所有倍數 k 標為非質數，但檢查的對象不需從 i+1 開始，甚至不是從 2*i，而是從 i^2 開始，因小於 i^2 的 i 倍數（因數有 2, 3, …, i-1）已經處理過。例如 i=5 時，小於 5^2 的 5 的倍數 5*2, 5*3, 5*4 已經在處理 i=2 及 i=3 時被標過了，因此只要從 5^2 開始即可。

> 綜合以上這 3 個縮小處理範圍及減少處理對象的方法，稱為 *The Sieve of Eratosthenes?*（伊瑞托色尼篩法），有興趣可以查閱維基百科等相關資料。

參考解答：

```python
from math import ceil              # 用到天花板運算（ceiling 頂符號）
def findPrime(n):
  prime = [True]*n                 # 產生陣列
  for i in range(2, ceil(n**0.5)): # 2 ≦ i < ⌈√n⌉
    if prime[i] == True:                # i 是質數
      for j in range(i*i, n, i):    # 從 i*i 開始消去 i 的所有倍數且
                                    # step 為 i
        prime[j] = False
  return prime

n = int(input())
primes = findPrime(n)
for i in range(2, n):
  if primes[i]:
    print(i, end = " ")
```

效率分析 伊瑞托色尼篩法的時間複雜度為 $O(n \lg \lg n)$，證明超出本書範圍，有興趣的學習者可查閱相關資料。

刷題 11：從陣列中找出相加等於 k 的兩數　　　難度：★

問題：給定一個有 n 個整數的陣列以及另一整數 k，從陣列中找出相加等於 k 的兩個數，不可同一數相加，且一定存在唯一的解。也稱為 Two Sum 問題。

執行範例：輸入 nums = [2, 7, 11, 15]，k = 22，輸出 7, 15

解題思考：

↓

1. 針對每個數字 nums[i]，要找出另一個數字 nums[j]，使得 nums[i]+nums[j] 為 k。直覺的暴力方法：雙層迴圈，針對外圈的每個 i 配對內圈的每個 j，當遇見某個配對之和為 k 即可結束。

2. 外迴圈的開始及繼續：i 從 0 開始處理，內圈往 nums[i] 的後方找出跟它相加會等於 k 的某一個 nums[j]，如果都沒有，i 加 1 處理下一個數字。

3. 每一外圈做的事：檢查其他數字 nums[j]，因此要有內層 j 迴圈。為了不重複比較，只要針對大於 i 的 j，亦即位置在 i 後面的數字 nums[j]，這樣可以省掉一半的比較。例如 n=4、i=2 時，內圈 j 只要比較 nums[2] 後面的 nums[3] 即可，不必比較 nums[0] 及 nums[1]，因為這兩個比較已經在外迴圈 i=0 及 i=1 執行過。

4. 函式何時結束：當某個 i, j 配對 nums[i] + nums[j] = k 時停止執行並回傳。

參考解答：

```
def twoSum(nums, k):
  for i in range(len(nums)):         # 0 ≦ i < n
    for j in range(i+1, len(nums)):   # i+1 ≦ j < n
      if nums[i] + nums[j] == k:
        return nums[i], nums[j]

nums = [2, -3, 7, 11, 15, 17]
k = int(input())
num1, num2 = twoSum(nums, k)
print(num1, num2)
```

效率分析　外圈 i 迴圈重複 n 次、內圈 j 迴圈重複 n-i-1 次，類似刷題 3 詞彙配對的算法，時間複雜度為 $O(n^2)$。

完成雙層迴圈易寫易懂的暴力法之後，應當思考有沒有其他更快的方法可解決同樣問題。我們將在第 6 章及 8 章介紹三個更快的方法，分別是二元搜尋樹、二分搜尋法、以及雜湊表。

二元搜尋樹和二分搜尋法的時間複雜度是 $O(n \lg n)$，而使用雜湊表的效率甚至可達 $O(n)$，都比此處 $O(n^2)$ 有效率多了！

✎ **練習題**

2.1 下列程式片段執行的輸出為何？

```
arr = [0]*10
for i in range(10):
    arr[i] = i
sum = 0
for i in range(1, 9):
    sum = sum - arr[i-1] + arr[i] + arr[i+1]
print(sum)
```

2.2 資料儲存於 A[0]~A[n-1]。經過下述運算後，以下何者不一定正確？

(A) p 是 A 陣列資料中的最大值
(B) q 是 A 陣列資料中的最小值
(C) q < p
(D) A[0] <= p

```
p = q = A[0]
for i in range(1, n) :
    if A[i] > p:
        p = A[i]
    if A[i] < q:
        q = A[i]
```

⬇

2.3　下述程式擬找出陣列 A 中的最大值和最小值。不過這段程式碼有誤，請問 A 初始值如何設定就可以測出程式有誤？

(A) [90, 80, 100]

(B) [80, 90, 100]

(C) [100, 90, 80]

(D) [90, 100, 80]

```
M = -1
N = 101
A = _____?_____
for i in range(3):
  if A[i] > M:
    M = A [i]
  elif A[i] < N:
    N = A [i]
print("M = %d, N= %d " %(M, N))
```

主題 2-B　貪婪演算法（Greedy Method）

　　通常貪婪演算法的數據資料會存放在陣列裡面，因此在介紹完一維陣列之後接著介紹貪婪演算法。在演算法的世界中，解決問題的過程就是由一連串的選擇所組成，選擇不同，走的路也就不同，所得到的結果也可能相異。貪婪演算法的特性就是每次做選擇時，都是挑選對當時最有利的選項，而且一旦選定後就到下一關，不再回頭更改已做的選擇。例如超商店員要找你 37 元零錢時，會先看收銀機是否有 10 元硬幣，夠 3 個就拿 3 個，剩下數目的再看是否有 5 元硬幣可以找、最後才用 1 元硬幣。

每次都做當下最有利的選擇，聽起來好像很合理，但有時可能因此陷入僵局，或只能找到局部最佳解，後續會再做進一步討論。

刷題 12：找零錢問題　　　　　　　　　　　　　難度：★★

問題：自動販賣機需要找零錢 *m* 元，零錢種類共有 1 元、5 元、10 元、50 元 4 種，且無限供應，找開這 *m* 元最少需要多少枚硬幣？

執行範例：輸入 177，輸出 8，因為 50 元 3 個、10 元 2 個、5 元 1 個、1 元 2 個共 8 個硬幣等於 177 元，且需要的硬幣數最少。

解題思考：

1. 貪婪地選擇面額最大的硬幣，優先從面額越大的硬幣開始考慮，因為直覺上，面額越大的硬幣可以找開越多的錢，因此需要的硬幣數越少。

2. 從面額最大的 50 元開始，用簡單的除法就可以知道可用幾個，例如 177 元除以 50(177 // 50 = 3) 即為 50 元硬幣的個數，而 177 除以 50 的餘數 (177 % 50 = 27) 即為剩下尚待找開的錢。

```
coins = [50, 10, 5, 1]
count = 0          # 總硬幣數
m = int(input()) # 若 m = 177
count += m // 50 # 加 3 個硬幣
m = m % 50         # 剩下 m = 27
```

3. 以同樣的方法將剩下的錢分別用 10 元、5 元、1 元面額硬幣計算各需要幾個。顯然整個過程是一個迴圈，只要逐一將 coins[i] 的面額取代說明第 2 點的數字 50 即可：

參考解答：

```
def findCoins(m):
  coins = [ 50, 10, 5, 1]
  count = 0
  for i in range(len(coins)):
    count += m // coins[i]
    m %= coins[i]                    # 也可寫成 m = m % coins[i]
  return count

m = int(input())
print(findCoins(m))
```

效率分析　若硬幣面額共 n 種，迴圈重複 n 次，時間複雜度為 O(n)。若硬幣面額數視為一個常數 k，那麼迴圈總共固定執行 $2k$ 個運算，時間複雜度為 O(1)。

　　若硬幣面額改為 1 元、10 元、40 元、50 元 4 種，貪婪法是否總能得到最佳解？答案為否。例如 80 元，用貪婪法需要 4 個（50 元 1 個、10 元 3 個），最佳解則是 40 元 2 個。因為貪婪法雖然合乎直覺，但是套用在某些問題時並不會得到最佳解，能不能適用貪婪法要視問題的本質而定（有些問題可以，有些不行）。針對找零錢（大的幣值總是較小幣值的倍數）問題，可用歸謬法說明使用貪婪法一定可以得到最佳解：如果號稱有一個最佳解，其中包含 7 個 10 元，那麼貪婪法會使用 1 個 50 元硬幣來找開 50 元，而非 5 個 10 元硬幣，因此找開 70 元的硬幣數將由 7 個 10 元硬幣變成 3 個（1 個 50 元及 2 個 10 元），所以原先的解法不是最佳解，因為貪婪法更好。因此在 " 大的幣值總是較小幣值的倍數 " 的限制下，貪婪法一定可以得到最佳解。除了上述「找零錢問題」以外，其他還有「背包問題」、「最短路徑問題」（將在第五章介紹）等也都是著名的貪婪演算法。

刷題 13：比例背包問題　　　　　　　　　　難度：-

問題：有個小偷的背包總容量 W_limit，要打包 n 種物件帶走，每種物件只有 1 個，重 w_i、價值 p_i，如果物件可以切割裝袋，請計算最高的打包價值。

執行範例：輸入為：

```
30 ←── 總容量
3        ↖ 3 種物件
A  B  C ↗
5   10   20 ←── 物件重量
50   60   140 ←── 物件價值
```

代表 W_limit = 30 公斤

n = 3 種

代表物件為 A、B、C

物件分別重 5 公斤、10 公斤、20 公斤

物件分別價值 50 元、60 元、140 元。

輸出為：220，因為可打包 A：5 公斤 (50 元)、B：5 公斤 (30 元)、C：20 公斤 (140 元)，共 30 公斤 220 元。

解題思考：

1. 貪婪地選擇 p/w 值最大的物件：每種物件的單位重量價值是 p_i / w_i，單位重量價值越大 p/w 值越高，越優先打包，若剩下的容量包不了再切割裝袋。

2. 先宣告一個陣列 items，儲存 n 個物件的 p/w 值、名稱、重量 w_i、價值 p_i。

```
for i in range(n):
    items[i] = [P[i]/W[i], name[i], W[i], P[i]]
              # p/w 值, 物件名, 重量, 價值
```

3. 先從單位重量價值最大的物件開始打包，因此需要針對 p/w 值進行遞減排序。如果輸入如執行範例，items 依照 p/w 值遞減排序將如右所示。

```
items.sort(reverse=True)
# items = [ [10, A, 5, 50],
#           [7, C, 20, 140],
#           [6, B, 10, 60]]
```

4. 每次打包做的事：能整個打包就整個包，最後一個不能整個包的物件就要切割。如右列虛擬碼，若整個物件 i 打包，則加上物件 i 的價值，剩餘容量須減去物件 i 總重；若物件 i 切割打包，則加上物件 i 切下來的比例價值 (物件 i 的 p/w 值 × 剩餘容量)，且物件 i 會用完所有的剩餘容量。

↓

```
if 物件 i 的重量 ≤ 剩餘容量：
    總價值 += 物件 i 的總價值
    剩餘容量 -= 物件 i 的重量
else:
    總價值 += 物件 i 的 p/w 值*剩餘容量
    剩餘容量= 0
```

參考解答：

```
def backPacking(objects, argW):
    i = total_p = 0
    left_w = argW
    while i<len(objects) and left_w>0:   # 還有物件可打包且還有剩餘容量
        if objects[i][2]<=left_w:         # 剩餘容量足夠物件 i 整個打包
            total_p += objects[i][3]      # 加上物件 i 的價值 objects[i][3]
            left_w -= objects[i][2]       # 減去物件 i 的重量 objects[i][2]
        else:                             # 剩餘容量不足，須切割物件 i
            total_p += objects[i][0]*left_w # 加上物件 i 的比例價值
            left_w = 0                    # 物件 i 用掉所有剩餘容量
        i += 1
    return total_p

W_limit = int(input())                # 總容量限制
n = int(input())                      # 物件數量 n
name = input().split()                # n 個物件的名稱
W = list(map(int, input().split()))   # n 個物件的重量
P = list(map(int, input().split()))   # n 個物件的價值
items = [ [ ] for _ in range(n)]
for i in range(n):
    items[i] = [P[i]/W[i], name[i], W[i], P[i]] # p/w 值，物件名，重量，
                                                  價值
items.sort(reverse=True)              # 依照物件的 p/w 值遞減排序
print(backPacking(items, W_limit))
```

▌ 如果物件無法切割只能整個打包，那麼貪婪法不能保證得到最佳解。此時需要使用本章介紹的另一種演算法─動態規劃法，才能保證得到最佳解。

刷題 14：最少裝箱浪費問題　　　　難度：★★★

問題：有 n 個包裝好的商品要裝箱，由 m 個供應商供應各種不同大小的箱子。每個箱子只能裝一個商品，箱子容量減去商品體積為空間的浪費，計算出使用不同供應商的箱子裝箱最少的總空間浪費。若這 m 個供應商的箱子都無法將這些商品完全裝箱，則輸出 -1。

執行範例 1：輸入商品體積 packages = 2, 3, 5、供應商 m = 2、箱子容積 boxes = [4, 8], [2, 8]，代表供應商 0 供應兩種箱子容積分別是 4, 8、供應商 1 供應容積分別為 2, 8 的兩種箱子。輸出 6，因為使用供應商 0 的箱子裝箱 3 個商品，總空間浪費為 (4-2) + (4-3) + (8-5) = 6。

執行範例 2：輸入 packages = 2, 3, 5、m = 3、boxes = [1, 4], [2, 3], [3, 4]。輸出 -1，因為 3 個供應商的箱子都無法將商品完全裝箱。

執行範例 3：輸入 packages = 3, 5, 8, 12, 11, 10、m = 3、boxes = [12], [11, 9], [10, 5, 14]。輸出 9，因為使用供應商 2 的箱子，總空間浪費為 (5-3) + (5-5) + (10-8) + (10-10) + (14-11) + (14-12) = 9。

解題思考：

1. 排序商品及箱子：輸入商品體積到陣列 packages 後，將其排序，接著輸入供應商數量 m 及每個供應商的箱子容積之後，將每個供應商的箱子依照容積排序。

↓

```
packages = list(map(int, input().split()))
packages.sort()                         # 依體積排序商品
m = int(input())                        # m 為供應商數量
boxes = [ [ ] for _ in range(m) ]
for s in range(m):                      # 每一供應商 s 的箱子
  boxes[s] = list(map(int, input().split()))
  boxes[s].sort()                       # 依容積排序箱子
print(packing(packages, boxes)          # 呼叫
```

2. 對每一個供應商 s 計算其裝箱總空間浪費 cur_waste，輸出供應商中的最
   小總空間浪費 min_waste。初設 min_waste 為最大數字，若有某供應商
   s 的箱子可完全裝箱，則取 cur_waste 與 min_waste 中較小者更新 min_
   waste，並設定 supFound 為 True。最後若這 m 個供應商都無法將商品完
   全裝箱 (supFound 為 False)，則輸出 -1，如果可以則輸出 min_waste。

```
min_waste = inf               # 初設為最大數 inf
supFound = False              # 初設為尚無供應商可完全裝箱
for s in range(len(boxes)):   # 瀏覽每個供應商 s
  …(計算供應商s的cur_waste)
  若 s 提供的箱子能完全裝箱商品：
    min_waste 為 min_waste 與 cur_waste 的較小者
    supFound = True           # 有供應商可完全裝箱
if supFound:
  return min_waste
return -1
```

3. 計算每個供應商 s 的總空間浪費 cur_waste 的過程 (裝箱過程) 是貪
   婪的選擇，從最小的箱子 boxes[s][b=0] 開始，凡是體積比較小的
   商品 packages[p] 都可以用它裝箱，並將其空間浪費 (boxes[s][b] –
   packages[p]) 加總至 cur_waste。有商品裝不下時，就換更大的箱子
   boxes[s][b=1]，如此可讓總空間浪費為最小，因我們儘量用最小的箱子
   裝箱。

↓

4. 裝箱的成功或失敗：若 n 個商品都裝箱（p 已遞增至 n）則裝箱成功，
   其 cur_waste 可挑戰 min_waste。但若尚有商品而已經沒有箱子裝得下
   時，則供應商 s 裝箱失敗。

參考解答：

```python
from math import inf
def packing(packages, boxes):
  min_waste = inf                # 最大數
  supFound = False
  for s in range(len(boxes)):    # supplier，供應商 s
    cur_waste = 0                # 供應商 s 的總浪費空間
    p = 0                        # 第 p 個商品，從第 0 個商品裝箱
    b = 0                        # 第 b 種箱子，從第 0 種箱子裝箱
    while b < len(boxes[s]):     # 還有箱子可裝箱
      while packages[p] <= boxes[s][b]:          # 裝得下
        cur_waste += boxes[s][b] - packages[p]   # 加總其空間浪費
        p += 1                                   # 裝下一個商品
        if p >= len(packages):                   # 商品都已裝箱
          min_waste = min(cur_waste, min_waste)  # 必要時更新最小值
          supFound = True                        # 有供應商可完全裝箱
          break
      b += 1                                      # 試下一種箱子
      if p >= len(packages):     # 商品都已裝箱，無須試下一種箱子
        break
  if supFound:
    return min_waste
  return -1
# 輸入資料並呼叫 packing
```

刷題 15：最大子陣列 (Maximum Subarray)　　難度：★★

問題：給定大小為 n 的整數陣列，其中的數字有正數有負數，請找出相加之和最大的連續子陣列，傳回其和，連續子陣列的資料個數介於 1 到 n 之間。

執行範例：輸入 -3, 1, -2, 5, 1, -2, 6, -9；輸出 10，因子陣列 5, 1, -2, 6 的和 (=10) 是所有連續區間中最大的。

解題思考：

1. 此類型題目都可以在一次的掃描後完成，重點在於設計有用的變數以便記錄掃描過程中的狀態變化。

2. 掃描陣列 nums[] 一遍，迴圈計數器 i 從 0 到 n-1，貪婪地將每個數加進目前子陣列的目前累積值 cur_sum，cur_sum 初設為 0。

```
for i in range(len(nums)):
  cur_sum += nums[i]
  ...
```

3. 而一開始 nums[i] (i = 0) 是一個新的連續段 (子陣列)，最大累積值 max_sum 初設為最小的數字 (float('-inf')，負的極值 infinity)。

```
max_sum = float('-inf')
cur_sum = 0
```

4. 每一個連續段要做的事：走訪到一個新數字 nums[i] 就將它加到累積值 cur_sum，累積值 cur_sum

```
cur_sum += nums[i]
max_sum = max(cur_sum, max_sum)
```

如果比目前最大值 max_sum 還大就取而代之，這一點類似範例 2.3。以**執行範例**的輸入為例，掃描到 nums[0] 時，cur_sum 加進 nums[0] 後成為 -3，max_sum 為負無窮大，因此 max_sum 取兩者最大的，因此設為 -3。

5. 何時該重新開始一個連續段？當累積值變成負數時，就該拋下舊包袱 (原有資料)，將 cur_sum 歸零，讓下一個數重新開始一個連續段，因為

⬇

與其把負值留下來，不如從 0 開
始，新的一段才有可能再創新
高。例如掃描到 nums[0] 時，cur_
sum 加進 nums[0] 後成為 -3，

```
cur_sum += nums[i]
max_sum = max(cur_sum, max_sum)
cur_sum = max(0, cur_sum)
```

max_sum 設為 -3，但因 cur_sum 是負值，因此將 cur_sum 歸零，以便
從下一個數字 nums[1] 開始一個新的連續段。

參考解答：

```
def maxSubArr(nums):
  max_sum = float('-inf')
  cur_sum = 0
  for i in range(len(nums)):
    cur_sum += nums[i]               # 將第 i 個數加進累積值
    max_sum = max(cur_sum, max_sum)  # 挑戰最大值
    cur_sum = max(0, cur_sum)        # 若累積值為負數則重設歸零
  return max_sum

nums = [-2, 1, -3, 4, -1, 2, 1, -5, 4]
print(maxSubArr(nums))
```

效率分析 以單層迴圈掃描陣列中的 n 個元素，時間複雜度為 O(n)。

上面這個演算法雖簡單但實用價值很高，任何會漲跌的商品，例如股價或原物料價
格，這些數字是它們與前一個交易日相比所得的漲跌幅，最大子陣列就是產生最多累
積漲幅的連續交易日區間，具有大數據分析的價值。

延伸刷題：最大子陣列位置　　　　　　難度：★★

問題：同上一刷題，但除了傳回最大連續子陣列的和，也要傳回這個子陣列的區間。

執行範例：輸入 [-3, 1, -2, 5, 1, -2, 6, -9]；輸出和 10, 起點 3, 終點 6，因連續子陣列 5, 1, -2, 6 的和為 10，區間為 nums[3]~nums[6]。

解題思考：

1. 要多記錄幾個資訊：新區段起始位置 starti、最大區段起始位置 max_starti、最大區段右限位置 max_endi。

2. 每一個連續段重複工作：將 nums[i] 加進目前累積值，挑戰目前最大值，若挑戰成功，更新最大累積值為目前累積值、<u>更新最大區段起始位置 max_starti 為本區段起始 starti</u>、<u>更新最大區段右限位置為目前這第 i 個數</u>，標示底線的這 2 件是比上一個刷題多作的事。

```
if cur_sum > max_sum:
  max_sum = cur_sum
  max_starti = starti
  max_endi = i
```

3. 當目前累積值 cur_sum 變成負數時，將它歸零，並重設新區段起始位置 starti 為下一個數的位置，啟動新連續段的開始。

```
if cur_sum < 0:
  cur_sum = 0
  starti = i+1
```

參考解答：

```
def maxSubArr2(nums):
  max_sum = float('-inf')
  cur_sum = 0
  starti = max_starti = max_endi = 0
  for i in range(len(nums)):
```

↓

```
    cur_sum += nums[i]
    if cur_sum > max_sum:
      max_sum = cur_sum
      max_starti = starti
      max_endi = i
    if cur_sum < 0:
      cur_sum = 0
      starti = i+1
  return max_sum, max_starti, max_endi

nums = [-2, 1, -3, 4, -1, 2, 1, -5, 4]
print(maxSubArr2(nums))
```

效率分析 單層迴圈重複 n 次，時間複雜度為 O(n)。

主題 2-C 二維陣列 (2-Dimensional Array)

　　一維陣列是只需要一個索引值就可以定位到任一元素的陣列，二維陣列 (2-D array) 則需要兩個索引值來定位一個元素。二維陣列在邏輯上就是一個平面，例如一個 6×5 的陣列就是一個 6 列 (row)、5 行 (column) 的平面 (橫者為列、直者為行)，這兩個索引分別稱為列座標和行座標：

	第 0 行	第 1 行	第 2 行	第 3 行	第 4 行
第 0 列	[0][0]	[0][1]	[0][2]	[0][3]	[0][4]
第 1 列	[1][0]	[1][1]	[1][2]	[1][3]	[1][4]
第 2 列	[2][0]	[2][1]	[2][2]	[2][3]	[2][4]
第 3 列	[3][0]	[3][1]	[3][2]	[3][3]	[3][4]
第 4 列	[4][0]	[4][1]	[4][2]	[4][3]	[4][4]
第 5 列	[5][0]	[5][1]	[5][2]	[5][3]	[5][4]

圖 2.6

　　二維陣列可以這樣宣告，同樣賦予每個元素的初始值均為 0：

```
A = [ [0]*5 for _ in range(6)]
```

這個特別的寫法在 Python 中稱為**串列生成式**（list comprehensions，可參考附錄 A 的介紹），代表 A 是由 6 個長度為 5 的一維陣列所組成的二維陣列。

如果將 A[1][0]（第 1 列第 0 行元素）寫入值為 19，同時將 A[3][1]（第 3 列第 1 行元素）寫入值為 25，也就是：

```
A[1][0] = 19
A[3][1] = 25
```

則結果將如下圖：

	[0]	[1]	[2]	[3]	[4]
[0]					
[1]	19				
[2]					
[3]		25			
[4]					
[5]					

圖 2.7

✶ 2-D 與 1-D 的對應

二維陣列與一維陣列存在著對應的關係，例如要將二維陣列存入實際的記憶體中，必須將「邏輯上」（logical）的平面排列次序，轉換成「實體上」（physical）的線性排列次序，因為實際上記憶體位置是線性循序的，例如 4G 的記憶體位址是從十六進位的 00000000 到 FFFFFFFF。將 2-D 平面對應到 1-D 線性有兩種方式：「**以列為主**」（row major）及「**以行為主**」（column major）。

將二維陣列以這兩種方式展開，陣列元素在記憶體中排列順序分別為：

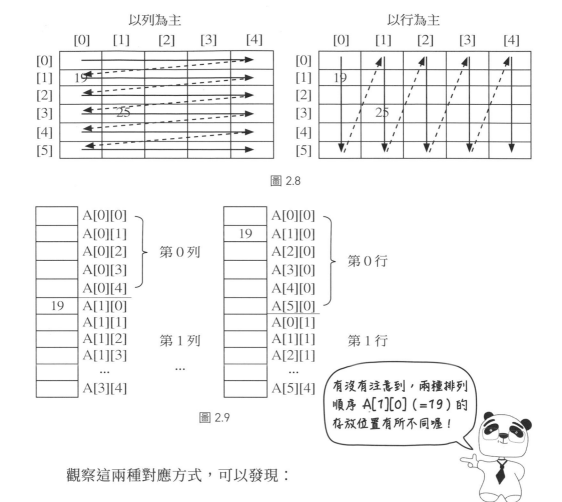

圖 2.8

圖 2.9

有沒有注意到，兩種排列順序 A[1][0] (=19) 的存放位置有所不同喔！

觀察這兩種對應方式，可以發現：

- **「以列為主」**的線性排列是將元素一橫列一橫列的排放（先由左而右、再由上而下）：將第 0 列的所有元素 (A[0][0]～A[0][4]) 依序排完後，接著才排第 1 列元素 (A[1][0]～A[1][4])、然後是第 2 列⋯依次排下去，因此「行號」（第二個數字）變化較快。

- **「以行為主」**的線性排列是將元素一直行一直行的排放（先由上而下、再由左而右）：將第 0 行的所有元素 (A[0][0]～A[5][0]) 依序排完後，接著才排第 1 行元素 (A[0][1]～A[5][1])、然後是第 2 行⋯依次排下去，因此「列號」（第一個數字）變化較快。

有 6 列、5 行「以列為主」的二維陣列 A，可以想像成有 6 個長度為 5 的 1 維陣列，例如 6 × 5 的平面是由 6 條長度 5 的橫條組成。

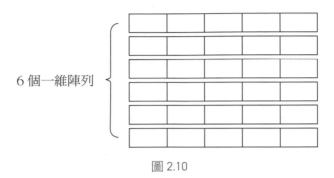

6 個一維陣列

圖 2.10

✴ 3-D Array

三維陣列 A 可以想像成有好幾層的二維陣列，例如 4 × 6 × 5 的立體是由 4 層的 6 × 5 平面組成。

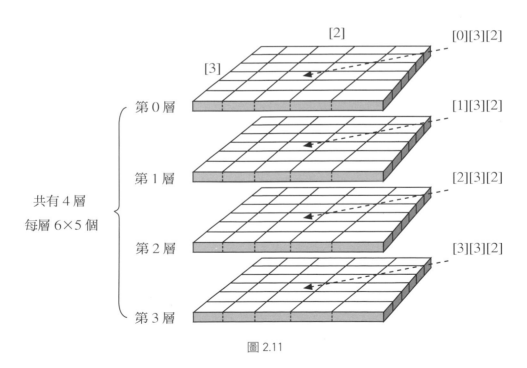

圖 2.11

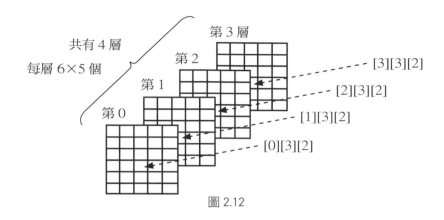

共有 4 層
每層 6×5 個

第 0
第 1
第 2
第 3 層

[3][3][2]
[2][3][2]
[1][3][2]
[0][3][2]

圖 2.12

▌ 一維是「線」，二維是「平面」，三維是「立體」，n 維 (n>3) 超出人類的空間概念，抽象化為「n 維歐幾里得空間」，簡稱「n 維空間」。

✦ 2-D Array 的運算

許多重要的數學演算法會牽涉到「矩陣」的運算，例如「解聯立方程組」等線性代數問題，就可用二維陣列來儲存並執行運算。這裡針對幾個較為簡單常用的運算，透過程式實作了解其運算過程。

範例 2.4　矩陣的輸出

當我們照著下面函式的作法，將列號放在外迴圈、行號放在內迴圈，就是按照「以列為主」的順序處理矩陣上的每一個元素。

```
def printMatrix(A):
  for i in range(len(A)):          # i 走訪矩陣每一列
    for j in range(len(A[i])):     # j 走訪第 i 列的每一個元素
      print(A[i][j], end = ' ')
    print()                        # 印完一列要換行
                                                              ↓
```

```
A = [[1, 2, 3],
     [4, 5, 6],
     [7, 8, 9],
     [10, 11, 12]]
printMatrix(A)
```

效率分析 這個函式主要是一個雙層迴圈，其中內圈主體（print(A[i][j]）會執行 $m \times n$ 次，如果矩陣的列數與行數都是 n，時間複雜度為 $O(n^2)$。

範例 2.5　矩陣的轉置

　　如果 A 是 $m \times n$ 的矩陣，則 A 的轉置矩陣 B（B＝A^T）便會是 $n \times m$ 的矩陣，並且任何的 $b_{i,j}$ 會等於 $a_{j,i}$。換成資料結構的觀點，也就是原來在 A 陣列中第 i 列第 j 行的元素，經轉置後會出現在 B 陣列的第 j 列第 i 行，例如：

$$A = \begin{bmatrix} 1 & 2 & 3 \\ 4 & 5 & 6 \\ 7 & 8 & 9 \\ 10 & 11 & 12 \end{bmatrix}_{4 \times 3} \qquad B = A^T = \begin{bmatrix} 1 & 4 & 7 & 10 \\ 2 & 5 & 8 & 11 \\ 3 & 6 & 9 & 12 \end{bmatrix}_{3 \times 4}$$

```
def transMatrix(A, B):
  for i in range(len(A)):          # i 走訪矩陣 A 每一列
    for j in range(len(A[0])):     # j 走訪矩陣 A 第 i 列的每一行
      B[j][i] = A[i][j]
```

```
A = [[1, 2, 3], [4, 5, 6], [7, 8, 9], [10, 11, 12]]
B = [[0]*len(A) for _ in range(len(A[0]))]
printMatrix(A)
transMatrix(A, B)
printMatrix(B)
```

範例 2.6 兩個矩陣的相加

兩個矩陣能夠相加的條件是兩者的列數相同、行數也相同。如果矩陣 A 的大小是 $m \times n$，矩陣 B 也是 $m \times n$ 的矩陣，則由 A 與 B 相加而成的 C 也會是 $m \times n$ 的矩陣，且矩陣 C 中任何的元素 $c_{i,j}$ 等於 $a_{i,j} + b_{i,j}$（相同位置的值相加）。

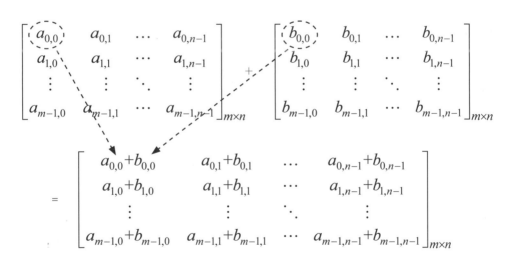

```
def addMatrix(A, B, C):
  for i in range(len(A)):          # i 走訪矩陣 A, B 每一列
    for j in range(len(A[0])):     # j 走訪矩陣 A, B 第 i 列的每一行
      C[i][j] = A[i][j] + B[i][j]  # 執行對應位置的相加
                                                              ↓
```

```
A = [[1, 2, 3], [4, 5, 6], [7, 8, 9], [10, 11, 12]]
B = [[1, 1, 1], [1, 1, 1], [1, 1, 1], [1, 1, 1]]
C = [[0]*len(A[0]) for _ in range(len(A))]
addMatrix(A, B, C)
printMatrix(C)
```

範例 2.7　兩個矩陣的相乘

　　兩個矩陣 A 與 B 能夠相乘的條件是 A 的行數必須等於 B 的列數。例如若矩陣 A 的大小是 3×2、B 的大小是 2×4，呼叫：

```
multiplyMatrix(A, B, C)
```

　　就可以將矩陣 A × B 的執行結果放入矩陣 C，矩陣 C 的大小會是 3×4，也就是 A 的列數 × B 的行數。

　　若 A 是 $m×n$ 的矩陣，則 B 必須是 $n×t$ 的矩陣。而由 A 與 B 相乘所得的矩陣 C 的大小則是 $m×t$。

$$
\begin{bmatrix}
a_{0,0} & a_{0,1} & \cdots & a_{0,n-1} \\
a_{1,0} & a_{1,1} & \cdots & a_{1,n-1} \\
\vdots & \vdots & \ddots & \vdots \\
a_{m-1,0} & a_{m-1,1} & \cdots & a_{m-1,n-1}
\end{bmatrix}_{m×n}
\times
\begin{bmatrix}
b_{0,0} & b_{0,1} & \cdots & b_{0,t-1} \\
b_{1,0} & b_{1,1} & \cdots & b_{1,t-1} \\
\vdots & \vdots & \ddots & \vdots \\
b_{n-1,0} & b_{n-1,1} & \cdots & b_{n-1,t-1}
\end{bmatrix}_{n×t}
$$

$$
=
\begin{bmatrix}
c_{0,0} & c_{0,1} & \cdots & c_{0,t-1} \\
c_{1,0} & c_{1,1} & \cdots & c_{1,t-1} \\
\vdots & \vdots & \ddots & \vdots \\
c_{m-1,0} & c_{m-1,1} & \cdots & c_{m-1,t-1}
\end{bmatrix}_{m×t}
$$

$c_{0,0}$ 是 A 陣列的第 0 列乘上 B 陣列的第 0 行（或稱兩個向量的內積）：

$$c_{0,0} = \begin{bmatrix} a_{0,0} & a_{0,1} & \cdots & a_{0,n-1} \end{bmatrix} \cdot \begin{bmatrix} b_{0,0} \\ b_{1,0} \\ \vdots \\ b_{n-1,0} \end{bmatrix}$$

$$= \underbrace{a_{0,0} \times b_{0,0} + a_{0,1} \times b_{1,0} + \cdots + a_{0,n-1} \times b_{n-1,0}}_{\text{（n 個乘法項）}} = \sum_{k=0}^{n-1} a_{0,k} \times b_{k,0}$$

由 $c_{0,0}$ 擴展到任一元素 $c_{i,j}$，當 $0 \leqq i < m$ 且 $0 \leqq j < t$ 時，$c_{i,j} = \sum_{k=0}^{n-1} a_{i,k} \times b_{k,j}$ 亦即 $c_{i,j}$ 是由 A 的第 i 列內積 B 的第 j 行，例如：

$$\begin{bmatrix} 1 & 2 \\ 3 & 4 \\ 5 & 6 \end{bmatrix}_{3\times 2} \times \begin{bmatrix} 0 & 1 & 1 & 2 \\ 4 & 0 & -1 & 3 \end{bmatrix}_{2\times 4} = \begin{bmatrix} 8 & 1 & -1 & 8 \\ 16 & 3 & -1 & 18 \\ 24 & 5 & -1 & 28 \end{bmatrix}_{3\times 4}$$

其中 $c_{0,0} = 1 \times 0 + 2 \times 4 = 8$, $c_{2,2} = 5 \times 1 + 6 \times -1 = -1$，其餘元素可用同方法求得。

C = A×B

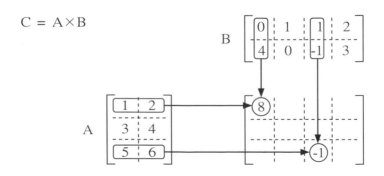

```
def multiplyMatrix(A, B, C):
  for i in range(len(A)):                     # A 的每一列
    for j in range(len(B[0])):                # B 的每一行
      C[i][j] = 0
      for k in range(len(A[0])):              # A 的行數 = B 的列數
        C[i][j] += A[i][k] * B[k][j]

A = [[1, 2], [3, 4], [5, 6]]
B = [[0, 1, 1, 2], [4, 0, -1, 3]]
C = [[0]*len(B[0]) for _ in range(len(A))]    # C 大小= A 的列數 × B 的行數
multiplyMatrix(A, B, C)
printMatrix(C)                                # 使用範例 2.4 的 printMatrix
```

效率分析 三層迴圈最內圈主體執行 $m \times n \times t$ 次，如果大小都是 n，則矩陣相乘時間複雜度為 $O(n^3)$。

Python list v.s. NumPy

用 Python 的內建資料結構串列來實現陣列有幾個優點：

1. 串列可以放不同資料型別（異質）的元素，增加儲存上的彈性。
2. 串列的元素可以動態增刪，因此串列大小也會隨之增減，增加宣告及使用上的彈性。

但是這些彈性都是用「處理速度」換來的。如果不須以上優點而是比較注重執行效率的話，就可以使用 Python 的高速陣列套件—NumPy，根據實測，大的陣列使用 NumPy 會比使用串列的速度快數十倍。前述的所有範例運算，都適用於 NumPy，並且串列可以執行的排序、搜尋、數值資料加總等功能 NumPy 都有，此外 NumPy 還具有更多的運算，例如：

↓

1. 計算元素的平均值、中位數、標準差、變異數等統計相關運算。
2. 計算兩個一維陣列的內積、兩個二維陣列的乘積等「點積」(dot) 運算。
3. 計算二維陣列 (矩陣) 的轉置矩陣、反矩陣、特徵值及特徵向量等線性代數運算。

有興趣的讀者可以自行參考旗標出版的《**NumPy 高速運算徹底解說**》一書，或其他相關書籍深入研究。

✎ **練習題**

2.4 下述程式執行後 Y[1][3] 的值與下列何者相同？

(A) Y[2][1]   (B) Y[2][2]   (C) Y[2][3]   (D) Y[3][1]

```
for i in range(4):
  for j in range(4):
    Y[i][j] = 2*i*j + 1
```

2.5 若 A 是一個 MxN 的整數陣列，下側程式片段用以計算 A 陣列每一列的總和，以下敘述何者正確？

(A) 第一列總和是正確，但其他列總和不一定正確
(B) 程式片段在執行時 會產生 " 錯誤 " (run-time error)
(C) 程式片段中有語法上的錯誤
(D) 程式片段會完成執行並正確印出每一列的總和

```
rowsum = 0
for i in range(M):
  for j in range(N):
    rowsum = rowsum + A[i][j]
  print( "The sum of row %d is %d. " %(i, rowsum))
```

⬇

2.6　下述程式片段執行後，count 的值為何？

(A) 36

(B) 20

(C) [100, 90, 80]

(D) [90, 100, 80]

```
maze = [[1, 1, 1, 1, 1],
        [1, 0, 1, 0, 1],
        [1, 1, 0, 0, 1],
        [1, 0, 0, 1, 1],
        [1, 1, 1, 1, 1]]
count = 0
for i in range(1, 4):
  for j in range(1, 4):
    dir = [[-1, 0], [0, 1], [1, 0], [0, -1]]
    for d in range(4):
      if maze[i+dir[d][0]][j+dir[d][1]] == 1:
        count = count + 1
```

主題 2-D　動態規劃演算法 (Dynamic Programming Method)

　　動態規劃法（DP 法）在計算過程中所得到的中間結果，通常會儲存於一維或二維陣列裡面，因此我們將動態規劃法安排在這裡。DP 法的特性，就是要先取得遞迴式，但卻不使用第一章介紹的遞迴方法解題（由上而下遞迴呼叫，遇到終止條件再逐一代回），而是從最底層（最小問題）開始計算，再用已經計算好的結果往上累積。因此動態規劃法的解題步驟是：

1.　取得用小問題定義大問題的遞迴式

2. 選擇由最底層最小問題開始計算，不使用典型遞迴途徑。

3. 用計算過的成果按照遞迴式往上合成，得到最終問題的解法。

刷題 16：費氏數列 DP 版　　　　　　　　　　難度：★

問題：刷題 9 使用遞迴方法 F(i) = F(i-1) + F(i-2) 求得第 n 個費氏數 F(n)，其時間複雜度是指數級，請用動態規劃法計算 F(n)。

執行範例：輸入 6，輸出 8，因 F(6) = 8。

解題思考：

1. 本題已知遞迴關係式如刷題 9，因此直接依遞迴定義由底層 F(2), F(3), …開始計算，並將計算結果放入 A[2], A[3], …。

2. 每一圈重複工作：要計算 A[i] 時，將已經算好的 A[i-2] 及 A[i-1] 相加即可。

3. 何時結束：執行到 $i > n$ 時結束。

參考解答：

```
def Fib_DP(n):
  A = [0]*(n+1)              # index: 0~n
  A[1] = 1
  for i in range(2, n+1):    # 2 ≤ i < n+1，由底層 i=2 開始計算
    A[i] = A[i-2] + A[i-1]   # 遞迴式 F(i) = F(i-1) + F(i-2)
  return A[n]

n = int(input())
print(Fib_DP(n))
```

効率分析 單層迴圈重複 $n-1$ 次，所以顯然時間複雜度為 O(n)，但它也使用 O(n) 的陣列空間。

在刷題 9 的迴圈版 Fib 中，不但其效率是線性級 O(n)，而且只用 O(1) 的額外空間，但迴圈版中角色的遞換沒有 DP 法使用陣列這樣易寫易懂。

刷題 17：二項式係數 DP 版　　　　　　難度：-

問題：範例 1.4 使用遞迴方法求得 C(n, k)，請用動態規劃法計算 C(n, k)。

$$C\left(n,k\right)=\begin{cases} C\left(n-1,k-1\right)+C\left(n-1,k\right), \text{if } n>k>0 \\ 1 \qquad\qquad\qquad\qquad\qquad\quad, \text{if } k=0 \text{ or } k=n \end{cases}$$

解題思考：

1. 前面提到 DP 法計算過程中會將中間結果儲存於一維或二維陣列裡，上一刷題求費氏數 F(n) 有 1 個變數 n，所以需要一維陣列。本題有 2 個變數 n 和 k，因此需要用二維陣列 A[n+1][k+1]（0 ≦ k ≦ n）來儲存中間結果，每一個 A[i][j] 元素就是 C(i, j)，程式的目標就是把正確的值都計算出來，最後在 A[n][k] 中就會儲存所要的答案。

2. 使用雙層迴圈來計算 2-D array 的相關格子：計算第 i 列第 j 行 A[i][j] 時，根據遞迴式由已經好的 A[i-1][j-1] 及 A[i-1][j] 相加而來。

3. 不須計算的值：根據定義第 0 行的元素值都是 1（C(i, 0)=1，0 ≦ i ≦ n），且列號與行號相同（對角線上）的元素值也都是 1（C(i, i)=1，0 ≦ i ≦ k）。

4. 只需計算行號 j 小於列號 i 並且不大於 k 的元素值（j < min(i, k+1)），亦即計算表格的左下部分。

↓

5. 何時結束：一列一列計算，每一列最多計算到對角線的前一個位置或是 k，第 n 列計算到第 k 行即可結束。

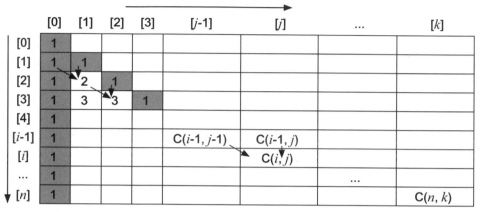

圖 2.13

參考解答：

```
def Binomial(n, k):
  A = [[1]*(k+1) for _ in range(n+1)]    # index: 0~n, 0~k
  for i in range(2, n+1):                # 2 <= i < n+1
    right = min(i, k+1)                   # j > k 的部分都不會用到
    for j in range(1, right):             # 1 <= j < min(i, k+1)
      A[i][j] = A[i-1][j-1] + A[i-1][j]   # 直接使用遞迴式
  return A[n][k]

n, k = map(int, input().split())
print(Binomial(n, k))
```

效率分析 雙層迴圈最多重複 $n \times k$ 次，時間複雜度為 $O(nk)$，也使用 $O(nk)$ 的二維陣列空間。因此計算 $C(20,10)$ 不再需要如範例 1.4 所述的 369,511 次運算，而是最多只需 200 次。

刷題 18：巴斯卡三角形 Pascal Triangle　　　難度：★

問題：輸入整數 n，輸出 n 列巴斯卡三角形的值。巴斯卡三角形是一個數字金字塔如下圖執行範例，三角形第一列及兩腰上的數字均為 1，其餘數字由左上及右上數字相加而來。

執行範例：輸入 5，輸出 [1], [1, 1], [1, 2, 1], [1, 3, 3, 1], [1, 4, 6, 4, 1]，三角形如下圖左：

```
            1                        1
          1   1                    1   1
        1   2   1                1   2   1
      1   3   3   1            1   3   3   1
    1   4   6   4   1        1   4   6   4   1
```

解題思考：

1. 因題目只要得到數字，可將金字塔三角形每一列都往左靠如上圖右。

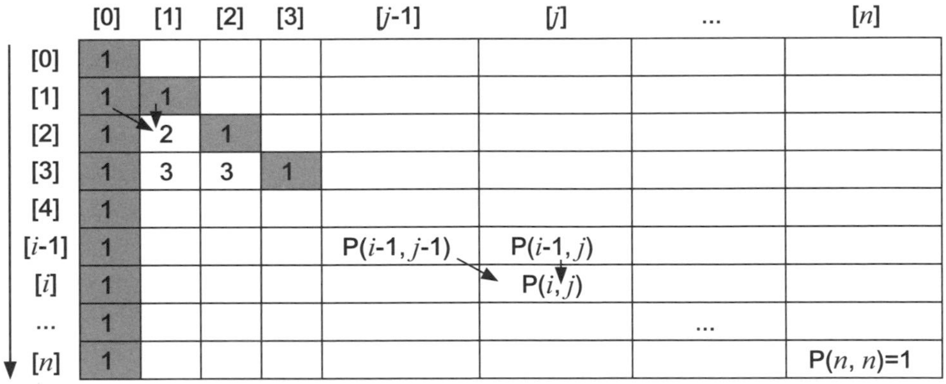

	[0]	[1]	[2]	[3]	[*j*-1]	[*j*]	...	[*n*]
[0]	1							
[1]	1	1						
[2]	1	2	1					
[3]	1	3	3	1				
[4]	1							
[*i*-1]	1				P(*i*-1, *j*-1)	P(*i*-1, *j*)		
[*i*]	1					P(*i*, *j*)		
...	1						...	
[*n*]	1							P(*n*, *n*)=1

圖 2.14

2. 可以發現它其實就是一個二項式係數，只是左下三角形（所有行號小於列號的元素值）都須計算。

參考解答：

```
def Pascal(n):
  P = [[1]*(n+1) for _ in range(n+1)] # index: 1~n, 1~n (0 不會用到)
  for i in range(3, n+1):            # 3 <= i < n+1
    for j in range(2, i):            # 2 <= j < i
      P[i][j] = P[i-1][j-1] + P[i-1][j]
  for i in range(1, n+1):
    for j in range(1, i+1):
      print(P[i][j], end= ' ')
    print()

n = int(input())
Pascal(n)
```

効率分析 雙層迴圈時間複雜度為 $O(n^2)$，也使用 $O(n^2)$ 的二維陣列空間。

2-2 字串

∣主題 2-E　字串的處理

　　字串是由多個字排列在一起所組成的資料結構，我們可以將一串字串指定給一個變數，接著就可以讀取全部或部分的字串內容，用法和串列 list 一樣：

```
a = 'Hello, String'
b = '!!!'
```

```
print(a)                        # 輸出：Hello, String
print(a+b)                      # 輸出：Hello, String!!!
print(a[1])                     # 輸出：e
print(a[4:])                    # 輸出：o, String
print(len(a))                   # 輸出：13
```

也可以跟處理串列的每個元素一樣走訪字串的每個字：

```
for x in a:
  print(x, end=' ')

for i in range(len(a)):
  print(a[i], end = ' ')
```

但是字串 a 的內容是不可變的（不可執行 a[2] = 'B'），除非使用以下兩個方法：

1. 使用內建的字串處理函式，例如 replace(), lower(), upper() 等函式，並且將處理結果指定給另一個字串：

```
a = '明日有明日的風景'
b = a.replace('明', '今')
print(b)                        # 輸出：今日有今日的風景
c = 'Hello, String!'
print(c.upper())                # 輸出：HELLO, STRING!
```

2. 將字串轉變型別成為串列，對這個串列內容做改變，再轉回字串：

```
a = '明日有明日的風景'
b = list(a)                    # 將字串 a 轉成串列 b
b[3] = '今'                    # 將串列 b 第 3 號元素改成"今"
a = ''.join(b)                 # 將串列 b 的每個元素以空字串連結成字串 a
print(a)                       # 輸出：明日有今日的風景
```

刷題 19：判斷回文數字（字串處理）　　　　　　難度：★

問題：同刷題 2，輸入整數 n，判斷 n 是否為回文數字，但請使用字串解題。

執行範例 1：輸入 13231，輸出：是。

執行範例 2：輸入 132231，輸出：是。

執行範例 3：輸入 132，輸出：否。

解題思考：

1. 刷題 2 使用數字的處理，進行取餘數及取商數的除法運算，以取得最低位與最高位的數字。但 Python 預設 input() 的結果就是傳回字串，可以直接指定給串列 s，要從字串中取出頭尾的數字，只要用索引從 s 中取出前後的字即可，這樣就不需要做任何數字處理。注意：右限索引 right 必須設為 len(s) 減 1，而非 len(s)，因為串列的索引由 0 開始。

```
s = input()                    # 假設輸入 903
left = 0                       # left = 0, s[0]='9'
right = len(s)-1               # right = 2, s[2]='3'
if s[left] != s[right]:
  return False
```

↓

2. 重複的動作：比較 s[left] 和 s[right] 後，將 left 加 1、right 減 1，以便讓它們都往中間接近。

3. 何時停止：left ≧ right 就停止 (left < right 時繼續)

參考解答：

```
def  palindrome(s):           # 假設 s = 903
  left = 0                    # left = 0, s[0]='9'
  right = len(s)-1            # right = 2, s[2]='3'
  while left < right:
    if s[left] != s[right]:   # 若首尾的字不相等
      return False            # 回傳 不是回文
    left += 1
    right -= 1
  return True

s = input()
print(palindrome(s))
```

效率分析 迴圈執行的次數是數字的總位數，若總位數是 n，時間複雜度為 $O(n)$。

▋ 字串版本的回文檢查不只可以避開數字的多種運算(計算總位數、取餘、取商、去除頭尾數字等)，還可以擴充處理對象，純文字的一般字串(例如 " 清水池裡池水清 ")也可以進行回文檢查。

刷題 20：員工出勤紀錄　　　　　　　　　　　　難度：★

問題：輸入一個出勤紀錄字串 s，s 只由 'A'、'L'、'P' 組成，分別代表 Absent 出席、Late 遲到、Present 出席。若缺席不超過 1 次、連續遲到不超過 2 次者可得出勤獎勵，請判斷某一個出勤紀錄字串是否可獲獎勵。

執行範例 1：輸入 PPALLP，輸出：是，A 不超過 1 個、連續 L 長度不超過 2。

執行範例 2：輸入 PPALLLP，輸出：否，連續 L 長度超過 2。

執行範例 3：輸入 APALLPP，輸出：否，A 超過 1 個。

解題思考：

1. 此題須掃描字串一次，過程中配合適當的變數記錄狀況：count 記錄目前連續 'L' 的長度、max_count 記錄最大連續 'L' 長度、abs 記錄 'A' 的累積次數。

2. 遇到 'L' 時 count 加 1，並與 max_count 做比較，讓 max_count 隨時記錄最大長度。若不是 'L' 就要將 count 歸零重來，count 和 max_count 均初設為 0。以 ALLPLLLP 為例，看完第 0 個字 'A'，count=0, max_count=0，記為 A, 0, 0，看完第 1~7 個字分別是 L, 1, 1、L, 2, 2、P, 0, 2、L, 1, 2、L, 2, 2、L, 3, 3、P, 0, 3，所以輸出 max_count 的值 3。

```
if x == 'L':                    # 此字為'L'
  count += 1                    # 計數器加 1
  max_count = max(max_count, count)
else:
  count = 0                     # 計數器歸零
```

3. 遇到 'A' 則變數 abs 加 1，且這個比較式放在 else 區塊，當遇到的字不是 'L' 時，都要讓計數器 count 歸零，接著再檢查此字是否為 'A'。

↓

```
if x == 'L':                          # 此字為'L'
  ...
else:
  count = 0                           # 計數器歸零
  if x == 'A':
    abs += 1
```

參考解答：

```
def checkRecord(s) :
  abs = count = max_count = 0
  for x in s:                         # 第一次掃描
    if x == 'L':
      count += 1                      # 連續 L 的次數加 1
      max_count = max(max_count, count)
    else:
      count = 0                       # 連續 L 的次數歸零
      if x == 'A':                    # 累加'A'出現次數
        abs += 1
  if abs < 2 and max_count < 3:       # 根據條件判斷是否可得獎勵
    return True
  return False

s = input().upper()
print(checkRecord(s))
```

效率分析　迴圈執行次數是字串的字數，若字數是 n，時間複雜度為 $O(n)$。

▌計算 'A' 出現的次數也可以直接呼叫 abs = s.count('A')。

刷題 21：Excel 欄位編碼　　　　　　　難度：★

問題：輸入一個整數 n 作為 Excel 欄位編號，輸出對應的欄位編碼。

執行範例 1：輸入 1, 輸出 A。

執行範例 2：輸入 2, 輸出 B。

執行範例 3：輸入 26, 輸出 Z。

執行範例 4：輸入 28, 輸出 AB。

執行範例 5：輸入 859, 輸出 AGA。

執行範例 6：輸入 2147483647, 輸出 FXSHRXW。

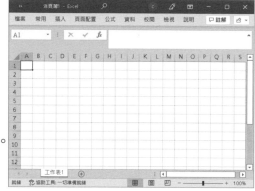

圖 2.15

解題思考：

1. 本題相當於要將 10 進位正整數 n 轉成特殊的 26 進位數，一般的 26 進位制每位數是 0~25（假設以 A~Z 表示），但這裡是 1~26。為了將 1~26 調整成 0~25，必須在取得 n 的最低位數前先減 1，亦即執行 $(n-1)\ \%\ 26$，同時在去掉最低位數時也要先減 1，亦即執行 $(n-1)\ //\ 26$，這是本題的關鍵所在。

2. 得到的最低位數將是 0~25，分別代表 A~Z，可製作字典查表，或使用字串函式 chr() 及 ord()。chr() 與 ord() 互為反函式，ord() 取得字元的 ASCII 碼、chr() 將 ASCII 碼轉成字元。chr(ord('A')) = chr(65) = 'A'，亦即

```
x = 2    # 此字為'C'
ch = chr(x+ord('A'))
```

chr(0+ord('A')) = 'A'、chr(1+ord('A')) = 'B'、chr(25+ord('A')) = 'Z'，所以 0~25 的數字 x，其對應的字母 ch = chr(x+ord('A'))，例如 x=2 時帶入得 ch = chr(2+65)= 'C'。

3. 每個迴圈重複做的事：取得 n 編碼後的最小位數，$(n-1)\ \%\ 26$ 得到數字 x，再將 x 轉為對應的字母 ch，加在欄位編碼 T 的最左邊，接著 $(n-1)\ //\ 26$ 去掉最小位數，繼續下一圈。

⬇

```
x = (n-1) % 26
ch = chr(x+ord('A'))
T = ch + T
n = (n-1) // 26
```

4. 何時結束：n 為 0 時結束，代表已沒有位數可編碼。

5. 以 n = 859 轉成 T = AGA 為例：

   第 1 圈：將 (859-1) % 26 得到 0，因此 T= 'A'，n 變為 (859-1)//26 = 33，

   第 2 圈：將 (33-1) % 26 得到 6 ('G')，T= 'GA'，n 變為 (32-1)//26 = 1，

   第 3 圈：將 (1-1) % 26 得到 0 ('A')，T= 'AGA'，n 變為 (1-1)//26 = 0，停止。

參考解答：

```
def columnEncode(n) :
  T = ''
  while n > 0:
    x = (n-1) % 26            # 取得最低位數
    ch = chr(x+ord('A'))      # 轉成對應字母
    T = ch + T                # 加到原字串左方
    n = (n-1) //26            # 去掉最低位數
  return T

num = int(input())
print(columnEncode(num))
```

效率分析 迴圈執行次數為編碼後字串 T 的總字數，若總字數是 n，時間複雜度為 $O(n)$。

2.7　請寫一函式 strcmp(s1, s2)，比較兩字串的大小，如果 s1 = s2, 傳回 0；若 s1 < s2 傳回 -1；若 s1 > s2 傳回 1。兩個字串的比較是從 s1 和 s2 的第一個字開始比起，直到在某個字分出大小，或先比完者較小，或兩者都同時比完而完全相等。

主題 2-F　字串的比對

所謂字串比對，是以字串 Pattern 為 key，在本文字串 Text 中藉由比對，尋找 Pattern 在 Text 中的起始位置。若 Pattern 不在 Text 中則傳回 -1。例如：

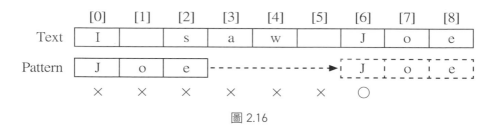

圖 2.16

比對結果將傳回 6。

字串比對的應用很廣，在進行各種搜尋例如 " 全文檢索 " 時經常用到，像是在 Word 和瀏覽器中的尋找功能，以及在比對一段 DNA 序列是否包含在另一段 DNA 序列中。Python 提供搜尋比對的函式：

```
Text = "I saw Joe this morning"
Pattern = "Joe"
print(Pattern in Text)          # 輸出：True
print(Text.find(Pattern))       # 輸出：6
print(Text.find("Joke"))        # 輸出：-1
```

以下範例說明字串比對最直覺的方法—暴力法！

範例 2.8　暴力法字串比對

暴力法是最直接的想法，也就是從 Text 和 Pattern 的第一個字開始比起，若相等則一路比下去，中途不管比到哪一個字失敗，Pattern 都要回頭從第一個字繼續比，而 Text 回頭從剛才比對起點的下一個字繼續比。當 Pattern 的字都比完了，表示成功找到，否則如果 Text 先用完則尋找失敗。

以下是字串比較的示意圖，Text 的第 StartT 字到第 EndT 字是字串 Text 正在比對的窗口：

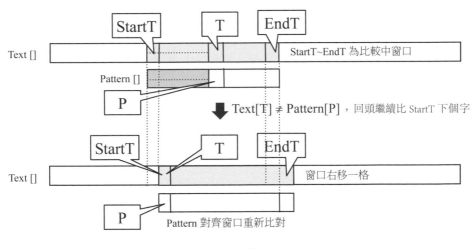

圖 2.17

Text[T] 和 Pattern[P] 是目前正在比對的兩個字。如果 Text[T] ＝Pattern[P]，那麼 T 和 P 都往右移一個字，以便繼續比下去。如果 Text[T] ≠ Pattern[P]，則窗口（StartT ～ EndT 之間）往右移一個字（StartT 和 EndT 各加 1），T 回到 StartT，P 回到 0，繼續比對。

```
def find(Text, Pattern) :
  T = P = StartT = 0
  n = len(Text)
  m = len(Pattern)
  EndT = m-1
  while P < m and StartT <= n-m :        # Pattern 和 Text 都未用完
    if Text[T] == Pattern[P]:            # 此字相等，P, T 都往右推進
      P += 1
      T +=1
    else:                                # 此字不相等
      StartT +=1                         # 窗口(StartT~EndT)右移一格
      EndT += 1
      T = StartT                         # T 回到窗口起始
      P = 0                              # P 回到 0
    if P == m:                           # Pattern 用完，成功找到
      return StartT
  return -1                              # Text 用完，失敗

Text = input()
Pattern = input()
print(find(Text, Pattern))
```

效率分析 Text 和 Pattern 的長度分別是 n、m，最壞的情況是：當 P
比到很接近最後時，才發現 Text[T] ≠ Pattern[P]。此時只能
把窗口 (StartT) 往右移一個字，而 P 回到 0。整個比較過程
StartT 最多移動 $n-m+1$ 次。當 StartT 不動時，P 最多移動
m 次。因此最壞情況的時間複雜度是 $O(m \cdot (n-m+1))$ =
$O(mn)$。

▋ 有一個時間複雜度是 $O(m+n)$ 的字串比對演算法—KMP 法，因在此介紹篇幅將過大，
有興趣的學習者可自行搜尋相關資料。

2-52

第 **3** 章

鏈結串列

3-1 各種鏈結串列 (Linked List)

主題 3-A 什麼是鏈結串列

主題 3-B 以類別實作鏈結串列

主題 3-C 環狀鏈結串列

主題 3-D 雙向鏈結串列

3-2 鏈結串列的應用

主題 3-E 多項式的表示與運算

主題 3-F 稀疏矩陣的表示

3-1 各種鏈結串列

| 主題 3-A　什麼是鏈結串列 (Linked List)

✴ 串列是資料有順序的排列

　　第二章介紹過兩個源自數學的名詞：「串列」(list) 和「集合」(set)，它們都是資料的集中處 (容器)，主要的差異是串列中的元素有順序性，而集合裡的元素則沒有前後順序之分。所以串列是由許多元素 (資料項目) 依特定的順序所形成的線性結構，串列中任兩個元素之間存在著前後的關係。例如 10 到 30 之間的質數由小到大所成的串列是：11, 13, 17, 19, 23, 29，如圖 3.1 左；G7 主要工業國家依照字母順序的串列是：Canada, France, Germany, Italy, Japan, the United Kingdom(UK), the United States(US)，如圖 3.1 右。

✴ 串列的運算

　　串列用來儲存有順序性的資料，所以串列的常用運算 (處理動作) 有：

(1)「**插入**」新節點 (insert)：在原有的串列中加入一個新的元素。新節點可能插入在不同的位置：串列的最前面、串列的最後面、標示的位置之後等順序。

(2)「**刪除**」舊節點 (delete)：將某一個元素從串列中移除。移除的對象可以是：串列的第一個元素、串列的最後一個元素、指定某個位置、指定某個特定值。

(3)「**搜尋**」某節點 (search 或 find)：在串列中找出某一個元素。搜尋的方式有：指定尋找第幾個位置、查詢所指定的某個「值」是否存在於串列中。

我們可以將串列的元素依序放在陣列的連續位置上，就可以根據元素在陣列中的位置來判斷元素間的順序，例如 G7 陣列中 France 的下一個是 Germany。

11	Prime [0]	Canada	G7 [0]
13	Prime [1]	France	G7 [1]
17	Prime [2]	Germany	G7 [2]
19	Prime [3]	Italy	G7 [3]
23	Prime [4]	Japan	G7 [4]
29	Prime [5]	UK	G7 [5]
		US	G7 [6]

圖 3.1

單純使用陣列來儲存串列的優缺點是：

- 優點：只要標明元素在陣列中的位置，就能很快讀寫此元素，效率是 $O(1)$，因為陣列可以隨機存取 (random access)。

- 缺點：插入 (insert) 和刪除 (delete) 元素的動作，需要時間複雜度為 $O(n)$，n 是元素個數。這是因為陣列元素間的實體位置是連續的，所以元素的插入和刪除都必須搬移資料以維持新的次序 (請參閱第二章主題 2-A)。

如果資料比較動態，亦即需要時常進行插入和刪除動作，那麼這些運算所需的代價會相當大，因此才有「**鏈結串列**」(linked list) 這個結構的產生。

✦ 什麼是鏈結串列

「鏈結串列」就是「串列」(list) 加上「鏈結」(link)，可以用來解決循序實體位置 (及陣列) 產生的缺點，因為鏈結串列的元素之間不必是實體連續

排列的，只要有邏輯上 (logical) 的順序存在即可，鏈結就是用來維持邏輯順序的工具。假設圖 3.2 是 G7 主要工業國串列 G7，經過了一系列的插入及刪除等動態運算之後（有些國家加入、有些退出）的結果，並且 G7[0] 的 next 內含值是 3，代表第一個節點的位置是 3，G7[7] 的 next 內含值是 0，代表它是最後一個節點：

	data	next
G7 [0]		3
G7 [1]	UK	7
G7 [2]		-1
G7 [3]	France	6
G7 [4]		-1
G7 [5]		-1
G7 [6]	Germany	1
G7 [7]	US	0
G7 [8]		-1

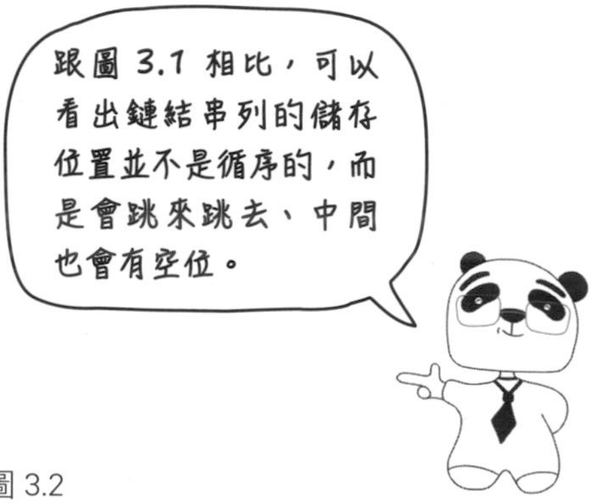

跟圖 3.1 相比，可以看出鏈結串列的儲存位置並不是循序的，而是會跳來跳去、中間也會有空位。

圖 3.2

也可用鏈結串列常用的圖示來表達：

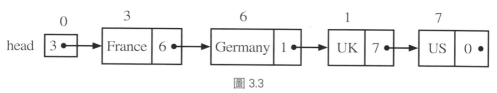

圖 3.3

鏈結串列的元素被儲存在串列的「節點」(node) 中，由第一個節點開始，每個節點有一個唯一的「次一節點」，一個一個串接起來直到最後的節點為止，而最後節點則是唯一沒有次一節點的節點。只要找到第一個元素所在的節點，就可以沿著節點的鏈結，循序找到每個節點，直到最後一個節點為止。

鏈結串列的優缺點

優點：插入和刪除元素不需要進行資料的搬移，只要改變相關幾個鏈結即可，效率較高。

↓

> **缺點：**
>
> 1. 只能沿著鏈結循序存取（無法隨機存取），例如若只知道第一個節點的位置，無法直接存取第 3 個節點資料而不經過前 2 個節點。
> 2. 每個資料都要多一個鏈結，造成額外的記憶體需求負擔。

▌ 鏈結串列應用很廣，許多作業系統、系統程式、以及應用程式都有用到，例如著名的區塊鏈應用，就是把多筆資料加密打包成一個區塊之後，以鏈結串列的方式串起來。

　　值得注意的是，鏈結串列中，節點的實體位置不必是連續的，它們之間的順序不是靠記憶體位址的循序性來決定，而是靠一個一個的鏈結來維持。因此鏈結串列中插入和刪除元素不需要進行資料的搬移，只要改變相關幾個鏈結即可。以下分別舉例說明插入與刪除的過程。

1. 插入元素

　　假設現在 Italy 要加入 G7 陣列，只要執行下列 4 個步驟即可：

❶ 從第一個節點開始依照鏈結順序，找到 Italy 必須加在 Germany（位於 G7[6]）之後，以符合字母順序。

❷ 找一個空節點（next 欄位為 -1 的節點），假設找到 G7[2]，將資料 Italy 填入 G7[2] 的 data 欄位。

❸ Germany 所在的 G7[6] 的鏈結（next 欄位）是 1，因 Germany 的下一個是 UK，將 1 指定給 Italy 所在的 G7[2] 的鏈結，因此現在 Italy 的下一個也是 UK。

❹ 將 Italy 所在的位置 2 指定給 G7[6] 的鏈結，因此 Germany 的下一個變成 Italy 了。

整個程序可用下圖表示：

	data	next
G7 [0]		3
G7 [1]	UK	7
G7 [2]	❷ *Italy*	❸ -1 → 1
G7 [3]	France	6
G7 [4]		-1
G7 [5]		-1
G7 [6]	❶ Germany	❹ 1 → 2
G7 [7]	US	0
G7 [8]		-1

圖 3.4

可以很明顯看出來在這 4 個步驟中並沒有做任何資料的搬移，只有設定兩個鏈結。將插入過程以具體圖示表示如下：

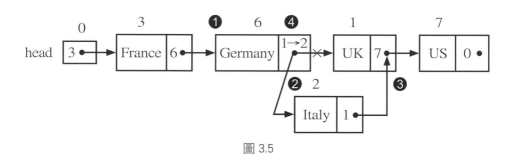

圖 3.5

如果從頭開始沿著鏈結而下，會發現在 Germany 之後會繞道 Italy 再到 UK，亦即 Italy 已成功插入於 Germany 之後。

3-6

2. 刪除元素

假設 Italy 加入之後又要退出了，只要執行 3 個步驟：

❶ 傳入 Italy 的位置 2，或是從串列起始沿著鏈結（next 欄位）的順序找到 Italy 所在的位置。以及找到 Italy 前一個資料 Germany 的位置 6。

❷ 將 Italy 所在的 G7[2] 的 next 欄位值 1 指定給 G7[6] 的 next 欄位，因此 Germany 的下一個變成位於 G7[1] 的 UK，越過 Italy 所在的節點。

❸ 將原先 Italy 所在的 G7[2] 的 next 欄位值設為 −1，還原為空節點。

	data	next
G7 [0]		3
G7 [1]	United Kingdom	7
G7 [2]	❶ *Italy*	❸ 1 → -1
G7 [3]	France	6
G7 [4]		-1
G7 [5]		-1
G7 [6]	❶ Germany	❷ 2 → 1
G7 [7]	United States	0
G7 [8]		-1

圖 3.6

上述鏈結串列的動作如下圖所示：

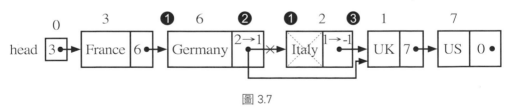

圖 3.7

同樣的在這 3 個步驟中也沒有做任何資料的搬移，只有設定要刪除元素的前一個節點的鏈結，使其越過欲刪除元素所在的節點而指向下一個節點，以及藉由設定欲刪除元素所在節點的鏈結為 −1，還原其為空節點。

主題 3-B 以類別實作鏈結串列

✦ 節點類別與節點物件

主題 3-A 說明一個資料加上一個鏈結就可構成鏈結串列的一個節點，而且許多節點可以散亂的分布在陣列或記憶體中，只要從第一個節點開始沿著鏈結，就可以依序找到所有節點裡儲存的元素。本主題將具體說明鏈結串列的產生以及使用的方法，學習者將更能體會上個主題所提到關於鏈結串列的優缺點整理。

鏈結串列既是由一個一個的節點串起來的，只要在需要時能動態地產生一個節點並將其插入鏈結串列，不需要時能將節點刪除後歸還，如此可以增加使用上的彈性，要用多少配置多少。因此建立鏈結串列的第一步就是要宣告節點的類別並產生節點物件。在「**物件導向**」（object-oriented）程式設計的世界裡，「**物件**」（object）是運算的對象及資料的中心，而每一個物件都有其所屬的「**類別**」（class），就好像每一個生物都有它所屬的種類一樣。物件導向的特點是處理物件資料的函式可以與資料一起包在類別裡面，稱為「**方法**」（method），不像傳統程序導向語言中，資料和處理程序是分開的。

物件導向雖非本書的重點，不過書中的範例都是利用這種方式所撰寫，若想深入理解物件導向的細節，可自行參考相關書籍。

鏈結串列類別中的每個節點至少包含兩個欄位：資料欄位及鏈結欄位，其中資料欄位儲存元素，鏈結欄位則儲存下一個節點在哪裡。Python 宣告如下：

```
class ListNode:
  def __init__( self, data=0 ) :
  # self 是預設參數，不需傳入；而 data 則給予一個預設值 0
    self.data = data
    self.next = None
```

　　此處以 **class** 關鍵字開頭的宣告敘述，可產生名為 *ListNode* 的新類別，有了 ListNode 類別，就可以用這種「模型」來產生外觀一樣但內容不同的「物件」。類別中只有一個特殊的函式 __init__，前後都有雙底線而且名為 init，代表它不是一般供呼叫的類別方法，只有在新產生一個物件時才會自動被呼叫來「初始化」(initialize)物件之用，而 self 就是這個新產生的物件，是預設的參數，呼叫時不須傳入，例如我們產生兩個 ListNode 物件(節點)：

```
a = ListNode(30)
b = ListNode(50)
```

可以用圖解表示為：

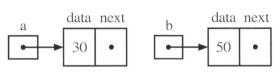

圖 3.8

　　此時由 a 及 b 指到的節點，其 data 欄位分別為 30 及 50，next 欄位均為 None—代表沒有指向任何東西。我們不必知道這些節點到底在記憶體的哪些位址，因為只要透過 a 或 b 即可讀寫這些節點的欄位。例如要把 a 指到的節點的 data 欄位改成 20，可寫成：

```
a.data = 20
```

當程式進行中,如果我們不再需要由 b 所指到的節點時,可以寫成:

```
del b
```

b 就不再指到任何節點,而當原先 b 所指到的節點已經沒有其他物件指到時,Python 會啟動「垃圾收集」(garbage collection) 的機制,將此已無變數參考到的節點進行記憶體回收。

如果接著執行以下敘述,就可以把這兩個節點串起來,形成有兩個節點的鏈結串列:

```
a.next = b
```

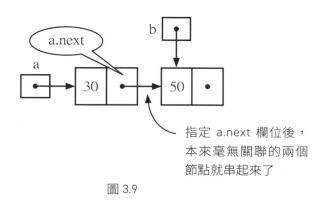

圖 3.9

▌ 這個敘述可以理解成「把 b 指到的地方也給 a.next 去指」,而 a.next 就是 a 所指到節點的 next 欄位,這個解釋方式對理解鏈結串列很有幫助。

此時鏈結串列的雛形就出現了,可以從 a 開始,沿著鏈結找到串列中的所有節點。接下來我們將基本的動作編號列出、延伸的觀念則以範例方式說明,重要的題目一樣以刷題方式出現。

✳ **1. 在鏈結串列中移動**

有一個指標 p 指向鏈結串列的某一個節點。

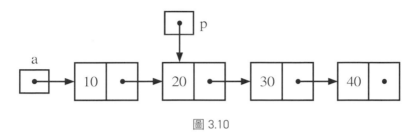

圖 3.10

▌ 後續鏈結串列的範例都是以圖 3.10 的串列來說明，本頁可先折一角，方便來回參照。

如果執行敘述 p = p.next，指標 p 會移動而指向次一節點。如果原來 p 指向 data 為 20 的節點，那麼 p 將改指向下一個節點（data 為 30）。如果 p 原來指到的節點是最末節點，那麼 p 的值將成為 None，代表 p 沒有指向任何地方。

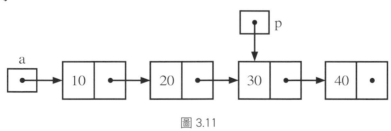

圖 3.11

適當使用 p = p.next 移動敘述，就可以走訪遍歷整個鏈結串列。

範例 3.1　走訪鏈結串列

給定一個鏈結串列，請實作一個函式將串列中的每一個節點循序地走訪一遍。例如以圖 3.10 的鏈結串列呼叫 traversal(a)，會輸出 10, 20, 30, 40。

解題思考：

1. 規律性：使用基本動作 p = p.next，使指標 p 沿著鏈結指向下一個節點。

2. 只要將上式包在 while 迴圈中，讓指標從第一個節點一路沿著鏈結而下，就能走訪每一個節點。

```
while p != None:
    print(p.data, end = ', ')
    p = p.next
```

3. 何時停止：走訪完所有節點就該結束，因此當 p 沒有指到東西 (p == None 成立) 時就停止了，亦即 p != None 時繼續。

```
def traversal( head ):
    p = head
    while p is not None :              # 也可寫成 while p 或是 while p != None
        print(p.data, end = ' ')
        p = p.next

traversal(a)
```

效率分析 while 迴圈執行的次數是節點的個數 n，所以時間複雜度為 $O(n)$。

✳ 2. 插入新節點到鏈結串列

如果要插入新的資料 25 到圖 3.10 的鏈結串列中，並且要加到 p 所指到的節點 (20) 之後，可以呼叫：

```
InsertAfter( p, 25)
```

首先執行 new_node = ListNode(25)，產生一個由 new_node 指到的新節點，資料為 25，接著整個過程如下：

0. **初始狀況**：要將指標 new_node 所指到的節點 (新節點)，插入 p 所指到的節點 (原有節點) 之後：

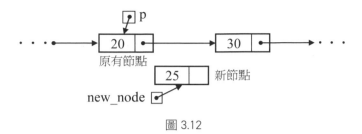

圖 3.12

1. **掛上新節點的鏈結**：將新節點的鏈結也指向「原有節點」的鏈結所指到的地方 (30)，此時有兩個指標指到同一個節點 30。

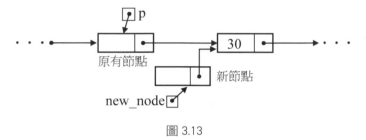

圖 3.13

此動作的敘述為：

```
new_node.next = p.next      # 把 p.next 指到的節點也給 new_node.next 去指
```

2. **改變原有節點的鏈結**：將原有節點的鏈結改指向新節點。此動作的敘述為：

```
p.next = new_node           # 把 new_node 指到的節點也給 p.next 去指
```

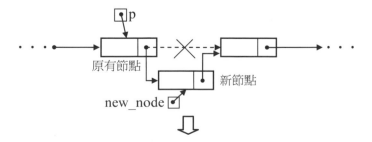

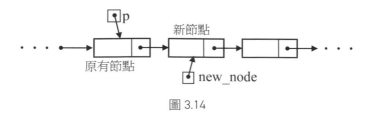

圖 3.14

　　請注意，這兩個指定敘述的順序是很重要的。如果先改變原有節點的鏈結，則在原有節點右邊的節點將沒有被任何指標指到，如同斷線的風箏，要掛上新鏈結時會因為沒有線索而造成錯誤。

```
def  insertAfter(p, value):    # 將值為 value 的新節點插在 p 所指節點之後
  new_node = ListNode(value)   # 產生新節點
  new_node.next = p.next       # 掛上新節點的鏈結
  p.next = new_node            # 改變原有節點的鏈結

insertAfter(p, 25)            # 假設 p 指向鏈結串列的某一節點如圖 3.10
```

範例 3.2　附加新節點到鏈結串列

　　給定一個鏈結串列及新節點的值，請實作一個函式將新節點附加在串列的最後。例如以圖 3.10 的鏈結串列呼叫 append(a, 50)，會在串列後多一個節點，其 data 為 50。

解題思考：

1.　產生一個新節點，由指標 new_node 指到。

2.　使指標 p 從頭開始沿著鏈結而下，直到最後節點。

3.　只要將最後節點的指標（原來是 None）改指向新節點即可。

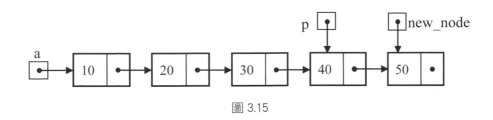

圖 3.15

```
def   append(head, value):
  p = head
  new_node = ListNode(value)        # 產生新節點
  while p.next != None:              # 迴圈結束後 p會指向最後一個節點
    p = p.next
  p.next = new_node                 # 改變原來最後節點的指標

append(a, 50)
```

效率分析   迴圈執行的次數是節點的個數 n，所以時間複雜度為 O(n)。

✴ 3. 搜尋節點

　　如果要從鏈結串列中搜尋資料為 value 的節點，希望可以呼叫：find(a, value)，例如呼叫 find(a, 20)，即可找到串列 a 中資料為 20 節點的位置並回傳。過程與走訪串列類似，需要調整的是每到一個節點就比較 value 與節點 data，一旦相等就代表找到，立即停止搜尋並回報，若不相等則移到下一個節點繼續比較，若整個串列都走過了就代表搜尋失敗。

範例 3.3   在鏈結串列中搜尋資料為 value 的節點

　　同樣給定一個鏈結串列及新節點的值，請實作一個函式可以查詢鏈結串列中的某筆資料。例如以圖 3.10 的鏈結串列呼叫 find(a, 20)，若搜尋成功會傳回該節點，若沒找到則傳回 None。

解題思考：

1. 規律性：指標 p 從頭開始沿著鏈結而下，每到一個節點就比較 value 與 p.data，不相等則 p 往下一個節點。

2. 何時停止：p.data 等於 value 時搜尋成功，p 等於 None 時搜尋失敗。

```
def  find(head, value):          # 尋找值為 value 的節點並回傳
  p = head                       # 從第一個節點開始
  while p != None:               # 串列尚未比完
    if p.data == value:          # 搜尋成功
      return p
    p = p.next                   # 不相等，移到次一節點
  return None                    # p 已經走完，搜尋失敗

result = find(a, 20)             # 假設鏈結串列如圖 3.10
```

效率分析　迴圈執行次數最多是節點的個數 n，所以時間複雜度為 $O(n)$。

⋆ 4. 刪除節點

如果要從圖 3.10 的鏈結串列中，刪除資料為 value 的節點，希望可以呼叫：delete(a, value)，例如呼叫 delete(a, 20)，即可刪除 value 為 20 的節點。先假設已有一左一右兩個指標，在右的 old_node 指標已指向要刪除的節點，在左的 pre_node 指標指向前一個節點：

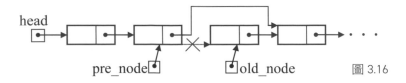

圖 3.16

只要改變前一個節點的鏈結（由指標 pre_node 所指到），讓它越過要刪除的原有節點（由指標 old_node 指到），而指向下一個節點即可。

```
pre_node.next = old_node.next
del old_node
```

　　現在問題在於如何讓指標 old_node 和 pre_node 分別指到要刪除的節點以及前一個節點，以便執行上述的動作。必須從串列的頭開始，循序找到要刪除節點以及其前一個節點，過程與搜尋類似，只是要有兩個指標，當右邊的 old_node 指標找到要刪除節點時，在左邊的 pre_node 就指向前一節點，接著再執行上述兩個敘述即可。

範例 3.4 在鏈結串列中刪除資料為 value 的節點

　　如圖 3.10 的鏈結串列中，請實作一個函式可以刪除某筆特定資料的節點，如：delete(a, 20)，若找到節點就執行刪除動作，必須讓指標 old_node 和 pre_node 指到要刪除節點以及其前一個節點，這樣才能順利刪除。

解題思考：

1. 規律性：指標 old_node 從頭開始沿著鏈結而下，每到一個節點就比較 value 與 old_node.data，不相等則 old_node 往下一個節點。

2. 比搜尋多一個指標 pre_node，亦步亦趨一直跟在 old_node 的左邊。

3. 迴圈何時停止：old_node.data 等於 value 時停止，此時 old_node 指向欲刪除節點、pre_node 指向其前一節點。若 old_node 等於 None 代表 value 不在串列中，不須執行接下來的刪除動作。

4. 執行刪除動作：將 pre_node 所指到節點的指標越過 old_node 所指到的要刪除節點，再 del 要刪除節點即可。

```
def  delete(head, value):                      # 從串列中刪除 data 為 value 的節點
  old_node = head                              # 從第一個節點開始
  pre_node = None                              # pre_node 緊跟在 old_node 左邊
  while old_node != None:                      # 串列尚未比完
    if old_node.data == value:                 # 找到要刪除的節點則離開迴圈
      break
    pre_node = old_node                        # pre_node 跟上來
    old_node = old_node.next                   # 移到次一節點繼續搜尋
  if old_node != None:                         # 有找到要刪除的節點
    if pre_node == None:                       # 要刪除的是第一個節點
      new_head = old_node.next                 # 原來第二個節點成為新的第一節點
      del old_node
      return new_head                          # 傳回新的第一節點
    pre_node.next = old_node.next              # 正常刪除
    del old_node
  return head                                  # 回傳第一個節點

a = delete(a, 20)
```

　　delete 函式必須傳回第一個節點，因為要刪除的節點若是串列的第一個節點，那麼變數 *a* 指向的地方就會更動，此時若沒有傳回新的第一個節點讓 *a* 接收，因 *a* 原先指到的地方已被刪除，*a* 就會成為危險的「懸空指標」(dangling pointer)(以為它有指到東西，其實沒有)。

効率分析 迴圈執行次數最多是節點的個數 *n*，所以時間複雜度為 O(*n*)。

刷題 22：效率 O(1) 的節點刪除　　　　　　難度：★★

問題：給定一個鏈結串列，請寫一個效率為 O(1) 的刪除節點函式，傳入指向要刪除節點的指標，不會刪除最後一個節點。

執行範例：呼叫 delete(p)，如圖 3.10，假設 p 指向 data 為 30 的節點
　　　　　　　　　　　　　　　　　　　　　　　　　　　　　　　⬇

執行結果：data 為 30 的節點被刪除。

解題思考：

1. 如果執行一般的刪除運算，就要先找到 p 所指節點的前一節點以便改變
其鏈結如範例 3.4，需要時間 $O(n)$，顯然不合題目要求的 $O(1)$ 效率。

2. 可將 p 所指節點的次一節點的資料，複製到
p 所指節點，再刪除 p 所指到的次一節點即
可，總共只改變一個資料和一個指標，因此
時間複雜度為 $O(1)$。

```
q = p.next
p.data = q.data
p.next = q.next
```

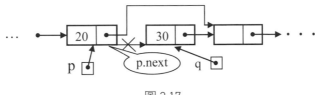

圖 3.17

3. 因題目明說不會刪除最後一個節點，因此 p 的次一節點一定存在，以上
兩個敘述一定可以執行。

參考解答：

```
def  delete2(p):        # 從串列中刪除 p 所指的節點
  if not p: return      # 確認本節點存在
  q = p.next            # q 指向次一節點
  if q:                 # 確認次一節點存在
    p.data = q.data     # 複製次一節點資料至本節點
    p.next = q.next     # 本節點鏈結改指向次次節點
    del q               # 刪除次一節點

delete2(p)              # p 必須指向某節點，可能是呼叫 find 的傳回值
```

✦ 宣告鏈結串列類別

　　到目前為止我們宣告了節點類別 ListNode，也設計了函式來處理插入、刪除、搜尋等功能，但這只是 " 半套 " 的物件導向。因為完整的物件導向必須要再宣告鏈結串列類別 LinkedList，並且將這些插入、刪除、搜尋等處理函式寫在類別裡面，成為類別方法。如下所示，每個鏈結串列物件都有 head 及 size 資料成員，head 指向此串列的第一個節點、size 記錄此串列的節點數，並且將 find、insertAfter、append、delete、print 等函式都寫在類別定義裡面。

```python
class ListNode:
  def __init__( self, data=0 ) :    # data 的預設值為 0
    self.data = data
    self.next = None
class LinkedList:
  def __init__(self):
    self.head = None               # head 將指向第一個節點
    self.size = 0                  # size 記錄節點數
  def len(self):                   # 回傳節點個數的 method
    return self.size
  def find(self, value):           # 尋找值為 value 的節點並回傳
    ...
  def insertAfter(self, p, value):
    ...
  def delete(self, value):         # 從串列中刪除 data 為 value 的節點
    ...
  def append(self, value):         # 附加新節點的 method
    p = self.head
    new_node = ListNode(value)
    self.size += 1
    if p is None:                  # 若串列原本無節點
      self._head = new_node        # 新節點就是第一個節點
      return
```
⬇

```
    while p.next != None:          # 迴圈結束後 p 會指向最後一個節點
        p = p.next
    p.next = new_node              # 改變原來最後節點的指標
def print(self):                   # 印出串列的 method，之前命名 traversal
    p = self.head
    while p is not None :          # is not None就是 != None
        print(p.data, end = ' ')
        p = p.next


a = LinkedList()                   # 建立鏈結串列 a
# 可執行 a.append(20), a.find(20), a.delete(20), a.print()等
```

▌ 我們可以將 ListNode 類別以及 LinkedList 類別的定義放在一個獨立的 LinkedListClass.py
檔案中，以後要使用這兩個類別時只要先執行：

from LinkedListClass import *

即可直接使用，不須重複定義。

刷題 23：反轉鏈結串列　　　　　　　　　　　難度：★

問題：給定一個鏈結串列，請將鏈結串列反轉。

執行範例：以圖 3.10 的鏈結串列 a 呼叫 a.reverse()。

執行結果：節點順序將變成 40, 30, 20, 10。

解題思考：

1. 當只有一個節點時，無須反轉。節點數有兩個以上時才需反轉。

2. 重複的動作：需要用到三個指標，依序為 p, q, r(如果只有兩個節點，r
   會是 None)，現在要讓原本指向第三個節點的節點指標 q.next，改指向
   p 所指的節點(第一個)。當指標 q.next 轉向後若沒有指標 r 指到第三個
   節點，第三個節點將會從此失聯，這就是需要指標 r 的原因。

⬇

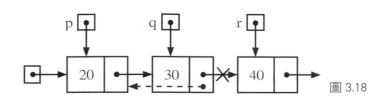

圖 3.18

3. 過到下一圈：轉向後，p, q, r 都各往右一步，以便進行下一個重複。

4. 何時停止：p, q, r 往右之後，只要 q 有指到節點就仍需轉向，因此執行
   到 q 是 None 為止，亦即 p 指向最後節點時。

參考解答：

```
class LinkedList:                      # 參考 P3-20 頁
  ...
  def reverse(self):
    if self.size < 2:                  # 節點數 0 或 1 個，無須動作
      return
    p = self.head                      # 初設 p, q, r 依序一字排開
    q = p.next
    r = q.next
    p.next = None                      # 原來第一個節點的指標變成 None
    while q:
      q.next = p                       # 反轉第二個節點的指標
      p = q                            # p, q, r 都各往右一步
      q = r
      if r:
        r = r.next
    self._head = p                     # 原本最後節點變成第一個節點

a = LinkedList()                       # 建立鏈結串列 a
# 執行a.append(10), a.append(20), a.append(30), a.append(40), a.
reverse()
```

効率分析 迴圈執行次數是節點的個數 n，所以時間複雜度為 O(n)。

刷題 24：遞迴版反轉鏈結串列　　　難度：★

問題：請寫一遞迴函式將鏈結串列反轉。

執行範例：以圖 3.10 的鏈結串列呼叫 reverse2(⋯)，

執行結果：節點順序變成 40, 30, 20, 10。

解題思考：

1. 設計遞迴函式最重要的兩件事：如何遞迴呼叫、找到終止條件。

2. 啟動整個遞迴過程：呼叫
   格式如右，目的是要反轉
   p, q, r 所指及之後的節點

   ```
   # 呼叫格式：reverse2(p, q, r)
   a.reverse2(None, a._head, a._head.next)
   ```

   （也就是所有節點）。第一次呼叫時，原先第一個節點的指標要反轉改為
   None，因此初始呼叫 p 為 None、q 指向第一個節點、r 指向第二個節
   點。

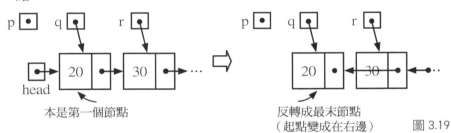

圖 3.19

3. 遞迴呼叫：右列第一行遞迴呼叫，
   反轉 r 所指節點以及之後的節點，返
   回後 r 所指及之後的節點都已反轉完

   ```
   self.reverse2(q, r, r.next)
   q.next = p
   ```

   成，接著只需執行第二行，反轉 q 所指節點的指標，使其指向 p 所指節
   點。

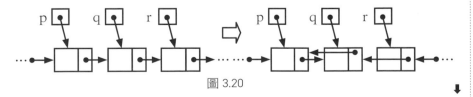

圖 3.20

4. 終止條件：剩最後兩個節點，此時指
標 r 為 None、q 指向最末節點，只要
將 q.next 改指向 p 所指節點，並將串
列的 head 指標改指向原先最末節點即
可。

```
if r is None:
  q.next = p
  self._head = q
```

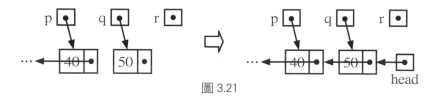

圖 3.21

參考解答：

```
class LinkedList:                       # 參考 P3-20 頁
  ...
  def reverse2(self, p, q, r):
    if r is None:                       # 終止條件，反轉最末節點的鏈結
      q.next = p
      self._head = q
    else:
      self.reverse2(q, r, r.next)       # 遞迴呼叫，反轉 r 及之後鏈結
      q.next = p                        # 反轉 q 所指節點鏈結

a = LinkedList()                        # 建立鏈結串列 a
# 執行 a.append(10), a.append(20), a.append(30), a.append(40)
# 執行 a.reverse2(None, a._head, a._head.next)
```

效率分析 每次遞迴呼叫會往右一個
節點，所以時間複雜度為
$O(n)$。

這個遞迴函式有挑戰性，
一時不太懂沒關係，需
要花一些時間，加油！

刷題 25：兩數相加　　　　　　難度：★★

問題：假設整數的每個位數倒著儲存在一個鏈結串列的各節點，例如 329 儲存的結果是第一個節點存個位數 9、第二個存十位數 2、最後節點存最高位數 3。這樣的好處是可以儲存超大整數。給定兩個儲存整數的鏈結串列，請執行數字相加後儲存在另一個鏈結串列。

執行範例 1：輸入 list1: 9->2->8, list2: 4->5->3。結果：list3: 3->8->1->1，因為 829 + 354 = 1183。

執行範例 2：輸入 list1: 9->2->8, list2: 4->5->3->7。結果：list3: 3->8->1->8，因為 829 + 7354 = 8183。

解題思考：

1. 整體想法：兩個串列 a, b 相加到結果串列 c，相對應的節點相加，若有進位則給下一位數使用，例如 9+4 有進位給 2+5 使用，重複直到其中一個串列用完，就把另一個串列剩下的節點抄到串列 c。如果同時用完且最高位還有進位，就要新增一個節點。

2. 如何開始：兩個鏈結串列各有一個指標 p, q，都從第一個節點開始，初設進位值 carry 為 0。

```
p = a._head
q = b._head
carry = 0
```

3. 重複工作：將前一位數進位值 carry 與 p 及 q 分別指到的兩個節點 data 欄位相加，相加結果新增一個節點到結果串列，並記錄進位。

```
result = p.data + q.data + carry
c.append(result % 10)
carry = result // 10
```

4. 過到下一圈：相加後，p, q 都各往右一步，以便進行下一個重複。

```
p = p.next
q = q.next
```

5. 何時停止：如果其中一個串列節
   點先用完，另一個串列剩下的節
   點仍需進行迴圈與進位相加。

```
while p and q:
  ...
while p:
  ...
while q:
  ...
```

參考解答：

```
from LinkedListClass import *        # LinkedListClass.py 有類別定義
def sumTwoList(a, b):
  p = a._head                        # p 從串列 a 的第一個節點開始
  q = b._head                        # q 從串列 b 的第一個節點開始
  carry = 0
  c = LinkedList()                   # 新增空串列 c
  while p and q:                     # 兩個串列都未用完
    result = p.data + q.data + carry (不考慮進位的數字)
    c.append(result % 10)           # 相加結果的本位數
    carry = result // 10            # 進位值
    p = p.next
    q = q.next
  while p:                          # 串列 a 尚未用完
    result = p.data + carry
    c.append(result % 10)
    carry = result // 10
    p = p.next
  while q:                          # 串列 b 尚未用完
    result = q.data + carry
    c.append(result % 10)
    carry = result // 10
    q = q.next
  if carry:                         # 最高位還有進位
    c.append(carry)
  return c
# 假設已先產生 a, b 兩個鏈結串列
c = sumTwoList(a, b)
c.print()                           # 印出相加結果串列
```

效率分析 兩個鏈結串列的指標 p, q 會分別把兩個鏈結串列的 m, n 個節點走完，所以時間複雜度為 $O(m+n)$。

▌ $O(m+n)$ 也可以説是 $O(\max(m, n))$，這是因為 Big-O 是上限的概念，$m+n \leq 2 \times \max(m, n) = O(\max(m, n))$。

刷題 26：合併兩鏈結串列　　　　　　難度：★

問題：給定兩個節點資料由小到大排序好的鏈結串列，請合併 (merge) 這兩個鏈結串列，並儲存在另一個鏈結串列。

執行範例：輸入 list1: [1, 2, 8], list2: [2, 3, 5]。結果：list3: [1, 2, 2, 3, 5, 8]。

解題思考：

1. " 合併 " 就是把兩個已經各自排好的串列併成一個更大的排好串列。

2. 整體想法：與兩數相加非常類似，兩個串列 a, b 合併到結果串列 c，都從第一個節點開始比較，比較小的資料複製到結果串列，它的指標往下一個，若相等則複製兩個節點，直到兩個串列都用完為止。

3. 如何開始：兩個鏈結串列各有一個指標 p, q，都從第一個節點開始。

4. 重複工作及過到下一圈：將 p 及 q 指到的兩個節點做比較，較小資料新增一個節點到結果串列，相等則新增兩個。複製後，有貢獻資料的指標往右一步，以便進行下一個重複。

```
if p.data < q.data :
  c.append(p.data)
  p = p.next
elif p.data > q.data:
  c.append(q.data)
  q = q.next
else:
  c.append(p.data)
  p = p.next
  c.append(q.data)
  q = q.next
```

↓

5. 何時停止：如果其中一個串列節點先
   用完，另一個串列剩下的節點仍需進
   行複製。

```
while p and q:
   ...
while p:
   ...
while q:
   ...
```

參考解答：

```python
from LinkedListClass import *        # LinkedListClass.py 有類別定義
def MergeTwoList(a, b):
   p = a._head                       # p 從串列 a 的第一個節點開始
   q = b._head                       # q 從串列 b 的第一個節點開始
   c = LinkedList()                  # 新增空串列 c
   while p and q:                    # 兩個串列都未用完
      if p.data < q.data:
         c.append(p.data)            # 串列 a 較小，貢獻資料
         p = p.next                  # p 往右一個節點
      elif p.data > q.data:          # 串列 b 較小，貢獻資料
         c.append(q.data)            # q 往右一個節點
         q = q.next
      else:                          # a, b 相等,就都貢獻資料
         c.append(p.data)
         p = p.next
         c.append(q.data)
         q = q.next
   while p:                          # 串列 a 尚未用完
      c.append(p.data)
      p = p.next
   while q:                          # 串列 b 尚未用完
      c.append(q.data)
      q = q.next
   return c

c = MergeTwoList(a, b)
c.print()                            # 印出合併結果串列
```

效率分析 兩個鏈結串列的指標 p, q 會分別把兩個鏈結串列的 *m*, *n* 個節點走完，所以時間複雜度為 O(*m+n*)。

刷題 27：找出兩鏈結串列的末端交集　　　難度：★

問題：輸入兩個鏈結串列，找出其末端交集的起點，沒有交集則輸出 None。末端交集是指兩個串列的末端共同的元素。

執行範例：輸入 list1: [4, 1, 8, 5, 4]，list2: [5, 6, 1, 8, 5, 4]。輸出：1。因為末端交集 1, 8, 5, 4 是由 1 開始。

解題思考：

1. 因為末端交集只會出現在串列尾端，所以最好的方法是從後面倒著比，但是鏈結串列的方向是單方向往後的，無法倒著比。

2. 方法是人想的，只要先將兩個串列反轉，就可以倒著比：變成找出前端的交集直到交集的終點，此終點即為兩原始串列的交集起點。

3. 重複工作及過到下一圈：將 p 及 q 指到的兩個節點做比較，相等則都往後（右）一步，以便進行下一圈。

4. 何時停止：有串列用完，或兩個資料不相等就停止，輸出停止前（最後一圈）的節點即為交集終點（反轉前的交集起點）。

參考解答：

```
from LinkedListClass import *    # LinkedListClass.py 有類別定義
def intersection(a, b):
    a.reverse()                  # 反轉串列 a
    p = a._head                  # p 從反轉後串列a的第一個節點開始
    b.reverse()                  # 反轉串列 b
    q = b._head                  # q 從反轉後串列 b 的第一個節點開始
    result = None
    while p and q:               # 兩個串列都未用完
```

```
    if p.data == q.data:
        result = p.data        # 紀錄最新交集
        p = p.next             # p, q 往右一個節點
        q = q.next
    else:                      # 交集結束
        return result
    return result              # 有串列用完，比較結束

print(intersection(a, b))
```

效率分析 反轉兩個鏈結串列需時 $O(m+n)$。比較的時間複雜度為 $O(\min(m,n))$，因為最多一個串列走完就停止。因此整體時間複雜度為 $O(m+n)$。

延伸刷題：兩鏈結串列的末端交集（不可呼叫反轉功能）

問題：同刷題 27，輸入兩個鏈結串列，找出其末端交集的起點，但不可呼叫反轉功能。

解題思考：

1. 善用已有的工具來解決問題，是程式設計的最上攻略，但若題目有限制條件，就得硬著頭皮想替代方法。

2. 只能從頭比的話，因兩串列長度可能不同，加上交集在尾端，所以必須讓兩個串列的尾端對齊，然後從較短串列的頭開始比較。亦即要讓較長串列先跳過多出來的前面那一段。

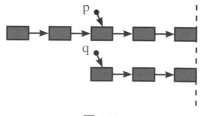

圖 3.22

3. 重複工作：記錄連續相等的區段起首 fromHere，假設 p 指向長串列的第一個對齊節點，q 指向短串列的第一個節點，比較兩個資料，若相等且 fromHere 為 None 時，就將資料寫入 fromHere，若不相等就清掉 fromHere，因為交集要持續到尾端才算數。

4. 過到下一圈：比較完後 p 和 q 都各往後移一個節點，隨時保持對齊。

5. 何時停止：串列都用完時就結束回傳 fromHere，fromHere 有資料代表成功、fromHere 為 None 代表沒有尾端交集。

參考解答：

```python
from LinkedListClass import *          # LinkedListClass.py 有類別定義
def intersection2(a, b):
  if a.len() < b.len():                # 固定讓長串列為 a
    a, b = b, a                        # 若不是則 a 與 b 交換
  p = a.head                           # p 跳過串列 a 的前段
  for _ in range(a.len() - b.len()):
    p = p.next
  q = b.head                           # q 從串列 b 的第一個節點開始
  fromHere = None                      # 初始化交集紀錄
  while p and q:                       # 兩個串列都未用完
    if p.data == q.data:
      if fromHere is None:
        fromHere = p.data              # 記錄最初交集資料
      else:
        fromHere = None                # 清除紀錄
    p = p.next                         # p, q 往右一個節點
    q = q.next
  return fromHere                      # 串列用完，回傳紀錄

print(intersection2(a, b))
```

効率分析　時間複雜度為 $O(m+n)$，因為 p 和 q 都會各自走完串列。

3.1 有關鏈結串列（Linked list），下列敘述何者是錯的？

(A) 不必佔用連續記憶體位置

(B) 比陣列（array）浪費記憶體空間

(C) 隨機存取功能（random access）比陣列弱

(D) 插入與刪除需移動大量資料

3.2 用鏈結串列（Linked List）存放已排序好的數列 $a_1, a_2, \cdots, a_n$，下列何者正確？

(A) 找第 k 大的資料要 $\Theta(1)$ 的時間

(B) 給定插入點位址，作插入（Insertion）要 $\Theta(n)$ 的時間

(C) 作刪除（Deletion）要 $O(\log n)$ 的時間

(D) 給 a，問是否存在 $a_i = a$ 要 $O(n)$ 的時間

3.3 有一應用需處理零至幾百位數之正整數，並需作加、減、乘、除及比較兩數大小之運算。

（一）請問應採用何種資料結構表示此類正整數較合適？請說明原因。

（二）試以圖表示下列數字之資料結構。12345678901234567890⋯. 1234567890（共一百位數）

3.4 請改寫 insertAfter 函式，完成 class LinkedList 的 insertAfter 方法。

3.5 請改寫 find 函式，完成 class LinkedList 的 find 方法。

3.6 請改寫 delete 函式，完成 class LinkedList 的 delete 方法。

主題 3-C　環狀鏈結串列

上面所提到的鏈結串列，串列最後一個節點的鏈結是 None，這種鏈結串列稱為「線性鏈結串列」(linear linked list)。它的特點是：如果要拜訪串列的所有節點，一定要由第一個節點開始循鏈結而下，直到最後。若是從其它節點出發，勢必無法走到在出發點之前的節點。這就好比要跑完 100 公尺直線跑道，必須從跑道頭起跑一樣。

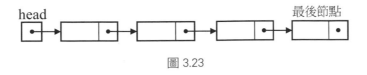

圖 3.23

既然最後一個節點的鏈結沒有用到，可以將其鏈結改指向第一個節點：

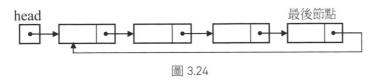

圖 3.24

　　所有節點的鏈結構成一個環，稱為「環狀鏈結串列」(circular linked list)。環狀鏈結串列的運算，基本上與線性鏈結串列並無兩樣，所以環狀鏈結串列類別類似線性鏈結串列類別。只有 print (traversal) 稍有不同，環狀鏈結串列好像在圓形的田徑場上跑步，無論從任何節點出發，均可拜訪過所有節點，回到原出發點代表走完一圈了。環狀鏈結串列類別 CLinkedList 定義如下，與 LinkedList 類別幾乎一樣，只有 append 及 print 兩個方法需要修改：

```python
class CLinkedList:
    ...                                 # 參考 P3-20 頁 LinkedList 類別
    def append(self, value):            # 附加新節點的方法
        p = self._head
        new_node = ListNode(value)       # 產生新節點
        self.size += 1
        if p is None:                    # 串列原本無節點
            self.head = new_node
        else:
            while p.next != self.head:   # 迴圈結束後 p 指向最後節點
                p = p.next
            p.next = new_node            # 原來最後節點的鏈結指向新節點
        new_node.next = self.head        # 新節點鏈結指向第一個節點形成環狀
    def print(self):                     # 印出串列的方法
                                                                    ⬇
```

```
    p = self.head
    while p.next != self.head :            # 當 p 不是最末節點時印出
      print(p.data, end = ' ')
      p = p.next
    print(p.data)                          # 印出最末節點

a = CLinkedList()                          # 建立環狀鏈結串列 a
# 可執行 a.append(20), a.append(50), a.print()
```

✎ 練習題

3.7　於下圖的單向鏈結串列 (singly linked list) 中，只知道指標 p 指向某一個節點，其儲存的資料為 48，而不知道串列首的所在位置。今欲加入一個新資料 39 於指標 p 之前，請說明你的做法或者寫出其演算法。

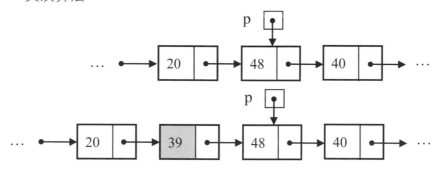

3.8　設 t 為一任意大小的單向環狀鏈結串列 (circular singly linked list)，試寫出時間複雜度 (time complexity) 為 O(1) 的程序，回收整個環狀串列 t 至可用空間串列 av。

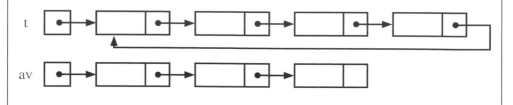

▌主題 3-D　雙向鏈結串列

先前討論的鏈結串列每個節點都只有一個鏈結，稱為「單向鏈結串列」(singly linked list)。線性鏈結串列只能往一個方向前進，要找到任一節點的前一節點，必須從頭開始，在環狀鏈結串列中則須繞串列一圈而找到前一個節點。這種單行道造成許多交通（運算）上的不便。我們可以讓每個節點的鏈結增加為兩個，一個指向串列的前方（左邊），一個指向串列的後方（右邊）：

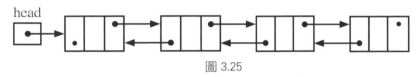

圖 3.25

這種串列稱為「雙向鏈結串列」(doubly linked list)，每個節點都有往左和往右的指標，因此可以雙向通行。如果最末節點的右指標和第一個節點的左指標都是 None，則稱為「線性雙向鏈結串列」（如圖 3.25）。如果最末節點的右指標指向第一個節點，並且第一個節點的左指標指向最末節點，則稱為「環狀雙向鏈結串列」（如圖 3.26）：

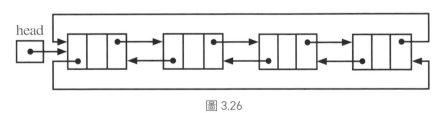

圖 3.26

✴ 宣告節點與串列類別

雙向鏈結串列中節點與串列的類別可以宣告如下：

```
class DListNode:
  def __init__( self, data=0 ) :
    self.data = data
    self.left = None
```

```
    self.right = None
class DLinkedList:
  def __init__(self):
    self.head = None
    self.size = 0
  def len(self):                          # 回傳節點個數
    return self.size
  def insert(self, p, value):             # 插入新節點
    ...
  def append(self, value):                # 附加新節點
    ...
  def delete(self, p):                    # 刪除節點
    ...
  def print(self):                        # 印出串列
    ...
```

✳ 插入新節點

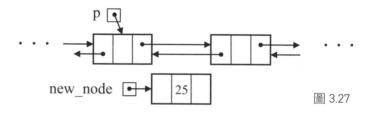

圖 3.27

　　要將 new_node 指到的新節點插入指標 p 所指的節點之右，共有四個指標要處理，分成兩組，兩個指標出去（掛上新節點的兩個鏈結），兩個指標指進來（改變左右節點的鏈結）。

1. 掛上新節點的兩個鏈結：

```
new_node.left = p                         # ① 掛上左鏈結
# 把 p 所指到的地方指定給 new_node.left 去指)
new_node.right = p.right ;                # ② 掛上右鏈結
# 把 p.right 所指到的地方也給 new_node.right 去指)
```

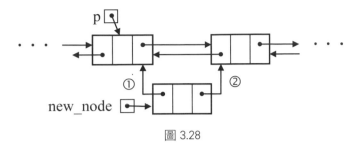

圖 3.28

這兩個同組的敘述哪個先執行都可以。

2. 改變原有節點的鏈結，讓它們都改指向新節點：

```
p.right.left = new_node              # ③
p.right = new_node                   # ④
```

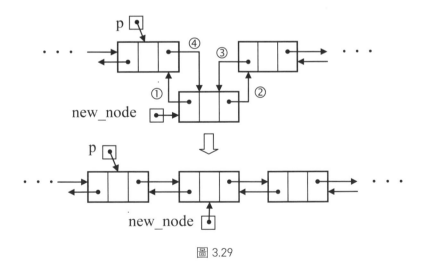

圖 3.29

　　敘述 ③ 一定要先執行，因為要使用 p.right 找到 p 所指節點的右邊節點，然後改變它的左指標指向 new_node，接著才能執行敘述 ④ ，改變 p.right 也指向 new_node。同理第 1 組的兩個敘述一定要在第 2 組的兩個敘述之前執行，才不會先破壞鏈結失去線索。

在雙向鏈結串列中 p 所指節點右方插入為 value 的新節點資料

此範例可以跟範例 3.1 比較一下，由於每個節點多了一個鏈結欄位，因此一來一回要多指定兩個鏈結。

解題思考：

1. 產生一個資料為 value 的新節點。

2. 掛上新節點的兩個鏈結。

3. 改變原有兩個節點的鏈結，使它們都指向新節點。

```
class DLinkedList:              # 參考 P3-36 頁
  ...
  def insert(self, p, value):   # 插入新節點
    new_node = DListNode(value) # 建立新節點
    self.size += 1
    new_node.left = p           # 掛上新節點的左鏈結
    new_node.right = p.right    # 掛上新節點的右鏈結
    p.right.left = new_node     # 指向新節點
    p.right = new_node          # 指向新節點
```

✴ 附加新節點

附加新節點的程序和單向鏈結串列類似，就是先把指標移到最後節點，然後將它的右指標指向新節點，但要多一個動作：把新節點的左指標指向原來的最後節點：

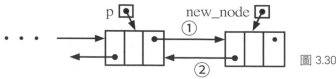

圖 3.30

範例 3.6　在雙向鏈結串列尾端附加資料為 value 的新節點

同樣可跟範例 3.2 比較一下，大致只要多指定一個新節點的鏈結欄位 (left) 即可，其餘邏輯都差不多。

```
class DLinkedList:                          # 參考 P3-36 頁
  ...
  def append(self, value):                  # 附加新節點
    p = self.head
    new_node = DListNode(value)             # 產生新節點
    self.size += 1
    if p == None:                           # 若原來是空串列
      self._head = new_node                 # 則 head 指向新節點
    else:
      while p.right != None:                # 將 p 移到最末節點
        p = p.right
      p.right = new_node                    # 原來最末節點右指標指向新節點
      new_node.left = p                     # 新節點左指標指向原來最末節點
```

✳ 刪除節點

雙向鏈結串列最大的優點，應該是刪除節點的便利性，不必費工夫去找左右兩個節點，因為兩個鏈結就指向左右兩個節點，所以若要刪除節點已由指標 p 指到，刪除效率一定是 O(1)。刪除只需處理兩個指進來的指標：

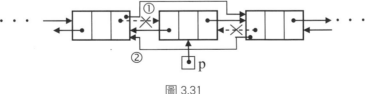

圖 3.31

1. 改變左邊節點的右指標使它越過 p 節點：

```
p.left.right = p.right
```

2. 改變右邊節點的左指標使它越過舊節點：

```
p.right.left = p.left
```

3. 歸還 p 所指的舊節點：

```
del p
```

範例 3.7 在雙向鏈結串列刪除 p 指到的節點

在雙向鏈結串列中，因為每個節點都會指向左右兩個節點，可以直接讓兩個節點互指，不太需要擔心會出現懸空指標的情形，程式碼會簡潔許多。

解題思考：

1. 分別改變左、右節點的右、左指標，使其越過要刪除節點。

2. 刪除後須測試串列是否還有節點，如果已空就要設定 head 為 None，以免 head 成為懸空指標。

```
class DLinkedList:               # 參考 P3-36 頁
  ...
  def delete(self, p):           # 刪除節點
    p.left.right = p.right       # 改變左節點的右指標
    p.right.left = p.left        # 改變右節點的左指標
    del p
    self.size -= 1
    if self.size == 0:           # 若串列已空
      self.head = None           # 以免 head 成為懸空指標
```

✏️ **練習題**

3.9　有關雙向鏈結串列 (doubly linked list) 的敘述何者錯誤？

　　(A) 加入一個新節點最多改變 4 個指標

　　(B) 刪除一個節點最多改變 2 個指標

　　(C) 刪除一個由指標 p 指到的節點，需要先找到其左邊的節點

　　(D) 搜尋節點的時間複雜度為 O(n)

3-2 鏈結串列的應用

▎主題 3-E　多項式的表示與運算

在數學上，「一元多項式」通常用「降冪」的方式表示：

$$A(x) = a_n x^n + a_{n-1} x^{n-1} + a_{n-2} x^{n-2} + \ldots + a_2 x^2 + a_1 x^1 + a_0$$

其中 a_i 是第 i 次項的係數，因此完整的 n 次多項式共有 $n+1$ 個係數。我們可以用串列來表示多項式的係數，冪次就是陣列的索引。如果有一個多項式：A(x) = $2x^{980} + 5x^{50} + 7$，用陣列結構來存放的話，A[980] 儲存 x^{980} 的係數 2、A[50] 儲存 x^{50} 的係數 5、A[0] 儲存 x^0 的係數 7，所以 981 個位置只有 3 個「非零項」，占用率只有 3/981 ＝ 0.3%，這種次方很大、項數很少的多項式並不適宜直接採用陣列結構來儲存。

	[0]	[1]	[2]	[3]	・・・・	[n-1]	[n]	
A[]	a_0	a_1	a_2	a_3		a_{n-1}	a_n	共需 $n+1$ 個位置

	[0]	[1]	・・・・	[50]	・・・・	[979]	[980]	
A[]	7	0	...	5	...	0	2	共需 981 個位置（但只有 3 個非零項）

圖 3.32

以 Python 語言實作多項式儲存結構有很多方式，包括：「字典」
（dictionary, dict）、串列、以及鏈結串列等，都可以有效避免記憶體的浪
費。我們將在第八章「資料搜尋」介紹字典，這裡先說明鏈結串列方式。

✦ 宣告多項式類別

使用鏈結串列的多項式類別，只要儲存不是 0 的項，亦即每個非零項
使用一個節點，那麼多項式 $A(x) = 2x^{980} + 5x^{50} + 7$ 只需要 3 個資料節
點。每個節點有兩個資料欄位：「係數」欄位以及「冪次」欄位，加上「鏈
結」欄位。

節點類別可以宣告為：

```python
class  PListNode:
  def __init__(self, coef=1, expo=0):
    self.coef = coef                    # 係數
    self.expo = expo                    # 冪次
    self.next = None                    # 鏈結
class PLinkedList:
  def __init__(self):
    self._head = None
    self._size = 0
```

兩個多項式 $A(x) = 5x^4 + 6.1x^2 + 2.9x + 6$ 及 $B(x) = 9x^5 + 3.2x^2 + 4x + 5$ 可以分別圖示為：

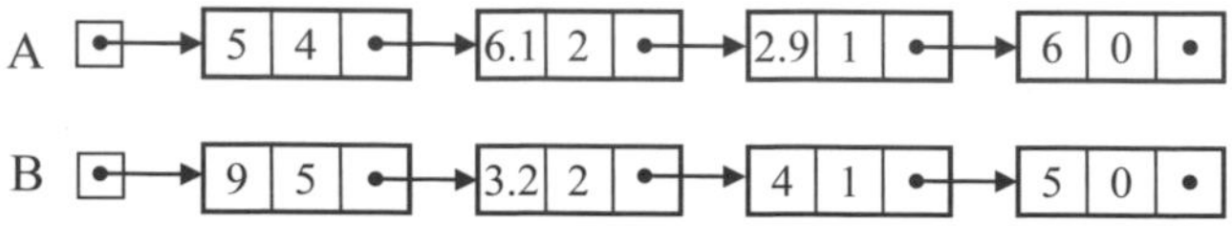

圖 3.33

範例 3.8　多項式相加

將兩個儲存多項式的鏈結串列相加，結果以另一個鏈結串列儲存。

解題思考：

1.　相加運算過程類似刷題 26（見 P3-27 頁）的合併運算過程。

2.　起始：兩多項式分別從高冪次節點開始往右掃瞄。

3.　重複工作：比較兩個節點的冪次欄位，冪次大者複製節點至 C(x)；如果冪次 ex1 ＝ ex2 相同，則係數相加後 co1 ＋ co2，結果若非 0 則儲存節點至 C(x)，冪次為 ex1、係數為 co1 ＋ co2。

4.　過到下一圈：凡是已被複製或加總過的項，指標就往右移一個節點，作為下一次比較的對象。下圖是多項式 A 的 $5x^4$ 與多項式 B 的 $9x^5$ 比較後，冪次比較大的 $9x^5$ 複製到多項式 C，同時 B 的指標 pb 往右移一個節點到下一項 $3.2x^2$。

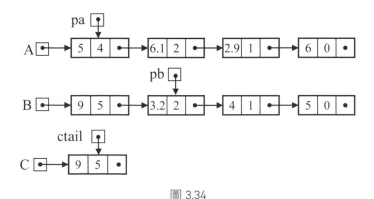

圖 3.34

5.　何時停止：兩個多項式鏈結串列的節點都掃瞄完為止。若其中一個串列未用完，剩下的就完全複製到 C(x)。

```
def PolyAdd(A, B):
  C = PLinkedList()
  ctail = None
  pa = A.head
  pb = B.head
  while pa and pb:
    if pa.expo > pb.expo:              # A 的冪次較大，複製 A 的項
      ctail = C.insert(ctail, pa.coef, pa.expo)
      pa = pa.next
    elif pa.expo < pb.expo:            # B 的冪次較大，複製 B 的項
      ctail = C.insert(ctail, pb.coef, pb.expo)
      pb = pb.next
    else:                              # A 與 B 的冪次相同
      if pa.coef + pb.coef != 0:
        ctail = C.insert(ctail, pa.coef+pb.coef, pa.expo)
      pa = pa.next
      pb = pb.next
  while pa:                            # 複製 A 剩餘的項
    ctail = C.insert(ctail, pa.coef, pa.expo)
    pa = pa.next
  while pb:                            # 複製 B 剩餘的項
    ctail = C.insert(ctail, pb.coef, pb.expo)
    pb = pb.next
  return c
```

其中會呼叫 PLinkedList 類別的 insert 方法，它的功能是新增一個多項式節點到指標 p 所指到的點之後，並傳回新節點，以便重複呼叫：

```
class PLinkedList:
  ...
  def insert(self, p, co, ex):
    new_node = PListNode(co, ex)
    if self._head is None:             # 原本是空串列
```
⬇

```
    self._head = new_node
  else:
    new_node.next = p.next          # 插入新節點
    p.next = new_node
  return new_node
```

PlinkedList 類別建立後，即可如下在程式中建立物件並呼叫相關方法：

```
a = PLinkedList()
tail = None
tail = a.insert(tail, 5, 4)
tail = a.insert(tail, 6.1, 2)
tail = a.insert(tail, 2.9, 1)
tail = a.insert(tail, 6, 0)
b = PLinkedList()
tail = None
tail = b.insert(tail, 9, 5)
tail = b.insert(tail, 3.2, 2)
tail = b.insert(tail, 4, 1)
tail = b.insert(tail, 5, 0)
c = PolyAdd(a,b)
```

✎ 練習題

3.10 任一多項式可用單鏈串列 (singly linked list) 來表示，請說明任一
節點各欄位之意義，並繪出 $3X^{14}+2X^8+1$ 之串列圖。

主題 3-F　稀疏矩陣的表示

在第二章所提到的矩陣，是用二維陣列來儲存，一個 $m \times n$ 的矩陣，就是一個 m 列 n 行的二維陣列。如果相對於完整矩陣的元素個數，非零項元素「很少」，則稱這個矩陣為「稀疏矩陣」。例如：

$$M = \begin{pmatrix} 0 & 0 & 1 & 0 & 2 & 0 \\ 1 & 0 & 0 & 6 & 0 & 0 \\ 0 & 1 & 0 & 0 & 0 & 0 \\ 0 & 0 & 0 & 3 & 0 & 1 \\ 0 & 0 & 2 & 0 & 0 & 6 \end{pmatrix}_{5 \times 6}$$

M 矩陣的 30 (5×6) 個元素中只有 9 個非零項，使用率只有 9/30 = 30%。如果只儲存非零項，就可以節省記憶體空間。節省記憶體的方式與多項式問題類似，可以用字典以及鏈結串列，使用字典的方式將在第八章介紹。

要使用鏈結串列表示矩陣，每個非零項節點必須有 3 個資料欄位與 2 個鏈結欄位，資料欄位包含「係數」(coef)、「列號」(row)、「行號」(col)，鏈結欄位包含「列鏈結」(right) 以及「行鏈結」(down)。每個節點的結構可以圖示為：

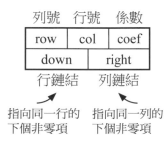

圖 3.35

✶ 宣告節點及稀疏矩陣類別

節點及矩陣的類別可以宣告為：

```python
class MListNode:
  def __init__(self, row, col, coef = 1) :
    self.row, self.col, self.coef = row, col, coef
    self.right = self.down = None
```

```python
class MLinkedList:
  def __init__(self, numRow, numCol):
    self.numRow = numRow
    self.numCol = numCol
    self.row = [None] * numRow
    self.col = [None] * numCol
    self.size = 0
```

　　稀疏矩陣 M 可表示為圖 3.36。其中 col[0] ～ col[5] 指向各行的節點，row[0] ～ row[4] 指向各列的節點。9 個節點分別對應矩陣中的 9 個非零項。例如第 1 列共有 2 個非零項，分別在第 0 行和第 3 行，因此從 row[1] 可以走訪這兩個節點。同樣的，第 2 行共有 2 個非零項，分別在第 0 列和第 4 列，因此從 col[2] 可以走訪這兩個節點。需要串起每一行的原因，是在矩陣相乘時，需要沿著第一個矩陣同一列以及第二個矩陣同一行的元素做運算。作用在矩陣上的其他運算都可以進行，例如新增節點，只是會比使用陣列複雜，而且必須將新節點分別插入列鏈結串列及行鏈結串列的適當位置。

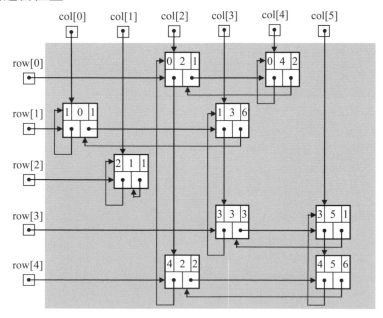

圖 3.36

✎ 練習題

3.11 當要設計程式處理稀疏矩陣 (Sparse matrix) 問題時，如考慮儲存空間的需求，下列哪一資料結構最為適合？

(A) 陣列 (Array)　　　　　　　(B) 鏈結串列 (Linked list)
(C) 堆疊 (Stack)　　　　　　　(D) 佇列 (Queue)

3.12 當串列 (linked list) 用來表達一個二維稀疏矩陣 (sparse matrix) 時，每一個節點 (node) 的內容應記錄的資料為何？

第 **4** 章

堆疊與佇列

4-1　堆疊 (Stack)

主題　4-A　　堆疊的運算

主題　4-B　　鏈結堆疊 (Linked Stack)

主題　4-C　　運算式的轉換與計算

4-2　佇列 (Queue)

主題　4-D　　佇列的運算

主題　4-E　　鏈結佇列 (Linked Queue)

4-1 堆疊 (Stack)

▋主題 4-1　堆疊的運算

✳ 什麼是堆疊

　　堆疊和串列及陣列一樣，是有序的資料容器，但是有特別的資料存取規則：在堆疊中加入新項目及刪除原有項目只能在頂端方向進行。將一個項目放入堆疊的頂端，這個動作稱作「推入」(**push**)。從堆疊頂端拿走一個項目，這個動作稱作「彈出」(**pop**)：

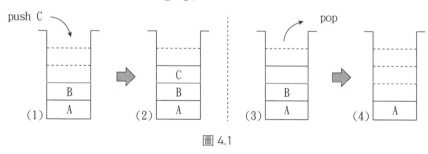

圖 4.1

　　堆疊 (1) 原本有 2 個元素，這時若執行 push C 會將元素 C 置於 B 和 A 上面，因為 C 是剛被推入堆疊的，也就是後來的項目，會壓在原有先來項目的上面。堆疊 (3) 若執行 pop，必定是彈出 B，因為 B 在最上面。這種堆疊的資料存取規則，正是所謂的「後進先出」(last in first out, LIFO)。

✳ 堆疊的運算

　　除了 push、pop 運算，通常在堆疊這種抽象結構上，還會實作 peek、isEmpty、isFull 等運算，我們一併整理如下：

1.　**push**：將新項目加在堆疊的頂端。

2.　**pop**：從堆疊頂端拿走一個項目。

3. **peek**：看一下堆疊頂端的項目為何 (項目並不會被彈出)。

4. **isEmpty**：檢查堆疊是否為空，空則傳回 True，不空則傳回 False。

5. **isFull**：檢查堆疊是否已滿，滿則傳回 True，未滿則傳回 False。

當堆疊的儲存空間已滿，若再執行 push 時，會產生「溢位」(overflow)，可搭配 isFull 運算避免錯誤。當堆疊已無任何資料，若再執行 pop，會產生「缺位」(underflow)，可搭配 isEmpty 運算避免錯誤。

範例 4.1　用堆疊將字串反轉

假設堆疊類別的運算都已經實作在 stackClass.py，可以使用堆疊的功能將輸入的英文字倒過來輸出，例如輸入 "ABC" 將反轉成 "CBA"，原理就是將字串中的每個字依序全部推入堆疊，再將資料逐一彈出堆疊輸出：

```
from stackClass import *           # 匯入 stack 模組
in_word = list(input())            # 輸入字串
myStack = Stack()                  # 產生堆疊物件
for ch in in_word:
  myStack.push(ch)                 # 將 in_word 字串中的每個字推入堆疊
while not myStack.isEmpty():       # 將資料逐一彈出堆疊輸出
  print(myStack.pop(), end = '')
```

✦ 堆疊的類別宣告

現在我們來看 stackClass.py 當中的 Stack 類別是如何實作的。這裡使用 Python 的 list 作為資料儲存處，所以在初始化函式 init 中將 item 設為空串列：

```
class Stack:
  def __init__(self):
    self.item = list()              # 初始 item 為沒有資料的空 list
  def isFull(self):                 # 檢查堆疊是否已滿的 method
    ...

  def isEmpty(self):                # 檢查堆疊是否已空的 method
    ...

  def push(self, value):            # 推入新資料的 method
    ...

  def pop(self):                    # 彈出資料的 method
    ...

  def peek(self):                   # 查看頂端資料的 method
    ...

  def print(self):                  # 印出資料的 method，底部元素先輸出
    ...

a = Stack()
```

✦ push 運算 （配合 isFull 方法）

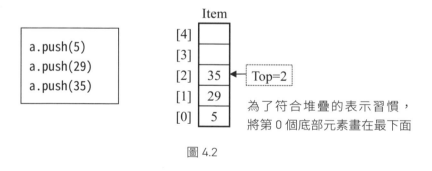

圖 4.2

動作要點分成兩步：

1. 檢查堆疊是否已滿 (isFull)，若已滿則 push 失敗。用 Python 的 list 儲存資料，可以假設容量無限制，也可以設定一個最大容量 MAX_ ITEM，當容器 item 的資料個數等於最大容量時則堆疊已滿。

2. 使用 list 的 append 的功能附加新資料到最後端（頂端），len 會增加 1，而 top 也永遠保持為元素個數 len 減 1，例如上圖 len 是 3，top 是 len-1（=2）。在 Python 中，可以使用 "-1" 當作 list 最後端元素的索引值，例如上圖若執行 print item[-1] 會輸出位於 item[2] 的最後端元素 35。

下圖 4.3 是 push(11)、push(12)、push(13)、push(14)、push(15)、push(16) 的連續過程（假設最大容量是 5 個資料項目）：

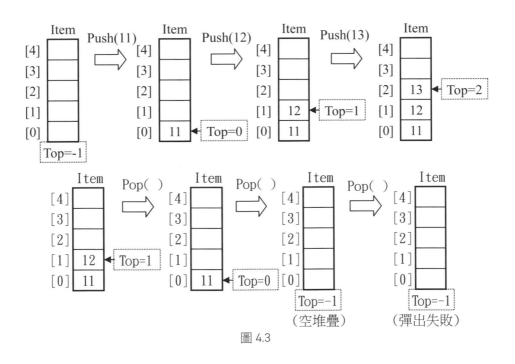

圖 4.3

```
class Stack:
  ...
  MAX_ITEM = 5                          # 假設最大容量為 5
  def isFull(self):                     # 檢查堆疊是否已滿
    return len(self.item) >= MAX_ITEM
  def push(self, value):                # 推入新資料
    if not self.isFull():
        self.item.append(value)
```

✦ pop 運算（配合 isEmpty 方法）

動作要點同樣分成兩步：

1. 檢查堆疊是否為空（isEmpty），若為空則 pop 失敗（沒有東西拿了）。

2. 若堆疊不是空的，則使用 list 的 pop 功能取出最後端資料（頂端），亦即第 top 個位置的元素（top ＝ len － 1），len 會減少 1。例如下圖 4.4 中一開始有 2 個元素，因此 len 為 2、top 為 1，執行 pop 會取得 item[1] 的 12，len 會減少 1，len 及 top 分別成為 1 及 0。

以下是連續三個 pop 的過程：

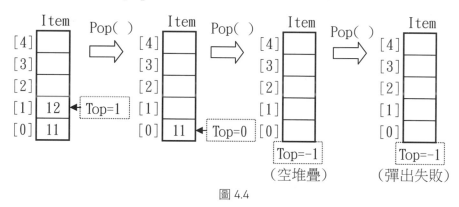

圖 4.4

```
class Stack:
  ...
  def isEmpty(self):           # 檢查堆疊是否已空的 method
    return len(self.item) == 0  # 當 len 為 0 時堆疊為空
  def pop(self):               # 彈出資料
    if not self.isEmpty():
      return self.item.pop()    # list 的 pop 預設索引為 -1，最後一個
    return None
```

✦ 堆疊的應用

堆疊是應用很廣的資料結構，常見的應用包括：

1.　運算式的轉換以及計算求值（將在本章主題 4-C 介紹）：許多系統程式
　　如作業系統、編譯器等，都會先將「中序式」（例如 x+y-2），轉換為
　　「後序式」(xy+2-)，再加以運算，因為後序式的計算效率比較好。

2.　執行回溯演算法（將在本書第五章及第六章介紹）：在解題的過程中，
　　不同的選擇會走到不同的地方而造成不同的結果，當我們面對許多選
　　擇時，就需要將其他可能選項放入堆疊，然後深入我們所選擇的路
　　徑。當需要回頭選擇剛才沒走過的路時（此時在演算法稱為回溯），就
　　可以到堆疊中取出剛才存放的其他選項。

3.　函式的呼叫與返回：當函式 A 執行到中間呼叫函式 B 時，系統會先將
　　函式 A 的返回位址推入系統堆疊再轉到函式 B 執行，這樣當函式 B 結
　　束後，就可以從系統堆疊彈出返回位址繼續接下來的流程。但如果函
　　式 B 又呼叫函式 C，函式 B 的返回位址就會在函式 A 返回位址之上，
　　所以函式 C 執行完後，就會依照堆疊後進先出的順序，取出函式 B 的
　　返回位址，先回到函式 B 正確地繼續執行下去。

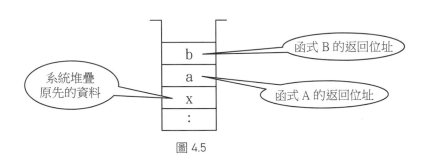

圖 4.5

問題：同刷題 2 與 19，輸入整數 *n*，判斷 *n* 是否為回文數字，請使用堆疊。

執行範例 1：輸入 13231，輸出：是。

執行範例 2：輸入 1231，輸出：否。

解題思考：

1. 在之前的相同題目，刷題 2 使用數字的處理，刷題 19 使用字串，都是逐一取出前後相對位置的字做比較 (第 1 個比最後 1 個、第 2 個比倒數第 2 個、…)。

2. 此處使用堆疊的方法，可用類似範例 4.1 的方式，將每個字都推入堆疊後，再逐一彈出與原字串的字做比較即可。例如輸入 1231，推入堆疊之後由上而下的順序是 1321，進行到第 2 個 pop 時得到 3，與原字串的第 2 個字 2 不同，因此 1231 不是回文。

參考解答：

```
from stackClass import *
def palindrome(str):
  myStack = Stack()
  for ch in str:
    myStack.push(ch)          # 逐一推入將字串反轉
  for ch in str:              # 逐一彈出
    if myStack.pop() != ch:   # 任一字不同即不是回文
      return False
  return True                 # 所有字都相同則為回文

in_word = list(input())
print(palindrome(in_word))    # 呼叫判斷回文函式
```

效率分析 兩個迴圈先後執行的次數是數字的總位數 n，時間複雜度為 $O(n)$。

▌有一個節省一半比較時間的方法，就是只從堆疊彈出一半的字出來比較就可以，因為彈出來字的順序就是原本從最後倒著看的字，若不是回文則在這一半就會被發現，例如 1231 在第 2 個 pop 就會發現 3 與 2 不同。只要修改第二個 for 迴圈即可：

```
for ch in str:
    if myStack.pop() != ch:
```

→

```
for i in range(0, len(str)//2):
    if myStack.pop() != str[i]:
```

刷題 29：最小值堆疊　　　　　　　　　難度：★★

問題：設計一個數字堆疊，除了支援 push、pop、peek 運算之外，還具有 O(1) 效率的 getMin 功能，可取得堆疊中的最小值。

執行範例：依序執行 push(6), push(4), getMin(), pop(), push(9), getMin()，將依序輸出 4, 4, 6，分別是 getMin(), pop(), getMin() 的傳回值。

解題思考：

1. 如果使用一般的堆疊，因為堆疊的資料動態地進進出出，因此每次執行 getMin 時必須掃描所有元素來取得最小值，其效率為 O(n)，不合題意。

2. 因此每次 push 資料 value 時，也同時 push 堆疊的最小值 minvalue，亦即每次 push 2 個值：(value, minvalue)。

3. getMin 取得堆疊最小值的方法，就是讀取頂端元素的第 [1] 個值 item[-1][1]，例如當頂端元素是 (3, 5) 時，item[-1][0] 為 3、item[-1][1] 的值為 5。當堆疊為空時，getMin 回傳很大的值 float('inf')。

```
def getMin(self):
    if len(self.item) == 0:
        return float('inf')
    return self.item[-1][1]
```

4. 所以每次 push 資料 value 時，從 value 與 getMin() 的回傳值 (也就是原頂端元素的 minvalue) 中取最小的當作 minvalue，隨同 value 一起被 push。

↓

5. 每個元素的第二個值 minvalue，代表堆疊中 value 以下（包括 value 本身）的資料值中最小的，例如圖 4.6 最右邊堆疊的頂端元素是 (9, 6)，代表資料 9 以下的資料中最小的是 6，這是本題最主要的重點。

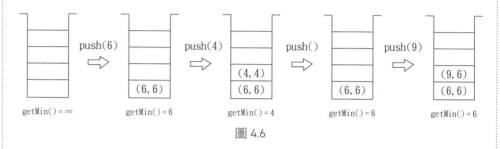

圖 4.6

參考解答：

```python
class MinStack:
  def __init__(self):
    self.item = list()
  def isEmpty(self):
    return len(self.item) == 0
  def push(self, value):
    minvalue = min(value, self.getMin())
    self.item.append((value, minvalue))
  def getMin(self):            # 取得堆疊最小值的 method
    if len(self.item) == 0: # 若堆疊沒有元素，則回傳無限大
      return float('inf')
    return self.item[-1][1] # [-1][1]為頂端元素的第[1]個值，堆疊最小值
  def pop(self):
    if not self.isEmpty():
      value, minvalue = self.item.pop()
      return value
    return None
  def peek(self):
    if not self.isEmpty():
```

↓

```
        return self.item[-1][0]  # [-1][0]為頂端元素的第[0]個值
    return None

a = MinStack()
# 接著執行 a.push(6), a.push(4), a.getMin(), a.pop(), a.push(9),
# a.getMin()
```

效率分析　getMin() 只有一個 if 敘述，因此時間複雜度為 O(1)。

刷題 30：檢查括號的正確性　　　　　　　　　難度：★

問題：給定一個字串 s，字串中只包含 3 種左右括號：'{', '}', '{', '}', '[', ']'。檢查 s 中的括號是否成對出現，而且位置必須正確沒有交錯。

執行範例 1：輸入 "()"、" ()[]{}"、"{[]}" 均輸出 True。

執行範例 2：輸入 "(]"、"([)]" 均輸出 False，因前者非成對、後者有交錯。

解題思考：

1. 括號必須成對出現，而且不可交錯，以 "{[]}" 為例，看到 "{" 代表後面一定要有 "}"，但是中間可能包夾其它字。接著看到 "["，因此後面如果有 "]" 也一定要比 "}" 先出現，這樣才不會交錯，亦即後出現的 "[" 將帶進先出現的 "]" 配對，後進先出，剛好可用堆疊來解決。

2. 因此我們的堆疊只能推入各種左括號：每看到一個左括號就將它 push 進堆疊，當看到一個右括號時就 pop 出一個左括號，如果兩者的括號種類一致，代表正確配對。

3. 當 s 字串解讀完畢且堆疊剛好是空的，代表左右括號種類及個數相當，如果 s 或堆疊還有東西則有錯誤發生。

↓

4. 左右括號的種類與配對，可以使用 Python 的內建資料結構 dict 字典，用左括號可以查出對應的右括號，亦即左括號是 key，右括號是 value。例如當 key 為 '['，則其對應的 value 為 ']'。

```
bracket = {'(':')','[':']','{':'}'}
left = '['
right = bracket[left]  # 會是']'
```

5. 為配合用 dict 查表，上面第 2 點稍微修正：每看到一個左括號就將它的對應右括號推入堆疊，當看到一個右括號時就彈出一個右括號，如果兩者一樣，代表正確配對，這樣先查表再儲存會比較好理解。

參考解答：

```
from stackClass import *
def checkBracket(str):
  bracket = { '(' : ')', '[' : ']', '{' : '}' }  # 左括號是 key，
                                                   # 右括號是 value
  myStack = Stack()
  for ch in str:
    if ch in bracket:                # 若 ch 是字典 bracket 中的一個 key
      myStack.push(bracket[ch])      # 查表後推入 ch 對應的 value(右括號)
    else:                            # ch 是右括號
      if myStack.pop() != ch:        # 彈出括號與 ch 比較是否一樣
        return False
  if not myStack.isEmpty():          # 輸入已看完但堆疊還有東西-->錯誤
    return False
  return True

in_str = input()
print(checkBracket(in_str))
```

效率分析 迴圈重複次數為字串長度 n，因此時間複雜度為 O(n)。

刷題 31：驗證進出堆疊結果序列是否合理　　難度：★★

問題：給定兩個序列，序列一 pushed 是 push 的順序，例如 1

2 3、序列二 popped 是資料 pop 出來的順序，例如 2 3 1。資料必須按照 pushed 序列的順序推入堆疊，但 pop 動作可以穿插其中。驗證 popped 是否為 pushed 的可能進出結果。

執行範例 1：輸入 pushed 序列 1 2 3 及 popped 序列 2 3 1，輸出 True

執行範例 2：輸入 pushed 序列 1 2 3 及 popped 序列 3 1 2，輸出 False

解題思考：

1. 本題題意是要我們在堆疊的特性限制下，將 pop 安插在依照 pushed 序列的 push 中，例如以下將 3 個 pop 插入 push(1), push(2), push(3) 中，得到的進出順序 push(1), push(2), pop, push(3), pop, pop 可以取得**執行範例 1** 的 popped 序列 2 3 1。觀察此順序，因第 1 個 pop 緊接在 push(2) 之後，因此可以首先得到 2；接著 pop 緊接在 push(3) 之後，可以接著取得 3；最後一個 pop 取得堆疊僅剩的資料 1。

2. 但如果要得到**執行範例 2** 的 popped 序列 3 1 2，3 要第 1 個出來，必是 1 和 2 已經先被 push 進去，此時順序應是 push(1), push(2), push(3), pop()。但接下來的 pop 只能得到 2，因 1 比 2 先被 push，必定在 2 之下，不可能比 2 先彈出，所以 popped 序列 3 1 2 是不合理的。

3. 根據以上觀察，我們可從 popped 序列來安排進出順序，若存在這樣的順序，代表 popped 序列合理。**執行範例 1** 中 popped 為 2 3 1，先看 popped[0]（= 2），而 2 目前還沒在堆疊裡面，代表要先依序做兩個 push（push(1), push(2)），接著 2 才可能先出來。所以得到前三個進出為 push(1), push(2), pop()。

4. 接著看 popped[1]（= 3），3 尚未進堆疊，因此要先做 push(3)，接著 pop 就可以得到 3。接著看 popped[2]（= 1），1 已在堆疊，因此可做 pop，剛

↓

好 pop 出來的就是 1，此時 popped 剛好看完而且堆疊也為空，因此判
定 popped 序列合理。

5. 接著驗證**執行範例 2** 的 popped 序列３１２是否合理，要讓 popped[0] 為
3，前面的進出必須是 push(1), push(2), push(3), pop，接著 pop 只能得到
2，因此判定 popped 序列３１２不可能對應 pushed 序列１２３。

6. 將演算規則整理如下：

A. 重複做的事：逐一檢視 popped[i]（= x），若 x 不在堆疊中，則依照
pushed 序列逐一執行 push，直到 push 進去的資料就是 x，接著做
一個 pop，如果 x 已在堆疊，則直接做一個 pop。若 pop 出來的元
素值與 x 相等，則通過本圈驗證進到下一圈，否則結束整個演算回
傳失敗。

B. 起始與過到下一迴圈：i 從 0 開始，i+1 過到下一圈。

C. 何時結束：任一圈不通過驗證就結束並回報失敗。i 走完 popped 序
列且都通過驗證，則結束回報成功。

參考解答：

```python
from stackClass import *
def checkSequence(pushed, popped):
  j = 0
  myStack = Stack()
  for i in range(len(popped)):    # 逐一檢視 popped[i] (= x)
    x = popped[i]
    # 當 pushed 序列未用完且 x 未在堆疊中，重複迴圈
    while j < len(pushed) and x not in myStack.item:
      myStack.push(pushed[j])    # 執行 pushed 序列的 push
      j += 1
    if myStack.pop() != x:       # 若 x 已在堆疊中，但 pop 出來不是 x
                                                              ↓
```

```
      return False
   return True

list1 = list(input().split())       # 輸入 1 2 3
list2 = list(input().split())       # 輸入 3 1 2
print(checkSequence(list1, list2))  # 輸出 False
```

效率分析　pushed 和 popped 兩個序列長度一樣是 n，而 for 迴圈重複次數為 popped 序列長度 n，while 迴圈雖然位於 for 裡面，但計數器 j 全部只掃過 pushed 序列 1 次，因此整體時間複雜度為 $O(n)$。

✎ 練習題

4.1　請完成 stackClass 類別的 peek 方法的實作。

4.2　下列有關堆疊資料結構的敘述何者錯誤？
　　(A) 常用於函式的呼叫與返回　(B) 可存放執行副程式時的活動記錄
　　(C) 屬於後進先出的存取限制　(D) 可用圖形實作

4.3　考慮一個堆疊（stack) S，下列程式列印結果為何？
　　for i in range(1, 6): S.push(i)
　　while not S.isEmpty(): print(S.pop())

4.4　下列輸出何者不可能是依序推入 (push) 1, 2, 3, 4 的可能彈出 (pop) 結果：
　　(A) 1, 2, 3, 4　　(B) 3, 4, 2, 1　　(C) 2, 4, 1, 3　　(D) 3, 2, 4, 1

主題 4-B　鏈結堆疊 (Linked Stack)

　　主題 4-A 使用 Python 的 list，也就是陣列的概念來實作堆疊，主題 4-B 則是以鏈結串列來實作堆疊。在鏈結串列中的第一個節點可視為頂端元素，所以 push 和 pop 只是鏈結串列 insert 和 delete 運算的精簡版──push 就是 insert 新節點到串列的頭、pop 就是 delete 第一個節點。

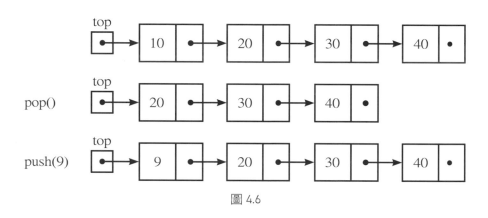

圖 4.6

★ 鏈結堆疊的類別宣告

　　鏈結堆疊的資料部分只需要 top 指標指向頂端元素所在的節點 (記得先前在主題 4-A 中直接使用索引值 "-1" 來取得頂端元素)，而且插入及刪除運算也比一般鏈結串列更簡化 (請與第三章 P3-20 頁的 LinkedList Class 比較)：

```
class ListNode:
  def __init__( self, data=0 ) :
    self.data = data
    self.next = None
class LinkedStack:
  def __init__(self):
```

```
      self._top = None
  def push(self, value):
    new_node = ListNode(value)
    new_node.next = self._top        # 插入新節點於串列前端（堆疊頂端）
    self._top = new_node
  def pop(self):
    p = self._top
    if p:                            # 若串列至少有1個節點
      self._top = p.next             # top 改指向第二個節點，可能是 None
      d = p.data                     # 回傳原第一個節點的資料（頂端）
      del p
    else:                            # 原本就是空堆疊
      d = None                       # 回傳 None
    return d

a = LinkedStack()
# 執行 a.push(40), a.push(30), a.push(20), a.push(10), a.pop(), a.push(9)
```

效率分析 push 和 pop 方法均執行固定次數的敘述，時間複雜度均為
O(1)。

▎主題 4-C　運算式的轉換與計算

✴ 算術運算式

在許多高階的程式語言中，我們常看到「指定敘述」如下：

$$X = A + B * C - (D + E / F)$$

變數 X 被賦予等號右邊式子計算後的值，等號右邊式子稱為「算術運算式」。算術運算式是由「運算元」(operand) 以及「運算子」(operator) 組成的，運算子也就是運算符號，運算時會按照運算子的「優先序」(priority) 依序加以運算。

例如上式 A + B * C − (D + E / F) 中共有 A、B、C、D、E、F 六個運算元，和 '+'、'−'、'*'、'/'、'('、')' 六個運算子。如果 A = 4、B = 2、C = 3、D = 5、E = 6、F = 3，那麼運算過程為：

```
X = 4 + 2 * 3 − ( 5 + 6 / 3 )
  = 4 + 2 * 3 − ( 5 + 2 )        # '/' 優先序大於 '+'
  = 4 + 2 * 3 − 7
  = 4 + 6 − 7
  = 10 − 7
  = 3
```

✴ 運算式的分類

運算式的寫法根據運算子的位置可以分為三種：

1. **中序式 (infix)**：運算子在運算元的中間，例如：A + B。最常見的表示法，我們從小書寫數學式都是使用中序式。

2. **後序式 (postfix)**：運算子在運算元的後面，例如：A B +。又稱為「逆波蘭記法」(Reverse Polish Notation,RPN)，是計算機科學極常見的表示法。

3. **前序式 (prefix)**：運算子在運算元的前面，例如：+ A B。

許多系統程式如作業系統、編譯器等，都會先將「中序式」轉換為「後序式」再加以運算，例如將中序式 A+B*C 轉換成後序式 ABC*+，因為計算後序式的效率比計算中序式的效率好。

範例 4.2　使用堆疊將中序式轉為後序式

比較兩個對應的中序式與後序式，例如 A+B*C 與 ABC*+，可以發現中序式轉後序式後，運算元的相對順序沒有改變，只有運算子改變位置而已。同時如同刷題 31 說明藉由將 pop 安插在適當的 push 順序中，就可以將輸入序列改變成想要的輸出順序（當然有些輸出順序是不可能得到的）。所以將輸入的中序式轉為後序式輸出的演算法，使用到「運算子堆疊」來協助，運算規則如下：

1. 由左而右讀出中序式，一次讀取一個「句元」(token，運算子或運算元)。

2. 如果是運算元，直接輸出到後序式。

3. 如果是運算子，則必須用到運算子堆疊，再依堆疊規則決定 push 或 pop。

4. 中序式讀完之後，如果運算子堆疊不是空的，則將運算子依序 pop 出來輸出到後序式。

5. 運算子堆疊的使用規則：

   - 堆疊規則 A：左括號 '(' 一律 push。

   - 堆疊規則 B：右括號 ')' 需重複 pop 堆疊中的運算子輸出至後序式，直到遇見左括號一同抵銷。

   - 堆疊規則 C：運算子在堆疊中只能優先序大的壓小的。當運算子在進入堆疊之前，必須和堆疊頂端的運算子比較優先序。如果外面的運算子優先序較大，則 push。否則（小於等於）就一直做 pop，直到遇見優先序較小的運算子或堆疊為空，再把外面的運算子 push。

> 因此規則 A 是說左括號在堆疊外優先序最大，可以壓任何運算子。但左括號在堆疊中優先序卻是最小，任何運算子都可以壓它。

以下是將中序式 (A＋B)＊C－D／E 轉成後序式的詳細過程：

處理之中序式句元	處理動作	運算子堆疊	後序式
1. 運算子 '('	❶ 規則 3：必須使用堆疊 . ❷ 堆疊規則 A：直接 Push	(	
2. 運算元 'A'	❶ 規則 2：直接輸出至後序式	(	A
3. 運算子 '+'	❶ 規則 3：必須使用堆疊 ❷ 堆疊規則 C：'+' 的優先序比 '(' 大，故 Push '+'	+ (	A
4. 運算元 'B'	❶ 規則 2：直接輸出至後序式	+ (	AB
5. 運算子 ')'	❶ 規則 3：必須使用堆疊 ❷ 堆疊規則 C：一直 pop，直到遇見 '('，兩者一同抵銷		AB+
6. 運算子 '*'	❶ 規則 3：必須使用堆疊 ❷ 堆疊規則 C：push，因為堆疊為空	*	AB+
7. 運算元 'C'	❶ 規則 2：直接輸出至後序式	*	AB+C
8. 運算子 '－'	❶ 規則 3：必須使用堆疊 ❷ 堆疊規則 C：'-' 的優先序比 '*' 小，故 pop 得到 '*' 並輸出到後序式。接著因堆疊為空，故 push '-'	－	AB+C*
9. 運算元 'D'	❶ 規則 2：直接輸出至後序式	－	AB+C*D
10. 運算子 '/'	❶ 規則 3：必須使用堆疊 ❷ 堆疊規則 C：'/' 的優先序比 '-' 大，故 push '/'	/ －	AB+C*D
11. 運算元 'E'	❶ 規則 2：直接輸出至後序式	/ －	AB+C*DE
中序式已讀完	❶ 規則 4：中序式已經讀完，因此將堆疊中剩餘的運算子依序 pop 到後序式		AB+C*DE/-

```python
from stackClass import *
priority = {'(':0, '+':1,'-':1,'*':2,'/':2}  # 以字典定義運算子及其優先序
def operands(ch):                              # 假設運算元為字母
  if ch.isalpha():
    return True
  return False
def in_to_post(infix):
  myStack = Stack()
  postfix = []
  for token in infix:                          # 掃描中序式每個句元 token
    if operands(token):                        # 規則 2：運算元直接輸出至後序式
      postfix.append(token)
    elif token == '(':                         # 堆疊規則 A：'('一律 Push
      myStack.push(token)
    elif token == ')':                         # 堆疊規則 B：一直 Pop 直到'('
      while not myStack.isEmpty():
        element = myStack.pop()
        if element == '(':
          break
        postfix.append(element)
    elif token in priority:                    # 堆疊規則 C：比較優先序只能大壓小
      while not myStack.isEmpty():
        element = myStack.peek()
        if priority[token] <= priority[element]:
          element = myStack.pop()
          postfix.append(element)
        else:
          break
      myStack.push(token)
  while not myStack.isEmpty():                  # 規則 4：pop 堆疊中剩餘的運算子
    element = myStack.pop()
    postfix.append(element)
  return postfix

in_str = input()
print("".join(in_to_post(in_str)))
```

範例 4.3 使用堆疊計算後序式的值

後序式求值的方法，也需要用到堆疊，但是此堆疊是「運算元堆疊」，也就是只有運算元會用到堆疊。它的規則是：

1. 由左而右讀出後序式，一次讀取一個句元 (token)。

2. 如果是運算元，一律 push 入運算元堆疊。

3. 如果是運算子，則作兩次 pop，第一次 pop 出來的句元是第二運算元，第二次 pop 出來的則是第一運算元。第一運算元和第二運算元根據運算子作適當的運算，結果再 push 回運算元堆疊。

4. 最後的結果會在堆疊的頂端。

以後序式 A B+C*D E / − 為例（假設運算元的值分別是 2,5,4,6,3）：

處理句元	處理動作	運算元堆疊
1. 運算元 'A'	規則 2：直接 push	A (=2)
2. 運算元 'B'	規則 2：直接 push	B (=5) A (=2)
3. 運算子 '+'	規則 3：作兩次 pop，先 pop 出來的 B 為第二運算元，後 pop 出來的 A 為第一運算元，執行 A+B，設為 X，push(X)	X (=7)
4. 運算元 'C'	規則 2：直接 push	C (=4) X (=7)
5. 運算子 '*'	規則 3：作兩次 pop，先 pop 出來的 C 為第二運算元，後 pop 出來的 X 為第一運算元，執行 X*C，設為 Y，push(Y)	Y (=28)
6. 運算元 'D'	規則 2：直接 push	D (=6) Y (=28)

處理句元	處理動作	運算元堆疊
7. 運算元 'E'	規則 2：直接 push	E (=3) D (=6) Y (=28)
8. 運算子 '/'	規則 3：作兩次 pop，先 pop 出來的 E 為第二運算元，後 pop 出來的 D 為第一運算元，執行 D/E，設為 Z，push(Z)	Z(=2) Y (=28)
9. 運算子 '-'	規則 3. 作兩次 Pop，先 Pop 出來的 Z 為第二運算元，後 Pop 出來的 Y 為第一運算元，執行 Y-Z，設為 W，Push(W)	W(=26)
後序式已讀完	規則 4. 後序式已經讀完，堆疊只剩一個元素，即為結果 W(=26)	

```python
from stackClass import *
operand = {'A':2, 'B':5, 'C':4, 'D':6, 'E':3}   # 假設先定義運算元的值
operator = {'+', '-', '*', '/'}                  # 假設只有 4 種運算子
def evaluate(optr, op1, op2):                     # 根據 optr 進行運算
    if optr == '+':
        value = op1 + op2
    elif optr == '-':
        value = op1 - op2
    elif optr == '*':
        value = op1 * op2
    elif optr == '/':
        value = op1 / op2
    return value
def post_evaluate(postfix):                        # 後序式的運算
    myStack = Stack()
    for token in postfix:
        if token in operand:                       # 若此句元為運算元，適用規則 2
            myStack.push(operand[token])
                                                                              ⬇
```

```
    elif token in operator:                      # 若此句元為運算子，適用規則 3
        op2 = myStack.pop()
        op1 = myStack.pop()
        result = evaluate(token,op1,op2)
        myStack.push(result)
    result = myStack.pop()                       # 規則 4
    return result

in_post = input()
print(post_evaluate(in_post))
```

✎ 練習題

4.5　請問 (a / (b-c+d))*(e-a)*c 的後序 (postfix) 表示式為：

    (A) ab/c-d+e*a-c*　　　　　(B) abc-d+/ea-*c*

    (C) abc-d+/e*a-c*　　　　　(D) abc-+d/ea-*c*

4.6　若 A=2, B=3, C=4, D=5, E=9，且後序 (Postfix) 表示式為 ABCD+*E/+，
    則其運算結果為：

    (A) 2　　　　　　(B) 3　　　　　　(C) 4　　　　　　(D) 5

4-2 佇列 (Queue)

▌主題 4-D　佇列的運算

★ 什麼是佇列

　　「佇列」(Queue) 就是排隊等待的隊伍 (佇：等待，列：隊伍)，而排隊的目的是獲得某些資源或服務。佇列和堆疊、串列及陣列一樣，是有序

的資料容器，它也有特別的資料存取規則：在佇列中加入新項目只能從後端加入、刪除原有項目只能從前端進行。將一個項目放入佇列的後端，這個動作稱作「入列」(enQueue)。從佇列前端拿走一個項目，這個動作稱作「出列」(deQueue)：

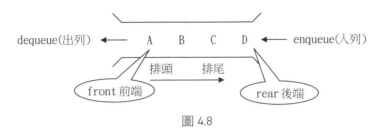

圖 4.8

✶ 佇列的運算

　　加入者從隊伍的後端進入佇列，離開者從隊伍的前端離開佇列，先離開佇列的一定是隊伍中先進來的，這種「先進先出」(first in first out, FIFO) 的現象，正是佇列最重要的特性。有幾種運算可以作用在佇列這種抽象結構上面：

1.　enQueue：把新項目由後端 (rear) 加入佇列（入列）。

2.　deQueue：從佇列的前端 (front) 刪除一個項目（出列）。

3.　isFull：測試佇列是否已滿，已滿為真 (True)，未滿為偽 (False)。

4.　isEmpty：測試佇列是否為空，空時為真 (True)，有資料時為偽 (False)。

　　佇列時常應用在需要排隊等待資源的場合。例如在多工系統中，許多程序輪流共用 CPU 資源，就必須使用佇列來作「工作排程」(scheduling)。

▌　堆疊都嚴格遵守「後進先出」的規則，但是佇列不一定都遵守「先進先出」。例如有些特別的佇列像是「優先佇列」(priority queue)，任何位置的元素都可以出列，只要它有最高的優先權（資訊系統中的 VIP）。

✳ 佇列的類別宣告

使用 Python 的 list 作為資料儲存處，可以假設容量無限制，因此 isFull 均回傳 False，且 rear（取得佇列排尾資料）會指向 list 的長度 len 減 1（或索引值 -1），至於 front（取得佇列排頭資料）就指向索引 0。

item   [0]   [1]   [2]   [3]   [4]

| 10 | 15 | 20 | 25 | 40 | front = 0 , rear = 4

deQueue( )

| 15 | 20 | 25 | 40 | front = 0 , rear = 3

enQueue(19)

| 15 | 20 | 25 | 40 | 19 | front = 0 , rear = 4

圖 4.9

以下實作我們會直接使用索引值，不會特別宣告 front、rear 屬性：

```
class Queue:
  def __init__(self):
    self.item = list()
  def isEmpty(self):              # 檢查佇列是否已空的 method
    return len(self.item) == 0
  def isFull(self):               # 檢查佇列是否已滿的 method
    return False                  # 假設 list 容量無限制
  def enQueue(self, value):       # 加入新資料的 method
    if not self.isFull():
        self.item.append(value)   # 固定附加資料在後端
  def deQueue(self):              # 取出資料的 method
    if not self.isEmpty():
      return self.item.pop(0)     # 固定拿走前端元素
    return None

a = Queue()
```

✳ 運算效率為 O(1)的佇列

　　直接使用 Python list 的 append() 及 pop(0) 來分別進行 enQueue 及 deQueue 的好處是不需要記錄 front 及 rear，而且可以假設佇列空間不受限制可無限 enQueue。但是將前端 front 固定在第 0 個位置的代價是每當 deQueue 後，所有元素都要往前 (左) 移動一格，如同隊伍前面的人買完電影票離開後，後面的人都必須往前移動一樣，這樣的效率是 O(n)，n 是元素個數。如果要讓 deQueue 的效率為 O(1)，前端 front 就不能固定在第 0 個位置，而必須跟著遞增才行。以下圖 4.10 是一系列的 enQueue 和 deQueue (假設佇列最大空間是 7)，這裡使用 size 來判斷空佇列及滿佇列：

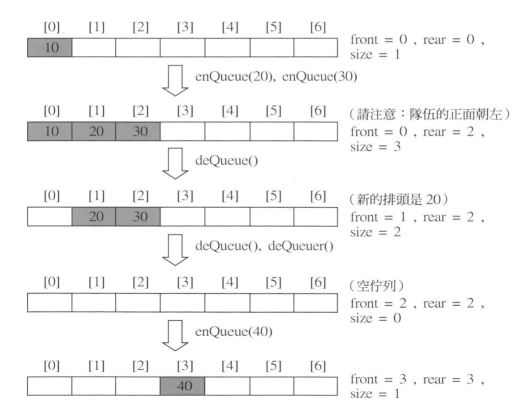

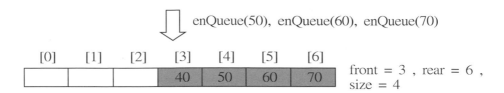

圖 4.10 佇列有 7 個位置、已放 4 個資料卻無法再加入新資料

當我們接著還要 enQueue(80) 時，發現佇列已經無法再加入新的資料，因為 rear 已經碰到右限了。但前面其實還有 3 個空位置（[0]~[2]），而且不管有沒有右限存在，左邊的空位都不能再使用，因為 rear 和 front 一路向右，會將越來越多空位留在左邊前端。

要解決這個問題，需要將佇列的空間看成環狀的，如此便能夠循環使用可用空間了。

刷題 32：實作環狀佇列─效率為 O(1) 的佇列　難度：★★

問題：實作一個最大資料空間為 maxsize 的佇列，支援 enQueue、deQueue、peekFront（看前端資料）、peekRear（看後端資料）、isEmpty、isFull 等運算，且這些運算的效率均為 O(1)。

執行範例：依序執行下表左欄的敘述將得到右欄的結果：

執行敘述	執行結果
a = circularQueue(3)	產生最大空間 k = 3 的環狀佇列
a.enQueue(1)	True
a.enqueuer(2)	True
a.enqueuer(3)	True
a.enqueuer(4)	False
a.peekRear()	3

⬇

執行敘述	執行結果
a.isFull()	True
a.deQueue()	3
a.enQueue(4)	True
a.peekRear()	4

解題思考：

1. 宣告佇列資料屬性 size，當 enQueue 時 size 加 1、當 deQueue 時 size 減 1。而且當 size 等於 maxsize 時佇列為滿、當 size 等於 0 時佇列為空。

2. 要讓線性的儲存空間變成環狀的儲存空間，只要加點想像力，將頭 [0]、尾 [6] 在邏輯上連在一起（假設 maxsize 是 7），例如將圖 4.10 最後的結果想成環狀，變成下圖 4.11，此時 front 記錄排頭的位置、rear 記錄排尾的位置：

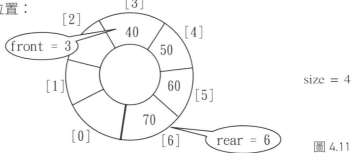

size = 4

圖 4.11

3. enQueue 動作是先將 rear 順時針推進 1 格：(rear + 1) % maxsize，這樣原先若 rear 為 6，下一格就是 (6+1)%7 = 0 了，再將 80 放入 item[rear]（item[0]）即可，同時 size 加 1。因為無須搬移其他資料，只是更新 rear，因此時間複雜度為 O(1)。

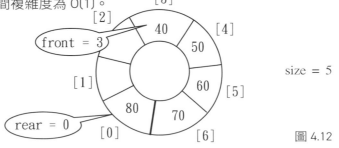

size = 5

圖 4.12

4. deQueue 動作是先將 item[front](item[3]) 資料讀出、size 減 1，再將 front 順時針推進 1 格：(front + 1) % maxsize，這樣若原先 front 為 3，下一格就是 (3+1)%7 = 4。因為無須搬移其他資料，只是更新 front，因此時間複雜度為 O(1)。

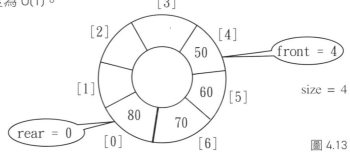

圖 4.13

5. 初設空佇列時 front 為 1、rear 為 0。這樣初設的目的是不須另外考慮由空佇列增加一個資料時的特殊狀況。如果 front 及 rear 都初設為 0，enQueue 時 rear 往前成為 1、將資料放入 item[rear] 後，還必須額外將 front 加 1 往前跟上 rear，兩者才能同時指向那個既是排頭又是排尾的資料。而當資料數量超過 1 個時卻又不須另外調整 front，因為 front 指到的排頭沒有動。如此造成動作不統一，需要分別考慮。而初設 front 為 1、rear 為 0 時，enQueue 在任何狀況都只需要將 rear 往前推進 1 格後將資料放入 item[rear]，無須動到 front，亦即 enQueue 動作可以有一致性。

6. 當資料只有 1 個時 (此時 front = rear) 執行 deQueue 動作，仍然只要執行將 item[front] 讀出、再將 front 推進 1 格的統一動作，而不須另外考慮 rear，這也是初設 front 為 1、rear 為 0 的好處 — deQueue 動作的一致性。如果堅持空佇列時 front 必須等於 rear，那麼 deQueue 後若變成空佇列，就必須讓 rear 跟上或是讓 front 不往前，必須多執行一些特殊狀況的處理，增加程式的複雜性。

參考解答：

↓

```
class CircularQueue:
  MAX_ITEM = 7                      # 預設的最大空間
  def __init__(self, maxsize=MAX_ITEM):
    self.maxsize = maxsize
    self.item = [0]*maxsize
    self.front = 1
self.rear = self.size = 0
  def isEmpty(self):                # 檢查佇列是否已空的 method
    return self.size == 0
  def isFull(self):                 # 檢查佇列是否已滿的 method
    return self.size == self.maxsize
  def enQueue(self, value):         # 加入新資料的 method
    if self.isFull(): return False  # 佇列已滿，不動作且傳回 False
    self.rear = (self.rear+1) % self.maxsize  # rear 順時針推進 1 格
    self.item[self.rear] = value
    self.size += 1
    return True
  def deQueue(self):                # 取出資料的 method
    if self.isEmpty(): return None  # 佇列為空，無取出
    data = self.item[self.front]
    self.size -= 1
    self.front = (self.front+1) % self.maxsize
    return data
  def peekRear(self):
    if self.isEmpty(): return None
    return self.item[self.rear]
  def peekFront(self):
    if self.isEmpty(): return None
    return self.item[self.front]

a = circularQueue(3)               # 產生一個最大空間為 3 的環狀佇列
```

▍另一個方法也可以不必額外考慮空佇列狀況而有動作的一致性，就是規定 front 指向排頭的前一個空位而非指向排頭，且 deQueue 時要先推進 front 再讀出 item〔front〕。這種方式在判斷排頭位置時要牢記 front 的下一個才是排頭，因此沒有本刷題 front 就是排頭來得直接容易明瞭，但兩種方式都有人採用。

有一種很有趣的問題就是分別使用堆疊和佇列來模擬對方，實作這類問題必須掌握堆疊和佇列的特性，我們來看看下面兩題。

刷題 33：用佇列實作堆疊　　　　　　　　　難度：★

問題：請以佇列實作出堆疊的 push、pop、peek、isEmpty 功能。

執行範例：依序執行下表左欄的敘述將得到右欄的結果：

執行敘述	執行結果
a = StackByQueue()	產生由佇列模擬出來的堆疊
a.isEmpty()	True
a.push(1)	
a.push(2)	
a.push(3)	
a.peek()	3
a.pop()	3
a.peek()	2

解題思考：

1. 假設偽堆疊 push 的順序為 1 2 3，為了要模擬出偽堆疊 pop 的順序 3 2 1，必須讓實際佇列中的順序由頭到尾也是 3 2 1，這樣以實際的 deQueue 來模擬偽堆疊的 pop 時，就會有正確的後進先出順序 3 2 1。此題的技巧是使用兩個佇列，讓資料順序反轉後存於其中一個佇列。

↓

2. 圖 4.14 是偽堆疊已執行 push(1) 及 push(2) 後的結果，外界想像偽堆疊由下而上的資料是 1 2，而實際上資料是以順序 2 1（由前而後）存放在其中一個佇列，假設是 q2，另一個佇列會是空的。此時若執行偽堆疊的 pop，外界期望得到的資料是 2，而實際上我們執行 q2.deQueue 正好達成任務。

外界眼中偽堆疊
的資料存放方式

實際上以佇列實作
的資料存放方式

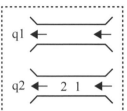

圖 4.14

3. 圖 4.15 中若要執行偽堆疊的 push(3)，只要先將 3 放入空的 q1，接著再逐一將 q2 的資料取出後放入 q1，q1 的順序就會是 3 2 1。

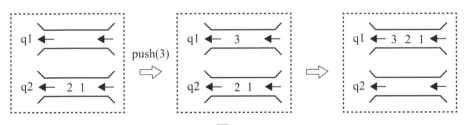

圖 4.15

4. 根據以上的說明，偽堆疊 push(x) 的動作是：將 x 放入空的佇列成為排頭（q1 或 q2 必有一個是空的，另一個佇列儲存反轉好的資料），再從非空的佇列逐一將資料取出後放入此佇列。例如圖 4.15 中偽堆疊執行 push(3)，真正的動作是 q1.enQueue(3)，接著執行兩次 q1.enQueue(q2.deQueue())。

5. pop 動作：從非空的那個佇列取出排頭即可，例如圖 4.15 最右邊執行 q1.deQueue()。

6. peek 動作：與 pop 類似，但只讀取不取出，例如圖 4.15 最右邊執行 q1.peekFront()。

⬇

參考解答：

```
from queueClass import *
class StackByQueue:                         # 以佇列模擬出"偽堆疊"
  def __init__(self):
    self.q1 = Queue()
    self.q2 = Queue()
  def isEmpty(self):
    return self.q1.isEmpty() and self.q2.isEmpty()   # 兩個都空則為空
  def push(self, value):
    if self.q1.isEmpty():                   # 若 q1 為空
      self.q1.enQueue(value)                # 新資料為 q1 排頭
      while not self.q2.isEmpty():          # 逐一從 q2 取出放入 q1
        self.q1.enQueue(self.q2.deQueue())
    else:                                   # 若 q2 為空
      self.q2.enQueue(value)                # 新資料為 q2 排頭
      while not self.q1.isEmpty():          # 逐一從 q1 取出放入 q2
        self.q2.enQueue(self.q1.deQueue())
  def pop(self):
    if not self.q1.isEmpty():               # 若 q1 非空
      return self.q1.deQueue()              # 從 q1 取出排頭回傳
    else:                                   # 若 q2 非空
      return self.q2.deQueue()              # 從 q2 取出排頭回傳
  def peek(self):
    if not self.q1.isEmpty():               # 若 q1 非空
      return self.q1.peekFront()            # 回傳 q1 排頭但不取出
    else:                                   # 若 q2 非空
      return self.q2.peekFront()            # 回傳 q2 排頭但不取出

a = StackByQueue()
# 可執行 a.isEmpty(), a.push(1), a.push(2), a.peek(), a.pop(),
a.peek()…
```

刷題 34：用堆疊實作佇列　　　　　　　　難度：★

問題：請以堆疊實作出佇列的 enQueue、deQueue、peekFront、peekRear、isEmpty 功能。

執行範例：依序執行下表左欄的敘述將得到右欄的結果：

執行敘述	執行結果
a = QueueByStack()	產生由堆疊模擬出來的佇列
a.isEmpty()	True
a.enQueue(1)	
a.enQueue(2)	
a.enQueue(3)	
a.peekFront()	1
a.deQueue()	1
a.peekRear()	3

解題思考：

1. 與刷題 33 類似，需要兩個堆疊方能模擬出偽佇列。假設偽佇列的 enQueue 順序為 1 2 3，那麼在堆疊中由下而上的順序必須是 3 2 1，這樣以 pop 來模擬 deQueue 時，1 才會先出來，而有正確的佇列先進先出順序。問題在於如何使用兩個堆疊讓資料順序反轉而存於其中一個堆疊。

2. 圖 4.16 是偽佇列已執行 enQueue(1) 及 euQueue(2) 後的結果，外界想像偽佇列由前而後的資料是 1 2，而實際上資料是以順序 2 1（由下而上）存放在 s1，s2 會是空的。此時若要執行偽佇列的 deQueue，外界期望得到的資料是 1，而實際上我們執行 s1.pop 正好達成任務。

↓

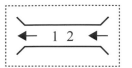

外界眼中偽佇列
的資料存放方式

實際上以堆疊
實作的資料存
放方式

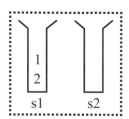

圖 4.16

3. 圖 4.17 若要執行偽佇列的 enQueue(3)，必須使最後堆疊 s1 由下而上的
   順序是 3 2 1。先逐一從 s1 將資料 pop 出來 push 進 s2，再將 3 push 進
   s1，最後再逐一從 s2 將資料 pop 出來 push 進 s1，就可以得到所要的
   結果。

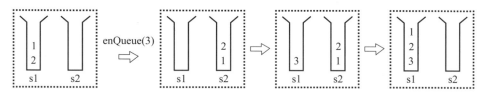

圖 4.17

4. 根據以上說明，enQueue(x) 的動作：先從 s1 逐一將資料 pop 出來並
   push 進 s2(s1 資料是已反轉好的)，再將 x push 進 s1，最後再逐一從
   s2 將資料 pop 出來並 push 進 s1，s1 的順序就會是 x 在底端。與刷題
   33 不同的是，反轉好的資料都會在 s1，亦即 s2 一定是空的，因為作了
   兩次的清空動作，所以資料最後會回到 s1。

5. deQueue 動作：從 s1 pop 出頂端資料即可，它是最早進來的資料。

6. peekFront 動作：執行 s1 的 peek() 即可。

7. peekRear 動作：查看 s1 的 item[0]。

參考解答：

```
from stackClass import *
class QueueByStack:                    # 以堆疊模擬出"偽佇列"
    def __init__(self):
                                                                    ↓
```

```
        self.s1 = Stack()
        self.s2 = Stack()
    def isEmpty(self):
        return self.s1.isEmpty()      # 當堆疊 s1 為空，此"偽佇列"即為空
    def enQueue(self, value):
        while not self.s1.isEmpty(): # 逐一將資料從 s1 pop 出來 push 進 s2
            self.s2.push(self.s1.pop())
        self.s1.push(value)            # 將最後進來資料放入 s1 成為底端
        while not self.s2.isEmpty(): # 逐一將資料從 s2 pop 出來 push 進 s1
            self.s1.push(self.s2.pop())
    def deQueue(self):
        if not self.s1.isEmpty():      # 反轉好的資料固定在 s1
            return self.s1.pop()
    def peekFront(self):
        if not self.s1.isEmpty():
            return self.s1.peek()
    def peekRear(self):
        if not self.s1.isEmpty():
            return self.s1.item[0]


a = QueueByStack()

# 可執行 a.isEmpty(), a.enQueue(1), a.peekFront(), a.deQueue(), …
```

✎ 練習題

4.7　請完成 Queue 類別的 peekFront() 及 peekRear() 方法，功能分別是
　　　查看佇列的前端元素及後端元素。

4.8　請完成 CircularQueue 類別的 peekFront() 及 peekRear() 方法，功
　　　能分別是查看佇列的前端元素及後端元素。

主題 4-E 鏈結佇列

使用鏈結串列來實作佇列，串列的第一個節點可視為前端元素、最末節點當然就是後端元素，所以 enQueue 和 deQueue 只是鏈結串列 insert 和 delete 的精簡版—enQueue 就是 insert 新節點到串列的尾端、deQueue 就是 delete 第一個節點。只要多一個指向最末節點的指標 rear，就可以讓 enQueue 的效率和 deQueue 的效率一樣，都是 O(1)。

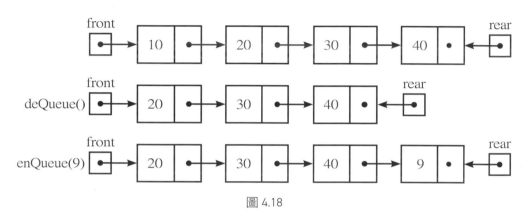

圖 4.18

✴ 鏈結佇列的類別宣告

鏈結佇列的資料部分有 data 及兩個指標 front 及 rear，運算部分則比一般鏈結串列簡化：

```
class ListNode:
  def __init__( self, data=0 ) :
    self.data = data
    self.next = None
class LinkedQueue:
  def __init__(self):
    self._front = self._rear = None
  def enQueue(self, value):                # 新增資料
```

```
    new_node = ListNode(value)
    if self._rear:                      # 若串列原本非空
      self._rear.next = new_node        # 插入新節點成為排尾
    self._rear = new_node
    if not self._front:                 # 若原為空串列則新節點也是排頭
      self._front = new_node
  def deQueue(self):                    # 取出資料
    p = self._front                     # 讓 p 指向排頭
    if p:                               # 若串列原本非空
      if self._front == self._rear:     # 若只有 1 節點則刪除後排尾為 None
        self._rear = None
      self._front = p.next              # 刪除排頭節點
      d = p.data                        # 排頭資料為傳回資料
      del p
    else:                               # 若串列原本為空則無傳回資料
      d = None
    return d

a = LinkedQueue()
# 執行 a.enQueue(40), a.enQueue(30), a.deQueue(), a.peekRear(), …
```

效率分析　enQueue 和 deQueue 方法均執行固定次數的敘述,時間複雜度
　　　　　均為 O(1)。

✎ 練習題

4.9　請完成 LinkedQueue 類別的 peekFront() 及 peekRear() 方法,功能
　　　分別是查看前端元素及後端元素。

MEMO

第**5**章

圖 (Graph)

5-1　圖的定義、資料結構與走訪

主題　5-A　圖的相關定義與名詞
主題　5-B　表示圖形的資料結構
主題　5-C　圖的走訪

5-2　圖形上的貪婪演算法

主題　5-D　最小花費展開樹 (Minimum Cost Spanning Tree)
主題　5-E　最短路徑 (Shortest Path)

5-3　工作網路 (Activity Network)

主題　5-F　頂點工作網路 (Activity on Vertices, AOV Networks)
　　　　　與拓樸排序 (Topological Sorting)
主題　5-G　邊工作網路 (Activity on Edges, AOE Networks)
　　　　　與關鍵路徑 (Critical Path)

5-1 圖的定義、資料結構與走訪

主題 5-A 圖的相關定義與名詞

✦ 什麼是 Graph

　　Graph 在計算機及數學上稱為「圖」，口語上也有不少人稱為「圖形」（因此本書將混用「圖」及「圖形」這兩個通用的稱呼），是應用非常廣泛的資料結構，使用圖形可以很簡潔地描述問題，也能有效率地找到解決問題的方法。圖形常見的應用包括：人工智慧、地理資訊系統、電路分析、通信網路分析、導航系統、晶片設計等。下圖是一個描述朋友關係的圖形，圖中的「點」代表人，而兩個點之間的連「線」則代表兩個人之間是朋友的關係。

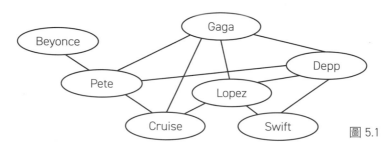

圖 5.1

✦ 圖的定義與分類

　　數學上定義圖形用 G = (V, E) 表示，代表一個圖形是由以下兩個集合組成：

1. **頂點的集合** (Vertices, V)。

2. **邊的集合** (Edges, E)。

> 對於圖形最簡單的領會：圖形是由『點』和『線』構成的物件。

若以邊的性質來區分，圖形可分為兩大類：「無向圖」(undirected graph) 和「有向圖」(directed graph, digraph)。圖 5.2(a) G1 因為邊沒有方向性，所以是無向圖。圖 5.2(b) G2 因為邊有方向性 (有箭頭)，所以是有向圖。

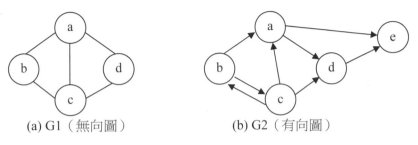

(a) G1 （無向圖）　　　　　(b) G2 （有向圖）

圖 5.2　圖形按照邊的性質分成「有向圖」和「無向圖」

在有向圖中，每個有向邊可以用一個「有序對」來表示。例如圖 5.2(b) G2 中從頂點 a 至頂點的 d 邊，可表示成有序對 <a, d> (不能對調，與 <d, a> 視為不同的邊)。在無向圖中，每個無向邊則是用一個「無序對」來表示。例如圖 5.2(a) G1 中連接頂點 a 與頂點 b 的邊，可表示成無序對 (a, b)，也可寫成 (b, a)，因為兩者是指同一個無向邊。所以 V(G) 表示圖形 G 中頂點的集合。E(G) 表示圖形 G 中邊的集合。因此圖 5.2 中，G1 可以這樣表示：

V(G1) = {a, b, c, d}，E(G1) = { (a,b), (a,c), (a,d), (b,c), (c,d) }

G2 可以這樣表示：

V(G2) = {a, b, c, d, e}，E(G2) = { <a,d>, <a,e>, <b,a>, <b,c>, <c,a>, <c,b>, <d,e> }

▌ FB 使用圖形結構記載用戶資訊，每個用戶是一個頂點，兩點之間的連線代表這兩個用戶是朋友關係，因為朋友是彼此的，所以這個圖是無向圖。

▌ 無向圖的每個邊也可以想成是由來回兩個有向邊複合成的。

✴ 圖形的相關名詞

1. **相鄰 (adjacent)**：如果頂點 v_1 和頂點 v_2 有邊相連，則稱這兩個頂點為「相鄰頂點」(adjacent vertices)。例如圖 5.2(a) G1 的頂點 b 和 a、c 相鄰。在有向圖中，如果 v_1 有邊到 v_2，稱 v_1 相鄰到 v_2，例如圖 5.2(b) G2，頂點 c 相鄰到頂點 a、b、d。

2. **路徑 (path)**：一條路徑是指一個或一個以上連續的邊。例如在圖 5.2(a) G1 中，b → c → a 是一條路徑。同樣在圖 5.2(b) G2 中，b → a → d → e 也是一條路徑。如果頂點 v_1 和頂點 v_2 有路徑可通，則稱這兩個頂點是「**連通的**」(connected)。相鄰的兩頂點一定是連通的，但是連通的兩頂點卻不一定是相鄰的，因為中間可能經過多個頂點。

3. **環路 (cycle)**：如果一條路徑的起點和終點是同一個頂點，這個路徑稱為環路。例如在圖 5.2(a) 中，a → b → c → d → a 是一個環路，環路中任一點都可當作起點。

4. **子圖 (subgraph)**：一個圖形 G = (V, E) 的子圖 G'= (V', E')，則 V' ⊆ V 且 E' ⊆ E，亦即 G' 的頂點是 G 頂點的子集合，G' 的邊也是 G 的邊的子集合。例如下圖 5.3(2)(3) 都是圖 5.3(1) 的子圖，而圖 5.3(4) 則不是，因為邊 (b, d) 不存在於圖 5.3(1) 中。

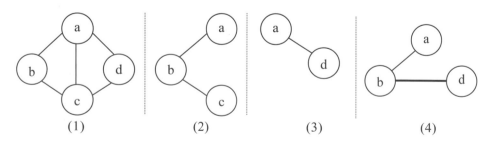

圖 5.3

5. **連通圖 (connected graph)**：如果無向圖中，任何一對不同的頂點 v_1 和 v_2 間都是連通的（都有路徑可通），則稱此無向圖為「連通圖」。針對有向圖而言，如果任何一對不同的頂點 v_1 和 v_2，都有一條路徑從 v_1 到 v_2，同時也有一條路徑從 v_2 到 v_1，則稱這個有向圖為「強連通圖」 (strongly connected graph)。因為在有向圖中，從 v_1 到 v_2 有路徑並不代表從 v_2 到 v_1 也有路徑，因此若是強連通圖則「有來必定有往」。

6. **完全圖 (complete graph)**：如果無向圖 G 中，任何一對不同的頂點 v_1 和 v_2 間都是相鄰的，則稱圖形 G 為完全圖。針對有向圖而言，如果任何一對不同的頂點 v_1 和 v_2，v_1 都有邊到 v_2，同時 v_2 都有邊到 v_1，則稱這個圖為有向完全圖。具有 n 個頂點的無向完全圖有 $n(n-1)/2$ 個無向邊；具有 n 個頂點的有向完全圖有 $n(n-1)$ 個有向邊。很容易看出完全圖必定是連通圖，有向完全圖必定是強連通圖。

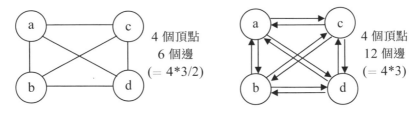

圖 5.4

7. **分支度 (degree)**：在無向圖中，任一個頂點 v_1 如果有 k 個邊相連，則稱頂點 v_1 的分支度為 k。例如圖 5.2(a) 的 G1，頂點 a 的分支度為 3，頂點 b 的分支度為 2。在有向圖中，任一頂點 v_1 如果有 t 個邊出去，則稱頂點 v_1 的「出分支度」為 t。例如圖 5.2(b) 的 G2，頂點 a 的出分支度為 2，頂點 b 的出分支度為 2。如果頂點 v_1 有 m 個邊進來，則稱頂點 v_1 的「入分支度」為 m。例如圖 5.2(b) 的 G2，頂點 a 的入分支度為 2，頂點 b 的入分支度為 1。

5.1 下列圖形何者為 Strongly connected 強連通圖？

(A)   (B)   (C)   (D)

5.2 G 是一個有 5 個頂點 (vertex) 的強連通圖，則 G 至少有多少個邊 (Edge)？

(A)4　　　　(B)5　　　　(C)10　　　　(D)20

5.3 有 n 個頂點的有向圖若沒有環路 (acyclic)，最多可以有幾個邊？

5.4 G 是一個有 n 個端點 (Vertex) 的 " 完全無向圖 "
(Complete undirected graph)，G 的邊 (Edges) 的數目應為：

(A) n^2　　　(B) $n \lg n$　　　(C) $n(n-1)/2$　　　(D) n

主題 5-B　表示圖形的資料結構

　　表示圖形所用的資料結構很多，在此介紹最常用的兩種：「鄰接矩陣」(adjacency matrix) 和「鄰接串列」(adjacency list)，並且使用圖 5.5 為例介紹。

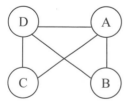

(a) G1（無向圖）

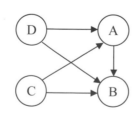

(b) G2（有向圖）

圖 5.5 是稍後說明用鄰接矩陣或鄰接串列來表示圖形的範例，可先在書頁摺個小角，方便翻閱對照。

圖 5.5

✳ 1. 鄰接矩陣

鄰接矩陣是用矩陣的元素來表示任一對頂點間是否相鄰，當頂點 i 與頂點 j 相鄰時 M[i][j]=1，不相鄰則 M[i][j]=0。含有 n 個頂點的圖形，它的鄰接矩陣大小是 n 列 ×n 行。如果圖 5.5 G1 頂點 A、B、C、D 分別用 0、1、2、3 來編號，則其相鄰矩陣如下：

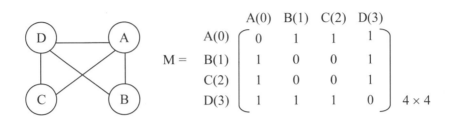

無向圖鄰接矩陣的特性觀察

1.　鄰接矩陣中元素的值只可能是 0 或 1。

2.　主對角線上的元素都是 0 (M[i][i]= 0)，因為頂點不可自成迴路。

3.　由於此圖是無向圖，頂點 A 有邊到頂點 B 代表同時頂點 B 也有邊到頂點 A (事實上是同一個邊)，因此 M [0][1] ＝ 1，表示必定 M [1][0] ＝ 1。亦即對所有範圍內的 i 和 j，M[i][j] ＝ M[j][i]。因此無向圖的鄰接矩陣一定是個「對稱矩陣」(symmetric matrix)。

4.　M 中的非零項共有 10 個，恰好是邊數的 2 倍，原因在於每一個邊各自造成兩個 1，因此 1 的數目被重複算了兩次。

5.　第 0 列共有 3 個非零項，因為頂點 A 有 3 個邊相連，亦即頂點 A 的分支度為 3。同樣第 1 列有 2 個非零項，因為頂點 B 的分支度為 2，因此各列的非零項數目，代表對應頂點的分支度。

　　圖 5.5(b) 有向圖的鄰接矩陣如下：

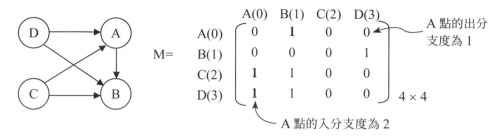

有向圖鄰接矩陣的特性觀察

1. 有向圖的鄰接矩陣不一定是對稱矩陣 (有無可能？)。

2. 同時，M[i][j] 為 1 代表頂點 i 有邊到頂點 j；但是 M[j][i] 不一定為 1，因為頂點 j 不一定同時有邊到頂點 i。因此整個矩陣的非零項的數目，恰好等於有向圖的邊數。

3. 第 0 列有 1 個非零項，代表頂點 A 有 1 個邊出去，亦即頂點 A 的「出分支度」為 1。其餘各列的非零項數目，也分別代表各頂點的出分支度。

4. 第 0 行有 2 個非零項，代表頂點 A 有 2 個邊進來，亦即頂點 A 的「入分支度」為 2。其餘各行的非零項數目，也分別代表各頂點的入分支度。

使用鄰接矩陣的優缺點

以鄰接矩陣來表示圖形，優點是可以藉著對矩陣的運算 (矩陣運算請參考第二章，例如相乘、相加等) 來執行許多圖形演算法。另一個優點是要加入或刪除一個邊時，只需改變某個 M[i][j] 元素的值，相當有效率。

它的缺點是如果頂點數目很多，邊數很少，鄰接矩陣常會成為「稀疏矩陣」，造成記憶體的浪費。例如 Facebook 儲存用戶間朋友關係的資訊時，使用頂點來表示用戶、使用邊來表示朋友關係，則頂點數約為 29.36 億，亦即鄰接矩陣的項數超過 8×10^{18}，因此勢必要有另外的儲存方式。

範例 5.1　鄰接矩陣的類別

以鄰接矩陣儲存的圖形，需要兩個資料屬性：頂點數 n 及矩陣 L（這裡使用 n 個 list 來實作 L，也可以使用 Numpy 的陣列實作）。輸入格式如右：第一列為頂點數 n，接下來 n 列資料為矩陣 L 的鄰接矩陣，例如圖 5.5(a) 的圖形資料如右，第一個數字 4 為頂點數，接下來是 4×4 個 0 或 1。類別宣告如下，其中 read 方法從鍵盤以此格式讀入資料，而 readFile 方法則是從指定的檔案讀入資料：

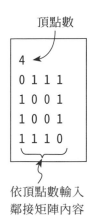

頂點數

```
4
0 1 1 1
1 0 0 1
1 0 0 1
1 1 1 0
```

依頂點數輸入鄰接矩陣內容

```python
class GraphMatrix:
  def read(self):                                   # 從鍵盤讀入鄰接矩陣資料
    self.n = int(input())                           # 第一列為頂點數 n
    self.L = [[] for _ in range(self.n)]            # 初設 L 有 n 個空串列
    for i in range(self.n):                         # 重複 n 列
      self.L[i] = list(map(int,input().split()))    # 從鍵盤讀入 n 個數到第 i 列
  def readFile(self,fileName):                      # 從檔案讀入鄰接矩陣資料
    fp = open(fileName, 'r')                        # 開檔案
    self.n = int(fp.readline())                     # 讀入頂點數 n
    self.L = [[] for _ in range(self.n)]
    for i in range(self.n):                         # 重複 n 列
      self.L[i] = list(map(int,fp.readline().split())) # 從檔案讀 n 個數到第 i 列

g = GraphMatrix()
# 可執行 g.read() 或 g.readFile('graphArray.txt')
```

✴ 2. 鄰接串列

鄰接串列設計的出發點是為了避免儲存空間的浪費，只將各頂點的所有相鄰頂點用一個一個鏈結節點串起來。

下圖是圖 5.5(b) G2 的相鄰串列表示。

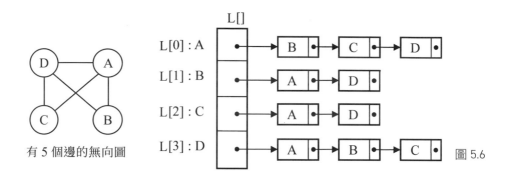

有 5 個邊的無向圖

圖 5.6

無向圖鄰接串列的特性觀察

1. L[0]~L[3] 分別指向頂點 A~D 的相鄰頂點，圖形有幾個頂點就會有幾串。

2. 各串列的總節點數目是邊數的兩倍，圖 5.6 有 10 個節點，是左圖總邊數 5 的兩倍。

3. 各串列的頂點數目代表該頂點的分支度，例如第 0 串共有 3 一個節點，代表頂點 A 有 3 個邊相連，因此頂點 A 的分支度為 3。

有向圖鄰接串列的特性觀察

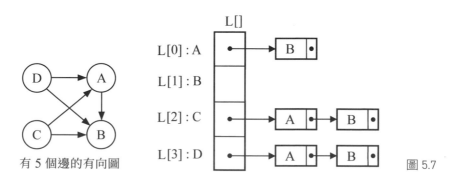

有 5 個邊的有向圖

圖 5.7

1. 所有串列的總節點數為 5，恰好等於總邊數。節點 B 出現在串列 L[0]，代表頂點 A 有一個有向邊到頂點 B。同理頂點 C 有一個有向邊到頂點 A、另一個有向邊到頂點 B，所以 A 和 B 才會出現在頂點 C 的串列。

2. 各串列的頂點數目代表該頂點的出分支度，例如第 0 串有 1 個節點，代表頂點 A 的出分支度為 1。

3. 欲得知各頂點的入分支度，必須掃瞄所有串列，將各節點中的資料數目作分類加總。例如 4 個串列共有 2 個節點 A，因此頂點 A 的入分支度為 2、共有 3 個節點 B，因此頂點 B 的入分支度為 3。

使用鄰接串列的優缺點

鄰接串列的優點最主要是當圖形較為稀疏時，可以節省儲存空間。而且要計算所有頂點的分支度 (degree) 效率為 $O(n+e)$ (包含初設 n 個頂點的分支度為 0，以及走訪所有串列上的所有節點，總邊數 e 通常遠小於 n^2)。而鄰接矩陣要計算所有頂點的分支度的效率是 $O(n^2)$，因為要看遍矩陣中所有元素，並加總每列中元素出現的個數作為該列 (節點) 的分支度。

鄰接串列的缺點是加入或刪除一個邊時，需新增或刪除串列中相關的節點，較沒有效率。

範例 5.2　鄰接串列的類別

以鄰接串列儲存的圖形資料格式，第一列為頂點數 n 及邊數 e，接著是 e 個邊的起點 i 及終點 j。方法 read 及 readFile 分別從鍵盤及檔案讀入資料建立圖形，包括 n 個頂點、e 個邊及串列 L (有 e 列)，例如讀入圖 5.5(a) 的圖形資料如下圖 5.8(a) (假設 A~D 由 0~3 表示)。在此有向圖及無向圖的輸入格式是一樣的，但如果是無向圖，就將每個 " 無向邊 " 看作是一來一往兩個 " 有向邊 " 構成，所以下圖 (a) 無向圖的輸入邊數 $e=10$ 就會是原來邊數 5 的兩倍，與鄰接矩陣的非零項是邊數兩倍一樣。若為有向圖如圖 5.5(b)，輸入邊數 $e=5$ 就是圖 5.5(b) 中原來的邊數，如下圖 5.8(b) 所示。

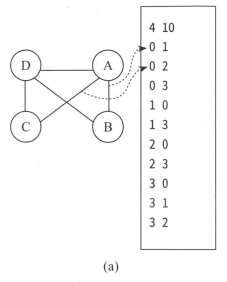

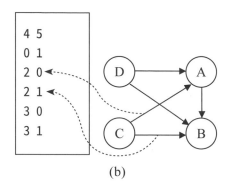

```
4 10
0 1
0 2
0 3
1 0
1 3
2 0
2 3
3 0
3 1
3 2
```

(a)

```
4 5
0 1
2 0
2 1
3 0
3 1
```

(b)

圖 5.8

　　當讀入每個邊的起點 i 及終點 j 時，就在第 i 串新增一個節點 j，如此就新增一個邊到圖形 G 中。這裡直接使用 Python 的 list 來實作串列，也可以用鏈結串列來實作，但前者較為易寫易懂。讀入圖 5.5(a) 的圖形資料產生圖形 g，g 的鄰接串列 g.L 將是 [[1, 2, 3], [0, 3], [0, 3], [0, 1, 2]]，其中 g.L[0] 是第 0 串，儲存頂點 A 的鄰點 [1, 2, 3]，也就是頂點 B, C, D。

```
class GraphList:
  def read(self):                              # 從鍵盤讀入圖形資料
    self.n, self.e = map(int, input().split())   # 讀入點數 n，邊數 e
    self.L = [[] for _ in range(self.n)]         # 宣告 L 有 n 串
    for _ in range(self.e):                      # 讀入 e 個邊
      i, j = map(int,input().split())            # 讀入邊(點 i，點 j)
      self.L[i].append(j)                        # 在第 i 串新增節點 j
  def readFile(self,fileName):                   # 從檔案讀入圖形資料
    fp = open(fileName, 'r')
    self.n, self.e = map(int, fp.readline().split()) # 改為 fp.readline()
```
↓

```
    self.L = [[] for _ in range(self.n)]
    for _ in range(self.e):
      i, j = map(int,fp.readline().split())
      self.L[i].append(j)

g = GraphList()  # 執行 g.read() 或 g.readFile('graphList.txt')
```

✳ 3. 加權圖

加權圖是指一個圖形的每一個邊都對應一個唯一的數值，這個數值稱為此邊的加權 (weight)。圖 5.9 分別是無向加權圖 (左圖 M1)，和有向加權圖 (右圖 M2)。

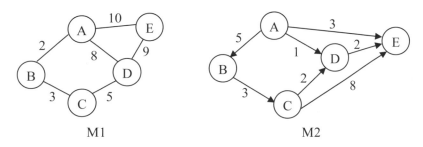

圖 5.9　加權無向圖與加權有向圖

加權圖的鄰接矩陣表示法是：如果頂點 i 到頂點 j 的邊為加權 k，則 $M[i][j] = k$。如果頂點 i 和頂點 j 並不相鄰，則 $M[i][j] = \infty$。並且對所有的 i，定義 $M[i][i] = 0$。因此下圖為兩個加權圖的加權相鄰矩陣。

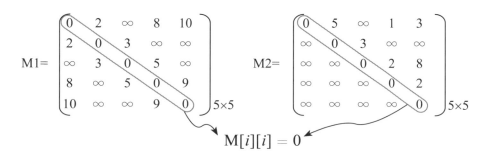

加權圖的鄰接串列表示法，就是串列中每個節點再多一個「加權」欄位。圖 5.10 為上頁圖 5.9(a) 的加權鄰接串列，其中 L[0] 串列中的第一個節點，記載著頂點 A 與頂點 B 的連線加權為 2。

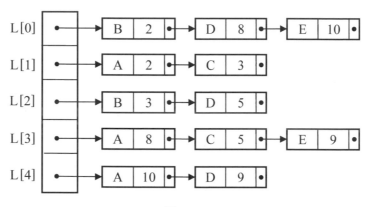

圖 5.10

範例 5.3 加權鄰接串列的類別

以加權鄰接串列儲存的圖形，其資料格式為：第一列頂點數 n、邊數 e，接著是串列 L（有 e 列），但串列 L 中每個節點要多存此節點所代表之邊的加權。方法 read 及 readFile 分別從鍵盤及檔案讀入資料建立圖形，例如讀入圖 5.9 M1 的圖形資料，讀入第一列頂點數 $n=5$ 及邊數 $m=12$（無向加權圖圖形輸入的邊數是實際邊數的 2 倍），接下來讀入 12 個邊的起點 u、終點 v、以及邊 (u, v) 的加權 w，第一個邊是頂點 A 到頂點 B，加權為 2。

當讀入每個邊的起點 u、終點 v 及加權 w 時，就在第 u 串新增一個節點 (v, w)，如此就新增一個加權邊到圖形 G 中。

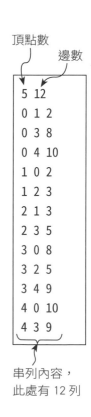

頂點數

邊數

```
5 12
0 1 2
0 3 8
0 4 10
1 0 2
1 2 3
2 1 3
2 3 5
3 0 8
3 2 5
3 4 9
4 0 10
4 3 9
```

串列內容，
此處有 12 列

```
class WtGraph:
  def read(self):
    self.n, self.e = map(int, input().split())
    self.L = [[] for _ in range(self.n)]
    for _ in range(self.e):
      u, v, w = map(int,input().split())    # 讀入邊(點 u, 點 v, 加權 w)
      self.L[u].append((v,w))
  def readFile(self,fileName):
    fp = open(fileName, 'r')
    self.n, self.e = map(int, fp.readline().split())
    self.L = [[] for _ in range(self.n)]
    for _ in range(self.e):
      u, v, w = map(int,fp.readline().split())
      self.L[u].append((v,w))

g = WtGraph()
# 執行 g.read() 或 g.readFile('wtGraphList.txt')
```

刷題 35：檢查是否為星形圖　　　　　難度：★

問題：給定一個無向圖，請檢查此圖是否為星形圖。
星形圖的定義是有一個頂點與其它所有頂點相鄰，但
其他所有頂點彼此都不相鄰。

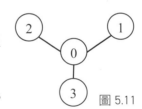

圖 5.11

執行範例：輸入圖 5.11 的鄰接串列資料，輸出 True。

解題思考：

1. 如範例 5.2 所述，無向圖輸入時邊數 e' 會是圖中邊數 e 的 2 倍。

2. 星形圖的條件有三個：

   (1) 所有頂點中只有一個頂點的分支度是 n-1

   (2) 其餘 n-1 個頂點的分支度是 1

   (3) 邊數 e 是頂點數 n 減 1，因此在鄰接串列的圖形 g 中，邊數 g.e (e')
   　　 是頂點數 g.n 減 1 的 2 倍。

```
if g.e == 2*(g.n-1) and num_star == 1 and num_other == g.n-1:
  return True
```

其中 num_star 為節點分支度 n-1 的個數、num_other 是節點分支度 1
的個數

3. 逐一檢視鄰接串列的每一串，遇到有 n-1 個鄰點（分支度為 n-1) 的點，
   num_star 就加 1，遇到有 1 個鄰點（分支度為 1) 的點，num_other 就加
   1，全都看完之後使用第 2 點的判斷式去檢驗即可。

```
for v in g.L:
  if len(v) == g.n - 1:
    num_star += 1
  elif len(v) == 1:
    num_other += 1
```

參考解答：

```
from GraphList import *
def isStar(g):
  num_star = 0
  num_other = 0
  for v in g.L:          # 逐一檢視每一個串列 v
    if len(v) == g.n - 1:
      num_star += 1
    elif len(v) == 1:
      num_other += 1
  if g.e==2*(g.n-1) and num_star==1 and num_other==g.n-1:
    return True
  return False

g1 = GraphList()
g1.read()
print(isStar(g1))
```

效率分析 若頂點數為 n、邊數為 e，在鄰接串列中算出各串的長度，最多走完所有串列，需時 $O(e)$，每串（每個頂點）都要看過，需時 $O(n)$，所以時間複雜度為 $O(n+e)$。

✎ 練習題

5.5 假設以 " 鄰接序列 "(adjacency list) 來表示一具有 n 個頂點 (vertex) 及 e 個邊 (edge) 的無向圖 (undirected graph)，則欲計算該圖有多少邊 (edge) 的演算法之複雜度 (complexity) 至少應為：

(A) $O(n)$　　(B) $O(n \log n)$　　(C) $O(e+n)$　　(D) $O(e \log n)$

5.6 假設 G=(V,E) 是一個有 n 個頂點的無向圖 (undirected graph)，$n >= 1$，M 是 G 的相鄰矩陣 (adjacent matrix)。請問下列何者不正確？

(A) M 是一個 2 維 $n \times n$ 的陣列

(B) M 是對稱的

(C) 頂點 i 的分支度是矩陣中第 i 行元素的和

(D) G 的邊數為 $\displaystyle\sum_{i=1}^{n}\sum_{j=1}^{n} M(i,j)$

主題 5-C　圖的走訪

　　圖形的走訪 (traversal)，或稱遍歷，是指從某個指定的頂點 v_s 為起點，有系統地逐一「拜訪」(visit) 頂點 v_s 所能到達的每個頂點。例如由圖形來呈現某些網頁間的連結狀況，是以頂點代表網頁 (web page)、邊代表連結 (link)，走訪此圖形就是以首頁為起點，一一拜訪（閱讀）連結出去的網頁。系統性走訪的順序有兩種：「廣度優先」(Breadth First Search, BFS) 和「深度優先」(Depth First Search, DFS)。

★ 廣度優先 BFS

「廣度優先」的走訪順序，是以某個指定的頂點 v_s 為起點，拜訪和 v_s 相鄰的所有頂點 v_x。然後再拜訪更外一層的頂點，也就是與 v_x 相鄰的所有頂點。接著再往更外層，直到所有連通頂點都被拜訪過為止。BFS 走訪順序類似病毒傳播的模式，從群體中第一個發病者做為起點，其密切接觸者是第一波的傳染對象，接著再往外層 (密切接觸者的密切接觸者)，逐步傳播。

如果以 v_0 為起點對下圖作 BFS 走訪，則其中一組頂點拜訪順序為：

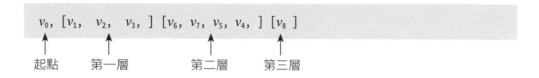

這不是唯一的順序，因為 v_1、v_2 和 v_3 同屬 v_0 的相鄰頂點，三個頂點都可能先被拜訪，但每一層不會跨越，例如第二層的頂點不能在第一層任何頂點之前，而最後一層只有 v_8，所以一定是最後一個拜訪的頂點。

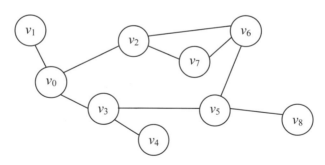

圖 5.12　用來說明 BFS 走訪的無向圖

由內而外、一層一層走訪的概念，正是廣度優先的重要特性，這個特性剛好可以用具有「先進先出」特性的「佇列」來協助。以下是 BFS 演算法的虛擬碼及流程圖提供學習者對照之用，演算法是先將起點放入佇列，接著進入迴圈，從佇列取出頂點，若此頂點未被拜訪則拜訪之，並將其相鄰的未訪頂點放入佇列。迴圈結束於佇列為空時，整個演算法也隨之結

束。因為佇列是先進先出的順序，所以起點最先進佇列也會最先被拜訪，而起點的鄰點緊隨在後，如此一層一層完成 BFS 要求的順序。

‧ BFS 演算法虛擬碼

BFS 演算法：對圖形 G 進行廣度優先走訪 (指定起點 v_s)
　　　將 v_s 放入佇列
　　　當佇列非空時，重複迴圈
　　　　　從佇列取出一頂點 v_x
　　　　　若 v_x 未被拜訪
　　　　　　　拜訪 v_x
　　　　　　　將所有與 v_x 相鄰且未被拜訪的頂點放入佇列
　　　迴圈結束
演算法結束

‧ BFS 演算法的流程圖

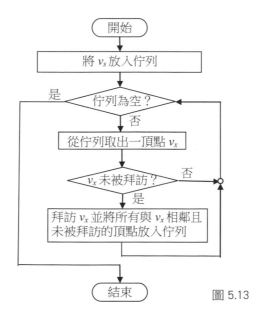

圖 5.13

　　對圖 5.12 以 v_0 為起點進行 BFS 演算法時，佇列變動的過程列出如下 (假設編號小的先進入佇列)：

動作順序與說明	佇列 (queue)	已拜訪頂點
0. 初始狀態	(front)　　(rear)	無
1. enQueue(v_0)	v_0	無
2. deQueue 得 v_0，拜訪 v_0，enQueue 所有與 v_0 相鄰且未被拜訪的頂點 (v_1, v_2, v_3)	v_1, v_2, v_3	v_0
3. deQueue 得 v_1，拜訪 v_1，沒有任何頂點與 v_1 相鄰且未被拜訪的	v_2, v_3	v_0, v_1
4. deQueue 得 v_2，拜訪 v_2，enQueue 與 v_2 相鄰的未訪頂點 (v_6, v_7)	v_3, v_6, v_7	v_0, v_1, v_2
5. deQueue 得 v_3，拜訪 v_3，enQueue 與 v_3 相鄰的未訪頂點 (v_4, v_5)	v_6, v_7, v_4, v_5	v_0, v_1, v_2, v_3
6. deQueue 得 v_6，拜訪 v_6，enQueue 與 v_3 相鄰的未訪頂點 (v_5, v_7)	v_7, v_4, v_5, v_5, v_7	v_0, v_1, v_2, v_3, v_6
7. deQueue 得 v_7，拜訪 v_7，沒有任何與 v_7 相鄰的未訪頂點	v_4, v_5, v_5, v_7	v_0, v_1, v_2, v_3, v_6, v_7
8. deQueue 得 v_4，拜訪 v_4，沒有任何與 v_4 相鄰的未訪頂點	v_5, v_5, v_7	v_0, v_1, v_2, v_3, v_6, v_7, v_4, v_4
9. deQueue 得 v_5，拜訪 v_5，enQueue 與 v_5 相鄰的未訪頂點 (v_8)	v_5, v_7, v_8	v_0, v_1, v_2, v_3, v_6, v_7, v_4, v_5
10. deQueue 得 v_5，v_5 已拜訪	v_7, v_8	同上，無新增
11. deQueue 得 v_7，v_7 已拜訪	v_8	同上，無新增
12. deQueue 得 v_8，拜訪 v_8，沒有任何與 v_{48} 相鄰的未訪頂點	空	v_0, v_1, v_2, v_3, v_6, v_7, v_4, v_5, v_8
13. 佇列已空，停止		

刷題 36：廣度優先走訪圖形　　　　　　　　　難度：-

問題：給定一個圖形及起點，從起點作廣度優先走訪，列出走訪順序。

執行範例：輸入圖 5.12 的鄰接串列資料、以 v_0 為起點；輸出 0 1 2 3 6 7 4 5 8 ↓

解題思考：

1. 以範例 5.2 的 GraphList 類別為基礎，增加一個類別方法 BFS。

2. 依照 BFS 演算法流程圖或虛擬碼實作 BFS 方法。

3. BFS 函式除了使用第四章的佇列類別 queueClass 之外，也使用 visited[] 記錄各頂點是否已被拜訪，初設均為 False，隨著走訪過程逐一將已被拜訪頂點 v_x 對應的 visited[x] 設為 True，同時將 v_x 附加到 visitOrder 中。

參考解答：

```
from queueClass import *        # queueClass 請參考第四章
class GraphList:                # 參考 P5-12 頁
  ...
  def BFS(self, vs):
    q = Queue()
    visited = [False]*self.n   # 記錄各頂點是否已被拜訪，初設為 False
    visitOrder = []            # 記錄頂點走訪的順序
    q.enQueue(vs)
    while not q.isEmpty():
      vx = q.deQueue()
      if not visited[vx]:
        visited[vx] = True
        visitOrder.append(vx)  # 新走訪頂點 $v_x$
        for vy in self.L[vx]:  # enQueue $v_x$ 所有未被走訪的鄰點 $v_y$
          if not visited[vy]:
            q.enQueue(vy)
    return visitOrder

g = GraphList()
g.readFile('graph5-12.txt')
print(g.BFS(0))
```

在鄰接串列中搜尋相鄰點總共最多走完所有串列，需時 $O(e)$，e 為邊數，佇列處理每個頂點需時 $O(n)$，n 為頂點數，所以時間複雜度為 $O(n+e)$。

刷題 37：測試無向圖中的兩頂點 是否存在路徑（連通） 難度：★

問題：給定一個無向圖、起點 v_s 及終點 v_d，測試起點是否可以走到終點。

執行範例 1：輸入下圖的鄰接串列資料，起點 v_0、終點 v_8，輸出 True。

執行範例 2：輸入同樣的圖形資料，起點 v_0、終點 v_{10}，輸出 False。

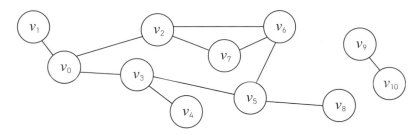

解題思考：

1. 以上一刷題的 BFS 為基礎加以修改，首先將起點 v_s 放入佇列，每走訪到任一頂點 v_x 時，測試 v_x 是否與終點 v_d 相等，若相等則代表 v_s 到 v_d 有路徑，回報 True。當佇列為空結束迴圈時，代表從 v_s 可以走到的頂點都已走完卻尚未走到終點 v_d，回報 False。

2. 修改後的 BFS 函式也須使用 visited[] 記錄各頂點是否已被拜訪，但不需要 visitOrder 記錄走訪順序。

```
from queueClass import *        # queueClass 請參考第四章
class GraphList:
  ...
  def BFS_Test(self, vs, vd):
```

```
    q = Queue()
    visited = [False]*self.n   # 記錄各頂點是否已被拜訪，初設為 False
    q.enQueue(vs)              # 從起點 v_s 開始
    while not q.isEmpty():
      vx = q.deQueue()
      if vx == vd:             # 走到終點 v_d
        return True
      if not visited[vx]:
        visited[vx] = True
        for vy in self.L[vx]: # enQueue v_x 所有未被走訪的鄰點 v_y
          if not visited[vy]:
            q.enQueue(vy)
    return False

g = GraphList()
g.readFile('graph#37.txt')
src, dst = map(int, input().split())
print(g.BFS_Test(src, dst))
```

效率分析 同一般的 BFS，時間複雜度為 O($n+e$)。

▌ 此題也可以使用將要介紹的 DFS 方式解題，請參考刷題 40。

✦ 深度優先 DFS

「深度優先」的走訪順序，是從任一指定的起點 v_s 開始，選擇和 v_s 相鄰的某一頂點 v_x 繼續做深度優先走訪，再選擇和 v_x 相鄰的頂點 v_y 做深度優先走訪，…。當到達某個頂點 v_u，它所有相鄰頂點都已被拜訪過而無法繼續前進深入時，必須回到 v_u 的上個拜訪頂點，繼續作深度優先走訪。這種走訪方式好像在作「亞馬遜河流域探險」，探險者從出海口開始作起點，選一條支流溯溪「深入」，能深入時就任選一條深入，不能深入時則退後

「回溯」(backtracking)，再繼續從剛才沒選中的另一條支流深入，如此即可有系統地走完整個流域。以 v_0 為起點對圖 5.14 做 DFS 走訪，其中一組走訪順序是：

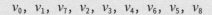

$$v_0, \ v_1, \ v_7, \ v_2, \ v_3, \ v_4, \ v_6, \ v_5, \ v_8$$

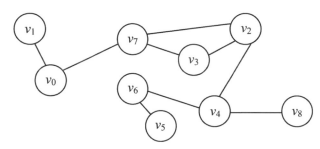

圖 5.14　說明 DFS 走訪的圖形

範例 5.4 DFS 遞迴版

從 DFS 的走訪定義來看 (能深入就深入，不能深入就回溯)，非常吻合下述的遞迴演算法，因為遞迴呼叫相當於深入，從呼叫返回相當於回溯：

```
演算法 DFS(v_x)：對圖形 G 進行遞迴版 DFS 深度優先走訪頂點 v_x
    拜訪 v_x
    對所有與 v_x 相鄰且未被拜訪的頂點 v_y，重複迴圈
        遞迴呼叫 DFS(v_y)
    迴圈結束
演算法結束
```

以 v_0 為起點對圖 5.14 執行遞迴版 DFS 走訪的過程如下：

```
呼叫 DFS(v_0)
    拜訪 v_0 ----------------------------------------------------------------(1)
    呼叫 DFS(v_1)
        拜訪 v_1 ------------------------------------------------------------(2)
    呼叫 DFS(v_7)
        拜訪 v_7 ------------------------------------------------------------(3)
        呼叫 DFS(v_2)
            拜訪 v_2 --------------------------------------------------------(4)
            呼叫 DFS(v_3)
                拜訪 v_3 ----------------------------------------------------(5)
            呼叫 DFS(v_4)
                拜訪 v_4 ----------------------------------------------------(6)
                呼叫 DFS(v_6)
                    拜訪 v_6 ------------------------------------------------(7)
                    呼叫 DFS(v_5)
                        拜訪 v_5 --------------------------------------------(8)
                呼叫 DFS(v_8)
                    拜訪 v_8 ------------------------------------------------(9)
```

　　往右縮排代表深入遞迴呼叫，例如在函式 $DFS(v_0)$ 中呼叫 $DFS(v_1)$。往左歸位就是回溯到上一層呼叫它的函式，例如在 $DFS(v_1)$ 中，拜訪完 v_1後並沒有相鄰的未訪點可以深入，所以回溯到 $DFS(v_0)$ 的迴圈中，繼續 v_0下一個可深入鄰點 v_7。因此在同一個垂直位置代表屬於同一層函式的迴圈中被呼叫，例如 $DFS(v_1)$ 和 $DFS(v_7)$ 同屬於 $DFS(v_0)$ 在迴圈中所呼叫的函式。

刷題 38：深度優先走訪圖形　　　　　　　　　難度：-

問題：給定一個圖形及起點，從起點作深度優先走訪，列出走訪順序。

執行範例：輸入圖 5.14 的鄰接串列資料、以 v_0 為起點；輸出一組 DFS 順序。

⬇

解題思考：

1. 以範例 5.2 的 GraphList 類別為基礎，增加一個類別方法 DFS，並依照遞迴版 DFS 演算法虛擬碼實作 DFS 方法。

2. DFS 進行中必須記錄各頂點的狀況，分別是 " 未拜訪 "、" 走訪中 "、" 已拜訪 "，為方便記憶將之取名為 " 未拜訪 "：白色、" 走訪中 "：灰色、" 已拜訪 "：黑色。在類別 GraphList 中宣告 3 個常數資料成員：WHITE, GREY, BLACK。

```
class GraphList:
  ...
  WHITE, GREY, BLACK = range(3)
```

3. 當執行到 DFS(v) 時，若 v 不是白點就不做任何事，否則就設定 v 為灰點，代表將由 v 繼續深入，當 v 的鄰點都已探索完畢返回時，離開 DFS(v) 前最後作的一件事就是設定 v 為黑點，就可以回溯到呼叫 DFS(v) 的頂點，最終回到主程式，亦即呼叫 DFS(v_s) 之處（v_s 是 DFS 起點）。

4. 一開始 n 個頂點都是白點，DFS 整個結束後，起點走得到的頂點都成了黑點，DFS 遞迴過程中，有些點是灰點（由它往下深入中）、有些點是黑點（已完成深入並已回溯）。之所以要將頂點分成 3 個狀態有很多作用，例如在偵測圖形是否存在環路時將會用到（見刷題 42 及 44）。

參考解答：

```
class GraphList:
  ...                            # 參考 P5-12 頁
  WHITE, GREY, BLACK = range(3)  # 宣告 3 個類別常數
  def DFS(self, v):
    if self.colorV[v] == self.WHITE: # 頂點 v 為白點 (未走訪)
      self.colorV[v] = self.GREY     # 設定 v 為灰點 (走訪中)
      self.visitOrder.append(v)      # 將 v 附加到走訪順序
      for j in self.L[v]:            # 對每個 v 的鄰點 j
        if self.colorV[j] == self.WHITE: # 若 j 為白點
```

↓

```
        self.DFS(j)              # 深入探索 j
    self.colorV[v] = self.BLACK  # v 的鄰點都已走訪完，設定 v 為黑點

g = GraphList()
g.readFile('graph5-14.txt')
g.colorV = [g.WHITE]*g.n       # 在類別定義之外也可宣告 g 的資料成員
g.visitOrder = []
vs = int(input())       # 輸入起點 vs
g.DFS(vs)               # 由 vs 開始進行 DFS
print(g.visitOrder)     # 輸出 DFS 走訪順序
```

效率分析 在鄰接串列中搜尋相鄰點總共最多走完所有串列，需時 $O(e)$，
最多每個頂點都被遞迴呼叫到，需時 $O(n)$，所以時間複雜度為
$O(n+e)$。

範例 5.5　DFS 堆疊版

在第四章曾提到堆疊的應用之一就是處理回溯，只要在深入之前將欲
返回位置推入堆疊，即可在欲回溯之時彈出 (pop) 來時路，因此 DFS 演算
法也有使用堆疊的版本，它的流程幾乎和 BFS 一樣，只是使用的資料結構
由佇列改為堆疊，可與 P5-19 頁 BFS 的虛擬碼對照：

・DFS 演算法虛擬碼

```
DFS 演算法：對圖形 G 進行深度優先走訪 (指定起點 vs)
    將 vs 放入堆疊
    當堆疊非空時，重複迴圈
        從堆疊取出一頂點 vx
        若 vx 未被拜訪
            拜訪 vx
            將所有與 vx 相鄰且未被拜訪的頂點放入堆疊
    迴圈結束
演算法結束
```

對圖 5.14 以 v_0 為起點進行 DFS 演算法時，堆疊變動的過程列出如下（假設編號小的先進入堆疊，請注意堆疊平躺且開口在右）：

動作說明	堆疊 (stack)	已拜訪頂點
0. 初始狀態	(bottom)　　　　(top)	無
1. push(v_0)	v_0	無
2. pop 得 v_0，拜訪 v_0，push 所有 v_0 相鄰未訪點 (v_1, v_7)	v_1, v_7	v_0
3. pop 得 v_7，拜訪 v_7，push 所有 v_7 的相鄰未訪點 (v_2, v_3, v_6)	v_1, v_2, v_3, v_6	v_0, v_7
4. pop 得 v_6，拜訪 v_6，push 所有 v_6 的相鄰未訪點 (v_4, v_5)	v_1, v_2, v_3, v_4, v_5	v_0, v_7, v_6
5. pop 得 v_5，拜訪 v_5，push 所有 v_5 的相鄰未訪點（無）	v_1, v_2, v_3, v_4	v_0, v_7, v_6, v_5
6. pop 得 v_4，拜訪 v_4，push 所有 v_4 的相鄰未訪點 (v2, v_6, v_8)	v_1, v_2, v_3 v_2, v_6, v_8	v_0, v_7, v_6, v_5, v_4
7. pop 得 v_8，拜訪 v_8，push 所有 v_8 的相鄰未訪點（無）	v_1, v_2, v_3 v_2, v_6	v_0, v_7, v_6, v_5, v_4, v_8
8. pop 得 v_6，v_6 已拜訪	v_1, v_2, v_3, v_2	v_0, v_7, v_6, v_5, v_4, v_8
9. pop 得 v_2，拜訪 v_2，push 所有 v_2 的相鄰未訪點（無）	v_1, v_2, v_3	v_0, v_7, v_6, v_5, v_4, v_8, v_2
10. pop 得 v_3，拜訪 v_3，push 所有 v_1 的相鄰未訪點（無）	v_1, v_2	v_0, v_7, v_6, v_5, v_4, v_8, v_2, v_3
11. pop 得 v_2，v_2 已拜訪	v_1	v_0, v_7, v_6, v_5, v_4, v_8, v_2, v_3
12. pop 得 v_1，拜訪 v_1，push 所有 v_1 的相鄰未訪點（無）		v_0, v_7, v_6, v_5, v_4, v_8, v_2, v_3, v_1
13. 佇列已空，停止		v_0, v_7, v_6, v_5, v_4, v_8, v_2, v_3, vv_1

　　堆疊版 DFS 只需將頂點分為兩種狀態：已拜訪、未拜訪，因此如同
BFS，只需使用 visited[v]，當 visited[v] 為 True 代表頂點 v 已拜訪、
visited[v] 為 False 代表頂點 v 未拜訪。程式實作如下：

```
from stackClass import *
class GraphList:                    # 參考 P5-12 頁
  ...
  def DFS(self, vs):
    s = Stack()
    visited = [False]*self.n
    visitOrder = []
    s.push(vs)
    while not s.isEmpty():
      vx = s.pop()
      if not visited[vx]:
        visited[vx] = True
        visitOrder.append(vx)
        for vy in self.L[vx]:
          if not visited[vy]:
            s.push(vy)
    return visitOrder
g = GraphList()
g.readFile('graph5-14.txt')
print(g.DFS(0))
```

效率分析 在鄰接串列中搜尋相鄰點總共最多走完所有串列，需時 $O(e)$，
　　　　堆疊處理每個頂點需時 $O(n)$，所以時間複雜度為 $O(n+e)$。

問題：給定一個有向圖或無向圖，檢查是否存在由指定起點至指定終點的路徑。

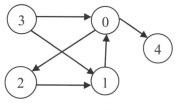

圖 5.15

執行範例 1：輸入圖 5.15 的鄰接串列資料，起點 3 終點 4，輸出 True，因頂點 3 可到頂點 4。

執行範例 2：圖形資料同圖 5.15、起點 4 終點 1，輸出 False，因頂點 4 無法到頂點 1。

解題思考：

1. DFS 函式稍微修改成 hasPath 函式，由起點 start 以 DFS 的順序走訪圖形 g 是否可到終點 target。呼叫 hasPath 函式前先設定旗標 findFlag 為 False，執行 hasPath 函式後若 findFlag 為 True 代表有路徑。

```
g.findFlag = False
g.hasPath(start,target)
print(g.findFlag)
```

2. 當走訪到的頂點 u 就是 target 時，就可以設定 findFlag 為 True，代表 start 到 target 有路徑，不須再深入了。

```
if u == target:
    self.findFlag = True
```

但若全部可到的頂點都拜訪過仍然沒到 target，代表沒有路徑。

3. 遞迴版 DFS 無法像非遞迴函式一樣隨時 return 就結束，因為遞迴呼叫過程中 return 的只是目前的函式，要完全結束還需一層一層返回到第

↓

一個呼叫層。所以在執行 hasPath(*u*, target) 時，一開始若發現 *u* 等於 target，就可以設定 findFlag 為 True，並且 return 停止深入回到上一層。

4. 往下遞迴呼叫的迴圈中，如果在任一個深入處找到終點，那麼就不需要往別的未訪鄰點深入，而是立即 return 回到上一層。因此在迴圈中必須檢查 findFlag，以免做白工。

```
class GraphList:                        # 參考 P5-12 頁
  ...
  def hasPath(self, u, target):
    if self.colorV[u] == self.WHITE:
      self.colorV[u] = self.GREY
      if u == target:                   # u 等於 target 表示已找到路徑
        self.findFlag = True
        return                          # 停止深入，回溯到上一層
      for v in self.L[u]:               # 對 u 的每個鄰點 v
        if self.findFlag == True:       # 已找到路徑，停止深入剩下的 v
          return
        if self.colorV[v] == self.WHITE: # 若 v 為未訪點則遞迴深入 v
          self.hasPath(v, target)
      self.colorV[u] = self.BLACK       # 深入都已回來，設定 u 為已訪點
g = GraphList()
g.readFile('graph5-15.txt')
start, target = map(int, input().split())
g.visited = [False]*g.n                 # 新增 g 的物件資料 visited[]
g.findFlag = False                      # 新增 g 的物件資料 findFlag
g.findPath(start,target)
print(g.findFlag)
```

效率分析 與 DFS 相同，時間複雜度為 O(*n*+*e*)。

刷題 40：檢查圖形是否為連通圖　　　　　　難度：★★

問題：給定一個無向圖，檢查是否為連通圖。

執行範例：輸入右圖 5.16 的鄰接串列資料（實線部份）。輸出 False，因為並非任一對頂點都連通，例如頂點 3 就走不到頂點 4。但若頂點 0 與頂點 1 之間有邊（如圖虛線處），則會輸出 True，因為加入此邊後此圖將變為連通圖。

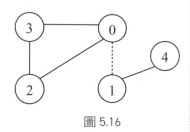

圖 5.16

解題思考：

1. 由任一頂點為起點，以 DFS 方式走訪。

2. 若走完一個 DFS 之後，還有頂點尚未被拜訪過，代表這個無向圖不是連通圖。

```python
class GraphList:                      # 參考 P5-12 頁
  ...
  def isConnected(self):
    self.DFS(0)   # 以任一頂點為起點作 DFS 均可，在此為 v_0
    if self.colorV.count(self.WHITE):  # 尚有未訪頂點，此圖非連通圖
      return False
    return True

g = GraphList()
g.read()
g.colorV = [g.WHITE] * g.n            # 初設所有頂點都是未訪的白點
print(g.isConnected())
```

効率分析　與 DFS 相同，時間複雜度為 $O(n+e)$。

刷題 41：檢查有向圖是否有死結　　　　　難度：★

問題：給定一個有向圖，檢查是否存在死結。死結是兩個以上的有向邊形成的環路，在作業系統代表互相等待釋放資源的程序所構成的僵局。

執行範例：輸入圖 5.17(a) 的鄰接串列資料。輸出 True，因存在 0 → 2 → 1 → 0 的環路。

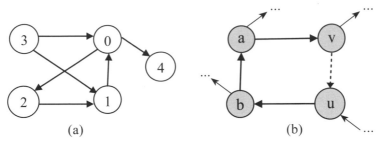

(a)　　　　　　　　　　　　　　　(b)

圖 5.17

解題思考：

1. 此題為刷題 38 的延伸。最重要的判斷依據是當進行 DFS 走訪時，若走訪到某頂點 v，卻發現 v 的鄰點 u 顏色為 GREY（灰點），就代表有環路。例如在圖 5.17(b) 中，根據刷題 38 DFS 演算法，當 u 要深入到 b 前會先設定 u 為灰點、由 b 深入到 a 以及從 a 深入到 v 時也都會設定 b 及 a 為灰點，因此若從 v 想要沿著邊 (v, u) 向 u 深入時，會發現 u 為灰點，也就是發現環路，也就是走訪過程中若再經過「走訪中」的頂點，就會形成環路。

2. 以圖 5.17(a) 為例來說明這個判斷依據。一開始頂點 0~4 都是白點，若以頂點 0 為起點呼叫 DFS，頂點 0 在呼叫 DFS(2) 之前會先將自己設為灰點，接著在頂點 2 呼叫 DFS(1) 之前也先將自己（頂點 2）設為灰點，而在頂點 1 要呼叫 DFS(0) 之前發現頂點 0 是灰點，因此發現環路。因此必須將刷題 38 的 DFS 函式增加這個環路的判斷，改為 DFS2 函式。

↓

```
def DFS2(self, v):
  ...
  for u in self.L[v]:
    if self.findFlag: return
    if self.colorV[u] == self.GREY :
      self.findFlag = True
    else:
      self.DFS2(u)
  ...
```

3. 若走完一個 DFS 之後，還有頂點為尚未拜訪的白點 (unvisitV 不是 0)，
就再從任一白點 *v* 執行另一個 DFS，尋找可能的環路。因此若圖 5.17 一
開始是呼叫 DFS(4)，在頂點 4 就走不出去而結束這個 DFS。接著就要
從其他白點繼續另一個 DFS。如此重複進行 DFS，直到發現環路而設定
findFlag 為 True，或是所有頂點都走過 (已無白點) 而回報 False。

```
unvisitV = self.colorV.count(self.WHITE)
while unvisitV and not self.findFlag:
  v = self.colorV.index(self.WHITE)
  self.DFS2(v)
  unvisitV = self.colorV.count(self.WHITE)
```

參考解答：

```
class GraphList:                              # 參考 P5-12 頁
  ...
  def DFS2(self, v):
    if self.colorV[v] == self.WHITE:          # 若 v 未訪
      self.colorV[v] = self.GREY              # 則設定 v 為走訪中之灰點
      for u in self.L[v]:                     # 對 v 的每一鄰點 u
```

```
            if self.findFlag: return          # 已發現死結，無需再探索
            if self.colorV[u] == self.GREY :   # u 為走訪中
               self.findFlag = True            # 發現死結
            else:
               self.DFS2(u)                    # 遞迴深入 u
         self.colorV[v]= self.BLACK            # v 完成走訪
   def hasCycle(self):
      self.colorV = [self.WHITE] * self.n      # 初設所有頂點為未訪點
      self.findFlag = False                    # 初設未發現死結
      unvisitV = self.colorV.count(self.WHITE)   # 計算未訪頂點數
      while unvisitV and not self.findFlag: # 尚有未訪點且尚未發現死結
         v = self.colorV.index(self.WHITE)         # 任選一未訪點 v
         self.DFS2(v)                              # 由 v 新發起 DFS
         unvisitV = self.colorV.count(self.WHITE) # 更新計算未訪點數
      return self.findFlag

g = GraphList()
g.read('graph5-17.txt')
print(g.hasCycle())
```

効率分析 每個頂點、每個鄰接串列都會檢視，時間複雜度為 O(n+e)。

刷題 42：修課限制是否可行　　　　難度：★★

問題：假設有 n 門課程必須修讀，課程編號 0 ~ n-1，但有 m 個課程修讀順序限制，例如限制 (1, 0) 代表修讀課程 1 之前要先修讀課程 0。請根據輸入的 m 個順序限制判斷這 n 門課程是否可能修讀完成。

執行範例 1：輸入 2 門課、1 個限制 (1, 0)，輸出：True。

↓

執行範例 2： 輸入 2 門課、2 個限制 (1, 0), (0,1)，輸出：False，因這兩個限制互相矛盾，因為修讀課程 1 之前必須先修讀課程 0，且修讀課程 0 之前必須先修讀課程 1—無法修讀任一課程。

解題思考：

1. 本題與上一刷題屬於同一個問題 (判斷有向圖是否存在環路)，n 門課程為編號 0 ~ n-1 的頂點，m 個課程修讀順序限制則是有向圖的邊，限制 (a, b) 表示存在一個有向邊從頂點 a 到頂點 b，也就是課程 b 是課程 a 的先修課。

2. 當這個有向圖存在環路時，代表環路上的課程限制形成死結—矛盾，而無法正確修讀，因此呼叫上一刷題的 hasCycle 後，必須將傳回值反相後才是正確答案。

```
class GraphList:          # 參考 P5-12 頁
  ...
  def DFS2(self, v):
    ...                   # 參考 P5-34 頁
  def hasCycle(self):
    ...                   # 參考 P5-35 頁

g = GraphList()
g.read()                  # 或是 g.readFile (圖形串列檔)
print(not g.hasCycle())
```

刷題 43：檢查無向圖是否有環路 　　　　　　難度：-

問題： 給定一個無向圖，檢查是否存在環路。

執行範例： 輸入圖 5.18 的鄰接串列資料。輸出 True，因存在 0 → 2 → 3 → 0 的環路。

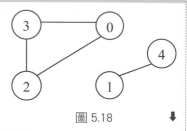

圖 5.18

解題思考：

1. 與刷題 41 類似，若在同一個 DFS 發現頂點 v 的鄰點 u 為拜訪中的灰點，代表有環路。

2. 同刷題 41，可能需重複進行幾次 DFS 走訪，尋找可能的環路。

3. 與刷題 41 不同的是無向圖的邊是雙向的，因此當頂點 v 想要經由邊 (v, u) 深入到其鄰點 u 時，必須先測試邊 (u, v) 是否已走過，若 (u, v) 已走過，v 就不可使用邊 (v, u) 探索頂點 u，因為 (v, u) 和 (u, v) 在無向圖中其實是同一個邊，亦即同一個邊不可以來回都用。若沒有做這個測試，因每個無向邊都是一來一往的有向邊，這樣每個無向邊都會被找出 " 偽環路 "，導致回報錯誤。

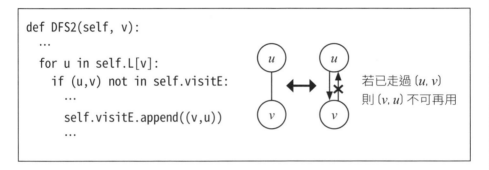

```
def DFS2(self, v):
    ...
    for u in self.L[v]:
        if (u,v) not in self.visitE:
            ...
            self.visitE.append((v,u))
            ...
```

若已走過 (u, v)
則 (v, u) 不可再用

參考解答：

```
class GraphList:                        # 參考 P5-12 頁
    ...
    def DFS2(self, v):
        if self.colorV[v] == self.WHITE:    # 若 v 未走訪
            self.colorV[v] = self.GREY      # 設定 v 走訪中
            for u in self.L[v]:
                if self.findFlag: return    # 已發現環路，無需再探索
                if (u,v) not in self.visitE:    # 邊 (v,u) 的反方向 (u,v) 沒走過
                    if self.colorV[u] == self.GREY :  # 若 u 為走訪中頂點
                        self.findFlag = True    # 發現環路了
```

↓

```
            else:
                self.visitE.append((v,u))          # 將邊 (v,u) 設為已走過
                self.DFS2(u)                        # 遞迴深入 u
        self.colorV[v]= self.BLACK                  # v 完成走訪
    def hasCycle(self):
        self.colorV = [self.WHITE] * self.n         # 初設所有頂點為未訪點
        self.findFlag = False                       # 初設未發現環路
        self.visitE = []                            # 初設所有邊都未走過
        unvisitV = self.colorV.count(self.WHITE)    # 計算未訪頂點數
        while unvisitV and not self.findFlag:       # 尚有未訪點且尚未發現死結
            v = self.colorV.index(self.WHITE)       # 任選一未訪點 v
            self.DFS2(v)                            # 由 v 新發起 DFS
            unvisitV = self.colorV.count(self.WHITE)  # 更新計算未訪點數
        return self.findFlag

g = GraphList()
g.readFile('graph5-18.txt')
print(g.hasCycle())
```

効率分析 每個頂點、每個鄰接串列都會檢視，時間複雜度為 $O(n+e)$。

刷題 44：計算地圖中最大的島 　　　　　難度：★

問題：給定一個有 $m \times n$ 格的地圖，列號 0 ~ m-1、行號 0 ~ n-1，每格的值為 0 代表海洋、1 代表陸地，上下左右鄰接的 1 可以連成更大的陸地。請找出最大陸地的格數。地圖範圍以外的區域可以視為海洋。

執行範例：輸入地圖如下，輸出 6，因為最大區域的陸地共佔 6 格。

↓

1	1	0	0	0	0	0	0	0	0
1	0	0	0	0	0	0	0	0	1
0	0	0	1	0	0	1	1	0	0
0	0	1	1	0	0	0	1	0	0
0	0	1	1	0	0	0	0	0	0
0	0	1	0	0	0	0	0	1	0
0	0	0	0	0	0	1	0	0	0
0	0	0	0	0	0	1	0	0	0

解題思考：

1. 本題與前面各題都不同，是讀入 " 地圖 " 而非圖形的鄰接資料。地圖上值為 1 的格子點 (i, j) 也是圖形上的一個頂點，但 (i, j) 的鄰點只可能是上下左右且值為 1 的點，因此不須將頂點間的相鄰資料儲存成鄰接矩陣或鄰接串列，只要在拜訪到 (i, j) 時往上下左右的陸地點探索即可。這類地圖資料常出現在走迷宮類的問題。

2. 重複做的事：從尚未拜訪的任一陸地點開始進行 DFS 走訪，結束 DFS 時即可獲得這個島的大小（頂點數），因為相鄰的陸地點會在同一個 DFS 走訪中被拜訪到。然後再從未拜訪過的陸地點開始進行另一個 DFS 走訪。記錄各 DFS 回報的數量，隨時更新最大值 maxCount。當地圖上所有的陸地點都被走訪過，就停止整個演算法，maxCount 的值即為最大島的面積。

3. 在每個 DFS(i, j) 中，若 (i, j) 不是陸地點則直接 return 0 結束，否則會往四個方向探索遞迴深入，並將它們回傳的陸地頂點數加總，再加上自己，當作總陸地頂點數回傳給上一層。

4. 陸地點 (i, j) 與其右、下、左、上鄰點的座標差值分別是 [0, 1], [1, 0], [0, -1], [-1, 0]，只要將 (i, j) 加上對應的差值即可得到鄰點的座標，例如 (i, j) 的右鄰點及下鄰點的座標分別為 (i+0, j+1) 及 (i+1, j+0)。

5. 在 DFS(i, j) 中，遞迴深入之前需先將自己位置 (i, j) 的值設為 2，代表為已訪點，才不會在遞迴深入時重複走過自己而錯誤。

↓

```
class MapClass:
  def __init__(self):
    self.fourDir = [[0,1],[1,0],[0,-1],[-1,0]]  # 右、下、左、上的
                                                      座標差值
  def read(self):
    self.m, self.n = map(int, input().split())  # 讀入列數 m、行數 n
    self.A = [[] for _ in range(self.m)]
    for i in range(self.m):    # 讀入 m 列、n 行地圖資料
      self.A[i] = list(map(int,input().split()))
  def readFile(self,fileName):
    fp = open(fileName, 'r')
    self.m, self.n = map(int, fp.readline().split())
    self.A = [[] for _ in range(self.m)]
    for i in range(self.m):
      self.A[i] = list(map(int,fp.readline().split()))
  def MaxArea(self):
    maxCount = 0
    for i in range(self.m):
      for j in range(self.n):
        if self.A[i][j]==1:    # (i, j) 是陸地點
          maxCount = max(maxCount, self.DFS(i,j)) # 以 (i, j) 為
    return maxCount                                      起點做 DFS
  def DFS(self, i,j):
    if not (0<=i<self.m and 0<=j<self.n and self.A[i][j]==1):
      return 0                  # (i, j) 不是陸地點
    self.A[i][j] = 2            # 將自己設為 visited 已訪點
    localCount = 0             # 要往上回報的頂點數
    for x,y in self.fourDir:  # 4 個方向
      localCount += self.DFS(i+x, j+y)  # 加總四個方向回報的頂點數
    return localCount + 1            # 加上自己後往上回報

g = MapClass()
g.readFile('Map44.txt')
print(g.MaxArea())
```

✎ **練習題**

5.7 下列何者不可能是下圖的廣度優先搜尋 (breadth first search) 順序？

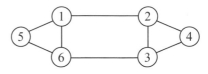

(A) $1 \rightarrow 5 \rightarrow 6 \rightarrow 2 \rightarrow 3 \rightarrow 4$ (B) $1 \rightarrow 2 \rightarrow 6 \rightarrow 5 \rightarrow 4 \rightarrow 3$

(C) $1 \rightarrow 6 \rightarrow 2 \rightarrow 3 \rightarrow 4 \rightarrow 5$ (D) $1 \rightarrow 5 \rightarrow 2 \rightarrow 6 \rightarrow 4 \rightarrow 3$

5.8 下列何者是右圖的深度優先搜尋 (Depth first search) 順序？

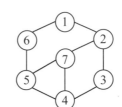

(A) $1 \rightarrow 2 \rightarrow 3 \rightarrow 7 \rightarrow 4 \rightarrow 5 \rightarrow 6$

(B) $1 \rightarrow 2 \rightarrow 7 \rightarrow 3 \rightarrow 4 \rightarrow 5 \rightarrow 6$

(C) $1 \rightarrow 6 \rightarrow 2 \rightarrow 7 \rightarrow 3 \rightarrow 4 \rightarrow 5$

(D) $1 \rightarrow 6 \rightarrow 5 \rightarrow 7 \rightarrow 2 \rightarrow 3 \rightarrow 4$

5-2 圖形上的貪婪演算法

在圖形結構上有許多演算法，我們將介紹兩個歸類於「貪婪法」 (greedy method) 的演算法，分別是「最小花費展開樹」(minimum cost spanning tree, MCST) 以及「最短路徑問題」(shortest path)。

主題 5-D 最小花費展開樹 (MCST)

✴ 數學上的樹

「樹」(tree) 在數學上的定義是：「沒有環路的連通圖」，所以樹是一種特別的圖形 (樹 $\subseteq$ 圖)。下圖可以幫助大家分辨某個圖形是否為樹。

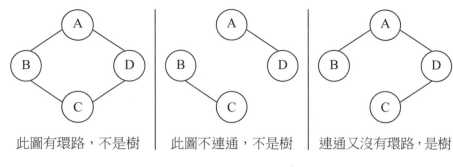

此圖有環路，不是樹 | 此圖不連通，不是樹 | 連通又沒有環路，是樹

圖 5.19

　　所以樹上的邊不能多也不能少，多了會有環路、少了將不連通，剛好是頂點數減 1，例如上圖都有 4 個頂點，恰好 3 個邊才能構成一棵樹，第六章將有說明。

✴ 什麼是展開樹

　　一個連通圖形 G 的「展開樹」(spanning tree) T 定義為：

---

1. T 是 G 的子圖。
2. T 是一棵樹。
3. T 包含 G 的所有頂點。

　　因此若圖形 G 的頂點數是 n，則 T 的頂點數也是 n、邊數是 n-1，且 G 的展開樹可能不只一個，除非圖形 G 本身就是一棵樹：

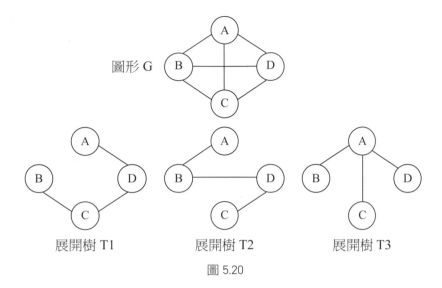

圖 5.20

✦ 最小花費展開樹

如果圖形 G 是加權圖，它的展開樹 T 中所有邊的加權和，稱為此展開樹 T 的「花費」(cost)。在圖形 G 的所有展開樹之中，至少會有一棵展開樹的花費是最少的，稱之為「最少花費展開樹」(minimum cost spanning tree, MCST)。

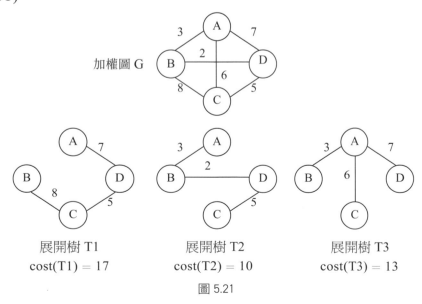

圖 5.21

刷題 45：取得加權圖的最小花費展開樹 MCST　　難度：★

問題：給定一個連通的加權無向圖，找出其 MCST 的 cost。

執行範例：輸入圖 5.21 的加權圖 G 的加權鄰接串列資料，輸出 10。

解題思考：

1. 每次貪婪地選擇加權最小的邊進入 MCST，前提是此邊不能造成環路。

2. 如何開始：初設 MCST 為空集合沒有邊、初設 G 中所有邊為候選邊。

3. 如範例 5.3（見 P5-14 頁），G 中每個邊（起點 u、終點 v、加權 w，會在鄰接串列的第 u 串對應一個節點 (v, w)。fillCandi 函式將鄰接串列的每個邊放入候選邊 candidate，儲存邊的格式為 (w, u, v)，因接著要以 w 排序這些邊，且重複的無向邊只存一個，因 (w, v, u) 和 (w, u, v) 是同一個邊。

```
def fillCandi(self):
  for u in range(len(self.L)):
    for e in self.L[u]:
      v, w = e[0], e[1]
      if (w,v,u) not in self.candidate:
        self.candidate.append((w,u,v))
  self.candidate.sort()
```

4. 重複動作：從候選邊 candidate 中取出最小的邊 edge，測試 edge 加入 MCST 是否會造成環路，若不會造成環路，則將 edge 加入 MCST，並將此邊的加權累加到變數 sum 中。

```
edge = self.candidate.pop(0)
if not self.testCycle(edge):
  self.T.append(edge)
  sum += edge[0]
```

↓

5. 何時結束：當邊數是頂點數減 1 時停止。例如從圖 5.21 的圖形 G 中選擇邊的順序是 (頂點以 0～3 表示)：① (1,3) 加權 2、② (0,1) 加權 3、③ (0,3) 加權 4 但會造成環路所以捨棄、④ (2,3) 加權 5，4 個頂點 3 個邊，總加權為 10。

6. 測試邊 (u,v) 加入 MCST 是否會造成環路的方法：當頂點 u 和頂點 v 同時出現在 MCST 的任意兩個邊中，就會造成環路。例如選出邊 (0, 3) 時，由於頂點 3 及頂點 0 已分別在 MCST 的邊 (1,3) 及 (0,1) 出現，所以加入 (0,3) 會構成環路。

```
def testCycle(self, edge): #edge:(w, u, v)
  findu = findv = False
  for e in self.T:
    if e[1]==edge[1] or e[1]==edge[2]:
      findu = True
    if e[2]==edge[1] or e[2]==edge[2]:
      findv = True
  return findu and findv
```

參考解答：

```
class wtGraph:
  ...                            # 參考 P5-15 頁
  def MCST(self):
    self.T = []                  # 初設 MCST 為空樹
    self.candidate = []          # 初設候選邊串列為空
    self.fillCandi()             # 將所有邊按照加權排序放入候選邊
    sum = 0                      # 初設加權和為 0
    while len(self.T) < self.n-1:
      edge = self.candidate.pop(0) # 取出最小的候選邊 edge
      if not self.testCycle(edge): # 若 edge 加入 MCST 不會造成環路
        self.T.append(edge)      # 將 edge 加入 MCST
        sum += edge[0]           # 將 edge 的加權累加到 sum
```

```
    return sum
  def fillCandi(self):        # 同第 3 點函式內容
    ...
  def testCycle(self,edge):   # 同第 6 點函式內容
    ...

g = WtGraph()
g.readFile('wtGraphList.txt')  # 將加權圖資料讀入加權鄰接串列
print(g.MCST())
```

▌ 這個方法是由 Kruskal 最早提出的,所以稱為 Kruskal 演算法,在演算法的分類上屬於
  " 貪婪演算法 " (請參考第二章主題 2-B),因為每次在選擇候選邊時,總是貪婪地選擇
  加權最小的邊。

▌ 候選邊 candidate 要能提供多次取出最小元素的功能,這種資料結構稱為「優先佇列」
  (priority queue),優先佇列的特性是提供有效率的加入元素及取出「優先元素」的方
  法。這裡使用的是排序後的串列,逐一取出最前端(最小)的元素,第七章將會介紹
  另一種樹狀結構優先佇列一堆積 (heap)。

✎ 練習題

5.8　以 Kruskal 演算法求出右圖
　　　的最少花費展開樹。

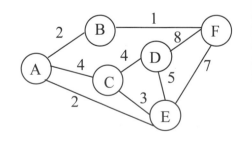

主題 5-E　最短路徑 (Shortest Path)

　　圖形常被用來表示交通路網,「頂點」代表某個地點或路口,「邊」代表道路,而每個邊的加權通常是此邊的長度,常見的應用如導航系統找出兩個地點之間的最短路徑。Dijkstra 提出一個計算指定起點到指定終點最短路徑的演算法,也可以擴充成從一個指定起點到其餘各點的最短路徑,虛擬碼如下,假設加權圖儲存於加權鄰接串列 (參考範例 5.3),而 $w_{vx, vt}$ 代表邊 (v_x, v_t) 的加權:

・Dijkstra 演算法虛擬碼

```
Dijkstra 演算法:求出加權圖形 G 中指定起點 v_s 到指定終點 v_d 的最短路徑
    初設:v_s 至各點 v_t 的已知最短距離 dist[v_t] 為 ∞、且設 dist[v_s] 為 0
    初設:各點均為 "最短距離未定點"
    初設:各點 v 的前一站 prev(v) 為未知 None
    將 (dist[v_s]), v_s) 放入候選點優先佇列 PQ
    當 "PQ 非空" 時,重複迴圈
        從 PQ 中取出已知最短距離 dist 最小的點 v_x
        設定 v_x 為已定點
        若 v_x 等於終點 v_d 則離開迴圈
        逐一測試 v_x 的相鄰未定點 v_t 是否會因 v_x 而變近,若有變近則:
            更新 dist[v_t] 為 dist[v_x] + 邊 (v_x, v_t) 的加權 w_vx, vt
            將 v_x 設為 v_t 的前一站:prev[v_t] = v_x
            將 (dist[v_t], v_t) 放入 PQ
    迴圈結束
演算法結束
```

　　其中測試 v_s 的相鄰未定點 v_t 是否會因 v_x 而變近,可用圖 5.22「三角測試」來理解:

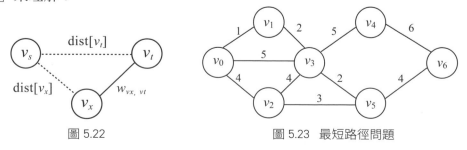

圖 5.22　　　　　　　　　　　　圖 5.23　最短路徑問題

1. dist[v_t] 是從起點 v_s 到 v_t 的目前已知最短距離。

2. v_x 剛從 PQ 取出設為已定點。

3. 測試經由 v_x 及邊 $w(v_x, v_t)$，是否會比較近 (一開始 v_x 有可能就是 v_s)。

✦ 執行過程範例 (圖5.23，起點 v_0、終點v_6)

第 0 階段：

1. 初設 dist[0] ~ dist[6] 分別為：0, ∞ , ∞ , ∞ , ∞ , ∞ , ∞。

2. 初設 prev[0] ~ prev[6] 均為 None。

3. 將 (0, 0) (dist[v_s] , v_s) 放入候選點優先佇列 PQ。

第 1 次迴圈：

1. 從 PQ 選出 (0,0)，因其 dist 最小 (= 0)，設定 v_0 為已定點。

2. v_0 不等於 v_6，尚未到終點。

3. 逐一測試所有的 v_0 相鄰未定點 v_t (有 v_1, v_2, v_3) 是否因 v_0 而變近 (此時 v_0 同時扮演三角測試中 v_s 和 v_x 的角色)，亦即測試 dist[0] $+ w_{v0, vt}$ < dist[v_t] 是否成立。例如 dist[1] 原本是 ∞，但 dist[0] $+ 1 = 1$，亦即 v_1 因 v_0 而變近，因此設定新的 dist[1] $= 1$、prev[1] $= 0$、將 (1，1) 放入 PQ，同理 v_2 及 v_3 也因 v_0 而變近，因此設定新的 dist[2] $= 4$, dist[3] $= 5$、prev[2] $= 0$, prev[3] $= 0$、將 (4, 2) 及 (5, 3) 放入 PQ。

此時候選頂點優先佇列 PQ 為：(1, 1), (4, 2), (5, 3)

dist 和 prev 為：

	[0]	[1]	[2]	[3]	[4]	[5]	[6]
dist[]	0	1	4	5	∞	∞	∞
prev[]	N	0	0	0	N	N	N

圖 5.24

第 2 次迴圈：

1. 從 PQ 選出 (1,1)，因其 dist[1] = 1 最小，設定 v_1 為已定點。

2. v_1 不等於 v_6，尚未到終點。

3. 測試 v_1 相鄰未定點 v_3 是否因 v_1 而變近 (此時 v_1 扮演三角測試中 v_x 的角色)，dist[1]+2(= 3) < dist[3](=5)，因此設定新的 dist[3]= 3、prev[3] = 1、將 (3, 3) 放入 PQ，此時 PQ 為：(3, 3), (4, 2), (5, 3)。

以此類推，再經過 4 個迴圈的計算，最後 dist 和 prev 將成為 . :

	[0]	[1]	[2]	[3]	[4]	[5]	[6]
dist[]	0	1	4	3	8	5	9
prev[]	N	0	0	1	3	3	5

圖 5.25

起點 v_0 到終點 v_6 的最短距離在 dist[6]，其值是 9。

最短路徑的找法：先從 prev[6] 開始，其值是 5，代表 v_6 的前一站是 v_5，再從 prev[5] 為 3 得知 v_5 的前一站是 v_3，再從 prev[3] 為 1 得知 v_3 的前一站是 v_1，再從 prev[1] 為 0 得知 v_1 的前一站是 v_0，再倒回來得知從起點 v_0 到終點 v_6 的最短路徑為 $v_0 \rightarrow v_1 \rightarrow v_3 \rightarrow v_5 \rightarrow v_6$。

刷題 46：取得加權圖的最短路徑　　　難度：★★★

問題：找出加權圖指定起點 v_s 到指定終點 v_d 的最短路徑及最短距離。

執行範例：輸入圖 5.23 的加權鄰接串列資料，指定起點 v_0 終點 v_6。輸出最短距離 9、最短路徑 v_0 v_1 v_3 v_5 v_6。

解題思考：

1. 依照 Dijkstra 演算法，每次貪婪地從未定點中選擇距離最小的點 v_x 成為已定點，並且嘗試更新此點的相鄰未定點 v_t 的距離。當 dist[v_x] + 邊 (v_x, v_t) 的加權 w 小於 dist[v_t] 時，代表找到更快的路，dist[v_t] 更新為新距離、prev[v_t] 更新為 v_x，並且把 (dist[v_t], v_t) 放入候選點優先佇列（見以下第 2 點）。

```
if dist[vx]+ w < dist[vt]:
  dist[vt] = dist[vx] + w
  pq.put((dist[vt], vt))
  prev[vt] = vx
```

2. 這裡使用 Python 的標準套件 queue 中的 PriorityQueue 類別，使用其 put, get, empty 三個方法。put 方法將 (dist(v) , v) 放入候選點優先佇列，get 方法取出優先序最高的元素 (dist(v) 最小的)，empty 方法測試是否為空。也可以使用 list 來實作，但要自行實作取出最高優先元素的功能。

```
from queue import PriorityQueue
pq = PriorityQueue()
pq.put((0, vs))
d, vx = pq.get()
while not pq.empty():
  ...
```

↓

3. 當 prev 已計算完成後，可以如執行過程範例所述取得最短路徑，但因
　其為從終點往前追蹤直到起點，所以使用堆疊來完成順序反轉，亦即
　從終點 dest 開始 push，再逐一將 prev[v] 的值 push 進堆疊，直到起點
　(prev[起點 src] = None)，最後將堆疊中所有的點 pop 出來輸出。

```
def tracePath(prev, src, dest):
  path = Stack()
  path.push(dest)
  v = prev[dest]
  path.push(v)
  while v :
    v = prev[v]
    path.push(v)
  while not path.isEmpty():
    print(path.pop(), end = ' ')
```

參考解答：

```
from WtGraphClass import *
from queue import PriorityQueue
from stackClass import *
def Dijkstra(g, vs, vd):
  dist = [float('inf')] * g.n        # 初設最短距離為無限大
  dist[vs] = 0
  prev = [None] * g.n
  decided = []
  pq = PriorityQueue()
  pq.put((0, vs))
  while not pq.empty():
    d, vx = pq.get()                 # 取出未定點中距離 d 最小的點 $v_x$
    decided.append(vx)               # 設 $v_x$ 為已定點
    if vx == vd:
      break
```

```
    for i in range(len(g.L[vx])):
        vt = g.L[vx][i][0]              # vx 的每個鄰點 vt
        w = g.L[vx][i][1]               # 邊 (vx, vt) 的加權
        if vt not in decided:           # vt 須為未定點
            if dist[vx]+ w < dist[vt]:  # 測試 vx 是否讓 vt 變近
                dist[vt] = dist[vx] + w
                pq.put((dist[vt], vt))
                prev[vt] = vx
    tracePath(prev, vs, vd)
    return dist[vd]

g = WtGraph()
g.readFile('wtGraph5-23.txt')           # 將加權圖資料讀入加權鄰接串列
print(Dijkstra(g, 0, 6))
```

▌ Dijkstra 演算法也屬於「貪婪演算法」，因為每次在選擇候選點時，總是貪婪地選擇已知距離最小的點成為已定點。

✎ 練習題

5.10 將下圖以 Dijkstra 演算法求出頂點 v_0 至各頂點最短路徑及最短距離。

5-3 工作網路 (Activity Network)

▌主題 5-F　頂點工作 (AOV) 網路與 拓樸排序 (Topological Sort)

✴ 什麼是頂點工作網路

　　圖形也常被應用在工程規劃及專案管理，它是以頂點來表示「工作項目」、以邊來表示項目之間的「先後限制關係」，這種有向圖稱為「頂點工作網路」(Activity On Vertex Network, AOV 網路)。例如下圖是描述某個軟體專案中細項工作項目之間的先後限制。

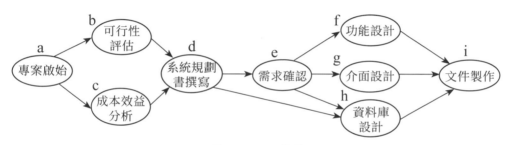

圖 5.26　AOV 網路

✴ AOV 網路頂點間關係

1. 頂點有先後關係，定義圖 5.26 中頂點 a 是其他所有頂點的「前行者」(predecessor)，因為沒有邊指向頂點 a。

2. 頂點 a 有邊指到頂點 b、c，所以頂點 a 是頂點 b 和頂點 c 的「立即前行者」(immediate predecessor)。

3. 頂點 d 是頂點 a、b、c 的「後繼者」(successor)，同時是頂點 b、c 的「立即後繼者」(immediate successor)。

4. 沒有前行者的頂點稱為「源點」(source vertex)，如頂點 a；沒有後繼者的頂點稱為「終點」(sink vertex)，如頂點 i。

5. 凡是有數個立即前行者的頂點，例如頂點 d 有 2 個立即前行者，表示必須等它的每一個立即前行者都完成之後才能輪到它。因此必須頂點 b 和 c 都完成後才能執行 d。

6. AOV 網路必須沒有環路，否則便失去意義，因為會造成循環性的等待，使得沒有一個活動能開始進行。這種沒有環路的有向圖稱為「無環有向圖」(directed acyclic graph, DAG)。

✴ 拓樸排序

要執行上圖這個「專案」(project)，並且假設必須一個項目接著一個項目執行。一開始就可以執行的活動，就是完全沒有前行者的「源點」活動，也就是頂點 a，而且後繼者一定要在它的前行者之後被執行。如此可以推導出一組順序是：a, b, c, d, e, f, g, h, i，這個順序稱為這個圖形的「拓樸順序」(topological order)，得到拓樸順序的過程稱為「拓樸排序」(topological sorting)，因此拓樸排序就是在一個無環有向圖 (DAG) 取得頂點線性順序的方法。

・拓樸排序虛擬碼

```
拓樸排序演算法：輸入 AOV 網路、輸出頂點順序
    當尚有頂點未輸出時，重複迴圈
        尋找一個入分支度為 0 的頂點
        如果找不到則
            此圖有環路，排序失敗
        否則
            輸出此頂點，並刪除此頂點所連出的所有邊
    迴圈結束
演算法結束
```

範例 5.6　取得無環有向圖的拓樸順序

1. **如何開始**：一開始掃描圖 5.26 各頂點 u 的鄰接串列 g.L[u]，計算 u 各鄰點 v 的入分支度，當串列中出現一次 v 代表 u 有邊到 v，所以將 indegree[v] 加 1。接著掃描 indegree 一遍，將入分支度為 0 的頂點 u 放入候選佇列。

```
for u in range(len(g.L)):
  for v in g.L[u]:
    indegree[v] += 1
for u in range(len(indegree)):
  if indegree[u] == 0:
    candidate.enQueue(u)
```

2. **重複工作**：從候選佇列取出一頂點 u 輸出，並將其設為已處理。對 u 往外的所有邊 (u, v)，將頂點 v 的入分支度減 1，若 v 的入分支度因而變為 0，則將 v 放入候選佇列。

```
u = candidate.deQueue()
print(u, end = ' ')
visited[u] = True
for v in g.L[u]:
  indegree[v] -= 1
  if indegree[v] == 0:
    candidate.enQueue(v)
```

3. **何時停止**：當所有頂點都已輸出時，成功結束，若候選佇列已空而尚有頂點未輸出表示有環路，失敗停止。這裡使用 Python 的 all 函式，當 visited 串列的值都是 True 時，all(visited) 會回傳 True，亦即當所有頂點都處理過後會得到 True，反之，not all(visited) 就是 " 不是所

有點都處理過 "，就繼續迴圈。迴圈內檢查 candidate 候選佇列是否為空，若為空則代表有環路讓頂點間互相等待 (刷題 41 定義的死結)。

```python
from queueClass import *
from GraphList import *
def TopSort(g):
  candidate = Queue()
  indegree = [0] * g.n
  visited = [False] * g.n
  for u in range(len(g.L)):          # 掃描每一串列計算各頂點的入分支度
    for v in g.L[u]:
      indegree[v] += 1
  for u in range(len(indegree)):     # 將入分支度為 0 的頂點放入候選佇列
    if indegree[u] == 0:
      candidate.enQueue(u)
  while not all(visited):            # 主迴圈
    if candidate.isEmpty():          # 候選佇列為空，有環路
      return False
    u = candidate.deQueue()          # 從候選佇列取出一頂點 u 輸出
    print(u, end = ' ')
    visited[u] = True
    for v in g.L[u]:                 # u 有邊到 v
      indegree[v] -= 1               # v 的入分支度減 1
      if indegree[v] == 0:           # 若 v 入分支度為 0，v 放入候選佇列
        candidate.enQueue(v)
  return True

g1 = GraphList()
g1.readFile("graph5-26.txt")
if not TopSort(g1):
  print("Cycle found!")
```

本題與刷題 42 是從不同的角度定義的相關問題。本題的解法也可以當作刷題 42 的解法，當呼叫 TopSort() 得到 False 時，就可得知此有向圖存在環路。

✎ **練習題**

5.11　下列何者是下圖的拓樸順序 (topological order) 結果？

(A) 3, 0, 1, 2, 4, 6, 7, 8, 5, 9, 10　　(B) 0, 3, 1, 2, 4, 6, 7, 5, 9, 8, 10

(C) 3, 5, 0, 1, 2, 4, 6, 8, 7, 9, 10　　(D) 0, 1, 2, 3, 4, 5, 6, 7, 8, 9, 10

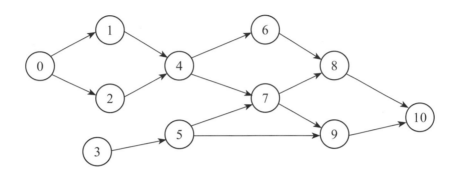

▎主題 5-G　邊工作 (AOE) 網路與關鍵路徑 (Critical Path)

✳ 什麼是邊工作網路

　　與頂點工作網路相對的圖形稱為「邊活動網路」(Activity On Edge Network, AOE 網路)。邊活動網路頂點只是代表狀態，而邊才代表工作活動。以下圖來說明：

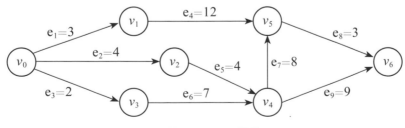

圖 5.27　AOE 網路

頂點 v_0 入分支度為 0（即開工源點），頂點 v_6 出分支度為 0（即完工終點）。圖 5.27 表示一個專案計劃，頂點 v_0 代表宣布開工狀態，而一旦開工之後，邊（工作項目）e_1、e_2、e_3 就可以分頭進行，加權值代表所需的時間。一旦活動 e_1 執行完畢，狀態 v_1 即成立，就可以接著執行活動 e_4。狀態 v_4 的入分支度為 2，代表必須活動 e_5 和 e_6 都完成，狀態 v_4 才算成立，所以對指向同一個頂點的邊而言，先完成部分工作是不夠的，必須等待所有工作都完成後，指向的狀態才算成立。例如 v_4 旗子必須 e_5、e_6 都完成後才能舉起。最後直到 v_6 旗子舉起，整個專案宣告完工。

✱ 關鍵路徑

「關鍵路徑」(critical path) 的計算是 AOE 網路的重點，在關鍵路徑上的任一個邊（工作項目）若是延誤，就會延遲整個專案工期。反之，如果能調配人力物力，提早完成這條路徑上的工作，整個專案工期可能為之提前完工。計算關鍵路徑主要是回答以下兩個問題：

● 整個專案需時多久才能完工？

● 什麼情況下會提前或延後專案的期程？

四個重要的時間

為了解答上面兩個問題，必須定義四個時間：

1. *ev*：earliest time of vertex，頂點最早時間，也就是每個狀態最早可能達到的時間。所以終點的 *ev* 就是整個專案最早可能完成的時間。

2. *lv*：latest time of vertex，頂點最晚時間，也就是每個狀態最晚必須達到的時間。超出此時間表示整個工期延誤。

3. *ee*：earliest time of edge，邊最早時間，也就是每個工作項目能開始
   進行的最早可能時間。

4. *le*：latest time of edge，邊最晚時間，也就是每個工作項目最晚必須
   開始進行的時間。超出此時間將會延誤工期。

・關鍵路徑虛擬碼

```
關鍵路徑演算法：計算一個 AOE 網路的關鍵路徑
  1. 計算 ev
     設定「源點」(沒有前行者的頂點) 的 ev 為 0
     按照頂點的拓樸順序，逐一計算每個頂點 vᵢ 的 ev
       ev[vᵢ] = 最大值{vᵢ 所有前行者 vⱼ 的 ev[vⱼ] + (vᵢ, vⱼ)的邊長}
  2. 計算 lv
     設定「終點」(沒有後繼者的頂點) 的 lv 等於其 ev
     按照頂點的反拓樸順序，逐一計算頂點 vᵢ 的 lv
       lv[vᵢ] = 最小值{vᵢ 所有後繼者 vⱼ 的 lv[vⱼ] − (vᵢ, vⱼ)的邊長}
  3. 計算 le 與 ee
     對每一個邊 eₖ = (vᵢ, vⱼ)：
       ee[eₖ] = ev[vᵢ] 且 le[eₖ] = lv[vⱼ] − eₖ 的邊長
  4. 所有 le 等於 ee 的邊即會構成關鍵路徑
演算法結束
```

範例 5.7　計算 AOE 網路的關鍵路徑

　　輸入圖 5.27 AOE 網路，先算出與頂點有關的 *ev* 和 *lv*，再根據結果算
出與邊有關 *ee* 和 *le*，因為邊 (工作項目) 才是我們關注的對象。

ev 的計算 (按照頂點的拓樸排序順序，逐一計算每個頂點的 *ev*)

1. $ev[0] = 0$，v_0 即刻可以開始，只要一宣告開工即進入此狀態。

2. $ev[1] = ev[0] + |e_1| = 0 + 3 = 3$，因為活動 e_1 需時 3 個時間單位，假設是年，因此第 3 年 v_1 的狀態就可成立，而 e_1 的絕對值代表 e_1 的長度。

3. $ev[2] = ev[0] + |e_2| = 0 + 4 = 4$，因為活動 e_2 需時 4 年。

4. $ev[3] = ev[0] + |e_3| = 0 + 2 = 2$，因為活動 e_3 需時 2 年。

5. $ev[4] = \max \{ ev[2] + |e_5|, ev[3] + |e_6| \} = \max \{4+4, 2+7\} = 9$，雖然第 4 年從 v_2 出發進行活動 e_5，並於第 8 年可完成，但是另一隊人馬在第 2 年從 v_3 開始進行活動 e_6，要到第 9 年始可完成。必須等到兩個活動都完成後，狀態 v_4 才算成立，取最大值 max 的原因在此。

6. $ev[5] = \max \{ ev[1] + |e_4|, ev[4] + |e_7| \} = \max \{ 3+12, 9+8 \} = 17$，同樣地，$v_5$ 的入分支度為 2，必須取兩者的最大值，v_5 的狀態才成立。

7. $ev[6] = \max \{ev[5] + |e_8|, ev[4] + |e_9| \} = \max \{17+3, 9+9\} = 20$。也就是此工程按照計畫，共需 20 年才可宣告完工 (v_6 狀態才成立)。

lv 的計算 (按照頂點的反拓樸順序，逐一計算每個頂點的 lv)

1. 首先設定 $lv[6]$ 為 $ev[6]$ ($= 20$)，因為專案管制是以不延誤工期為原則，理所當然要把 v_6 的最晚時間與最早時間設為相等。

2. $lv[5] = lv[6] - |e_8| = 20\text{–}3 = 17$，因為最晚 20 年必須到達 v_6，而活動 e_8 需時 3 年，因此最晚第 17 年必須由 v_5 出發，否則將會延誤工期。

3. $lv[4] = \min \{ lv[5] - |e_7|, lv[6] - |e_9| \} = \min \{17 - 8, 20 - 9\} = 9$。狀態 v_4 的出分支度為 2，分別是活動 e_7 ($= 8$) 和活動 e_9 ($=9$)，也就是到達狀態 v_4 後，再兵分二路。第一路人馬最晚第 17 年必須到達

v_5 (前面已經算出的 $lv[5]$)，但 e_7 需時 8 年，因此 $17 - 8 = 9$，也就是最晚這一路人馬第 9 年必須由 v_4 出發。而第二路人馬最晚第 20 年必須到達 v_6 (前面也已算出的 $lv[6]$)，而活動 e_9 需時 9 年，$20 - 9 = 11$，因此最晚必須第 11 年由 v_4 出發走 e_9。取最小值的原因在於：選第 9 年由 v_4 出發，走 e_7 和 e_9 都不會延誤到達狀態 v_5 和 v_6 的時間。但是若選第 11 年才由狀態 v_4 出發走 e_7 和 e_9，雖然到狀態 v_6 這一路不會延遲，但到狀態 v_5 卻已經第 19 年，再完成活動 e_8 到狀態 v_6 已經第 $19 + 3 (=22)$ 年，延遲 2 年了。

4.　$lv[3] = lv[4] - |e_6| = 9 - 7 = 2$。

5.　$lv[2] = lv[4] - |e_5| = 9 - 4 = 5$。

6.　$lv[1] = lv[5] - |e_4| = 17 - 12 = 5$。

7.　$lv[0] = \min \{ lv[1] - |e_1|, lv[2] - |e2|, lv[3] - |e_3| \}$

　　　　$= \min \{ 5 - 3, 5 - 4, 2 - 2 \} = 0$。

因此得到：

	[0]	[1]	[2]	[3]	[4]	[5]	[6]
ev[]	0	3	4	2	9	17	20
lv[]	0	5	5	2	9	17	20

圖 5.28

le 和 *ee* 的計算

　　但是 AOE 網路的邊才是工作，因此還必須推算出「工作最早時間」(*ee*) 和「工作最晚時間」(le)。推算的原則是：因為工作 e_1 是邊 (v_0, v_1)，所以 e_1 的最早時間取 v_0 的最早時間 (v_0 狀態一成立，工作 e_1 即可開跑)。而 e_1 的最晚時間，取 v_1 的最晚時間減掉邊長 (工作時間)。因為這樣才來得及符合狀態 v_1 的最晚時間。因此一個工作可開跑的最早時間，取此工作起點的最早時間，而最晚時間取其終點的最晚時間減去邊長。因此：

1. $ee[1] = ev[0] = 0$ (e_1 的起點是 v_0)

   $le[1] = lv[1] - |e_1| = 5 - 3 = 2$ (e_1 的終點是 v_1)

2. $ee[2] = ev[0] = 0$ (e_2 的起點是 v_0)

   $le[2] = lv[2] - |e_2| = 5 - 4 = 1$ (e_2 的終點是 v_2)

3. $ee[3] = ev[0] = 0$ (e_3 的起點是 v_0)

   $le[3] = lv[3] - |e_3| = 2 - 2 = 0$ (e_3 的終點是 v_3)

4. $ee[4] = ev[1] = 3$ (e_4 的起點是 v_1)

   $le[4] = lv[5] - |e_4| = 17 - 12 = 5$ (e_4 的終點是 v_5)

5. $ee[5] = ev[2] = 4$ (e_5 的起點是 v_2)

   $le[5] = lv[4] - |e_5| = 9 - 4 = 5$ (e_5 的終點是 v_4)

6. $ee[6] = ev[3] = 2$ (e_6 的起點是 v_3)

   $le[6] = lv[4] - |e_6| = 9 - 7 = 2$ (e_6 的終點是 v_4)

7. $ee[7] = ev[4] = 9$ (e_7 的起點是 $v4$)

   $le[7] = lv[5] - |e_7| = 17 - 8 = 9$ (e_7 的終點是 v_5)

8. $ee[8] = ev[5] = 17$ (e_8 的起點是 v_5)

   $le[8] = lv[6] - |e_8| = 20 - 3 = 17$ (e_8 的終點是 v_6)

9. $ee[9] = ev[4] = 9$ (e_9 的起點是 v_4)

   $le[9] = lv[6] - |e_9| = 20 - 9 = 11$ (e_9 的終點是 v_6)

計算結果的應用

將所有的 ev, lv, ee, le 整理在下圖 5.28，可以得到：

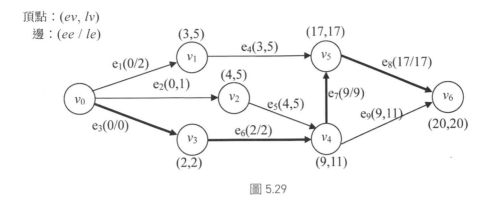

圖 5.29

這個結果透露的訊息是：

1. 每個邊的 *ee* / *le*，說明每個工作的「最早可能開始時間」和「最晚必須開始時間」。例如工作 e_1 = 0 / 2，也就是工作 e_1 最早第 0 年即可展開，但最晚必須在第 2 年展開，否則會延誤工期。請以 3 或 4 為開始執行時間代入網路，驗證專案工期是否延誤。

2. 每個工作的最晚時間減掉最早時間 (*le* – *ee*)，就是此工作的「寬裕時間」(slack time)。代表至多可以延遲開始執行的時間，或是執行中進度的至多落後時間。例如工作 e_1 的 *le* – *ee* = 2 – 0 = 2，代表此工作可以延遲 2 年開工，或是原本作 3 年 ($|e_1|$) 的子工程，最多可再追加 2 年成為 5 年，都不會延誤整個專案工期。

3. 有一條路徑，上面的邊其最晚時間 (*le*) 都等於最早時間 (*ee*)，我們看出是 e_3, e_6, e_7, e_8 ($v_0 \rightarrow v_3 \rightarrow v_4 \rightarrow v_5 \rightarrow v_6$)，這條路徑就是**關鍵路徑** (圖 5.29 粗線)。這個訊息使得我們能夠機動地調配人力、物力，來達成提早完工的目的。例如工作 e_7，$|e_7|$ = 8 (圖 5.27)，它的最早時間等於最晚時間 (= 9)，如果工作進度落後，假設須做 10 年，則到達狀態 v_5 已經第 19 年，再到狀態 v_6 已經第 22 年，延遲工期達 2 年。如果工作 e_7 工程進度超前，假設 7 年即可做好，則到達狀態 v_5 是第 16 年，再到狀態 v_6 才第 19 年，可提早工期一年。

5.12 在 AOE 網路中如圖示，整個計畫共有 14 個活動 a_1, a_2,…, a_{14}，數字表示活動所需天數。整個計畫最早可完成之時間為

(A) 21 　　　 (B) 22 　　　 (C) 23 　　　 (D) 24

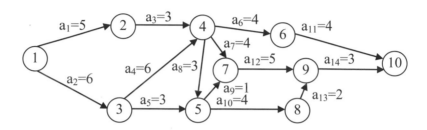

第 **6** 章

樹狀結構

6-1　樹的資料結構與走訪

主題　6-A　　樹的定義及資料結構
主題　6-B　　樹的走訪

6-2　二元樹 (Binary Tree)

主題　6-C　　二元樹的儲存、建立與走訪
主題　6-D　　引線二元樹 (Threaded Binary Tree)
主題　6-E　　二元樹的計數

6-3　搜尋樹 (Search Tree)

主題　6-F　　二元搜尋樹
主題　6-G　　AVL 樹 (高度平衡二元樹)
主題　6-H　　m 元搜尋樹及 B 樹

6-4　樹的應用

主題　6-I　　互斥集合 (Disjoint Set) 與 Union-Find
主題　6-J　　資料壓縮與霍夫曼 (Huffman) 樹

6-1 樹的資料結構與走訪

▌主題 6-A　樹的定義與資料結構

✦ 一般樹 vs. 有根樹

　　第五章介紹了樹是一種特別的圖形，在數學上的定義：沒有環路的連通圖。這種樹稱為「一般樹」(general tree) 或「無根樹」(unrooted tree)，因為每個節點的地位都一樣，但資料結構常用的樹是「有根樹」(rooted tree)，有一個地位特殊的樹根節點，有根樹定義為：

1. 由一個以上節點所組成的有限集合 T，並有一個特定的節點稱為「樹根」(root)。樹根通常畫在一棵樹的最上方。

2. 其餘節點分為 m 個 ($m \geq 0$) 互斥（也就是元素沒有重複）的集合 T_1，…，T_m，每個集合 T_i 都是一棵樹，稱為樹根的「子樹」(subtree)，畫在樹根下方。

　　例如下圖中節點 A 是樹根，它有 3 個子樹，分別是以 B, C, D 為樹根的子樹（子樹也是樹，也有自己的樹根及子樹），所以有根樹（本章以後都只稱 " 樹 "）的定義顯然是遞迴的。

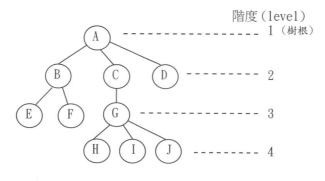

圖 6.1 有根樹

▌常見的樹狀結構很多，諸如家譜、企業職務架構圖、運動比賽賽程等。

✴ 樹的名詞

1. 「內部節點」與「外部節點」：依照節點是否有子樹，將節點分為兩大類：有子樹的節點稱為「內部節點」(internal node)，如節點 A、B、C、G。沒有子樹的節點稱為「外部節點」(external node) 或「樹葉」(leaf)，如節點 D、E、F、H、I、J。

2. 「父節點」與「子節點」：節點 A 是節點 B、C、D 的「父節點」(parent)，節點 B、C、D 稱為節點 A 的「子節點」(children)。同一個父親的節點稱為「兄弟節點」(siblings)，例如節點 B、C、D。父節點到其子節點的邊是有方向性的，因為父子關係不是雙向對稱的，父節點是在子節點之上，所以邊的方向應該都是朝下，只是習慣上不畫出箭頭。一個節點的「祖先節點」是從樹根到這個節點經過的所有節點。因此節點 I 的祖先有 A、C、G。

3. 節點的「階度」：樹根為「第一階」(level 1) 節點，樹根的子節點為第二階，第二階節點的子節點為第三階，以此類推。節點有階度是有根樹與一般樹最大的差異。

4. 樹的「高度」(height)：一棵樹上節點的最大階度稱為此樹的高度，例如圖 6.1 的樹高度為 4。

5. 「樹林」(forest)：一個圖形包含兩棵以上獨立的樹，則稱此圖形為樹林。

✴ 節點數和邊數的關係

如果一棵樹的總節點數為 n，總邊數為 e，則

$$n = e + 1$$

這個性質對所有的樹（有根樹、一般樹）都成立，亦即一棵樹上的節點數目必定比邊數多 1。例如圖 6.1 中，共有 10 個節點和 9 個邊（符合上式 10 = 9 + 1）。因為除了樹根以外每個節點都有一個父節點，就好像每顆櫻桃都有一根蒂頭，這個蒂頭從它的父節點連向它自己。因此節點數會比邊數多 1，而多出來的這個節點就是樹根。正因為邊數恰好是節點數減 1，使得樹具有 " 多一邊則太肥（有環路）、少一邊則太瘦（不連通）" 的性質。這是樹狀結構最重要的一個性質，第五章中的 Kruskal 演算法就曾使用過這個關係式，來決定演算法的終止條件。

✶ 樹的資料結構

既然樹是圖形的一種，所以可使用類似鄰接串列的方式來實作，只是每個節點的串列儲存的是它的子節點。輸入的資料格式通常定為節點數 n 以及 $n-1$ 個父節點到子節點的邊，例如圖 6.1 的輸入資料以及建立的鄰接串列 t.L 分別如下，輸入資料的第 1 排 10 代表有 10 個節點、第 2 排 0 1 代表 A 的子節點有 B（因這裡以 0~9 來表示 A~J），而 t.L[0] 為 [1, 2, 3] 代表 A 有 B, C, D 三個子節點，而 t.L[3] 是空串列則代表 D 是沒有子節點的樹葉，依此類推：

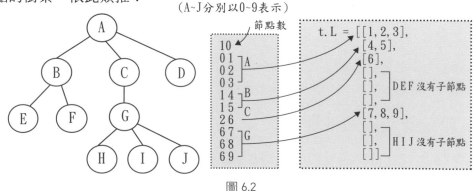

圖 6.2

範例 6.1　建立樹的類別

建立一個 Tree 類別（類似第五章的 Graph 類別），類別方法包含 read 及 readFile，分別從鍵盤及檔案讀入樹的資料，包括節點數 n 以及 n-1 個父節點到子節點的邊，因邊數一定是頂點數減 1，所以不須輸入。讀入資料後建立 n 個子節點串列如上圖 6.2。

```python
class Tree:
  def read(self):                      # 從鍵盤讀入樹的資料
    self.n = int(input())              # 此樹的總節點數 n
    self.L = [[] for _ in range(self.n)] # 宣告 n 個串列
    for _ in range(self.n - 1):        # 讀入 n-1 個邊(i, j)
      i, j = map(int,input().split())  # j 是 i 的子節點
      self.L[i].append(j)              # j 出現在 i 的子節點串列
  def readFile(self,fileName):         # 從檔案讀入樹的資料
    fp = open(fileName, 'r')
    self.n = int(fp.readline())        # input() 改成 fp.readline() 讀檔
    self.L = [[] for _ in range(self.n)]
    for _ in range(self.-1):
      i, j = map(int,fp.readline().split())
      self.L[i].append(j)
  …(其他的類別方法)
```

✎ 練習題

6.1　下列何者不是樹 (tree) 的定義？

　　(A) 樹是邊最少的連通圖 (connected graph)
　　(B) 樹是邊最多的無環路圖
　　(C) 樹是邊為 n-1 的連通圖，刪除任一邊之後為非連通圖
　　(D) 樹是邊為 n 的連通圖，新增一邊之後為環路圖

6.2　下列哪一個資料結構不是線性串列 (linear list)？

　　(A) 樹 (tree)　(B) 佇列 (queue)　(C) 堆疊 (stack)　(D) 陣列 (array)

▌主題 6-B　樹的走訪

　　圖形的 BFS 及 DFS 走訪都適用於樹，只是走訪一棵樹時，起點無法任意指定，只能由樹根為起點開始走訪。如果沒有給定樹根，則必須先找出樹根，再呼叫類似第五章圖形的 BFS 及 DFS 演算法。因為樹根是唯一入分支度是 0 的節點，所以找出樹根的方式是：根據輸入的鄰接串列資料，掃描每一個節點的串列，在串列中遇見一個節點就將其入分支度加 1，例如掃描代表節點 A 的第 0 串，其子節點 B、C、D 的入分支度要各加 1。所有節點的串列都掃描完後，應該只會有一個節點的入分支度為 0，這個節點就是樹根。

　　圖 6.1 執行 BFS 及 DFS 的節點走訪順序如下，BFS 就是由樹根開始一階一階的走訪，而 DFS 則是一路深入到最左下，重複進行 " 往上回溯─往下深入 "，最後回溯回樹根。

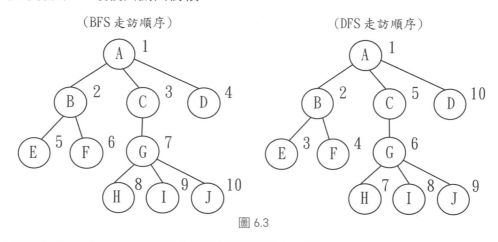

（BFS 走訪順序）　　　　　　　　（DFS 走訪順序）

圖 6.3

刷題 47：樹的 BFS 走訪　　　　　　　　　　難度：★★

問題：給定一個樹狀結構資料（輸入格式同 P6-4 頁），輸出 BFS 廣度優先順序走訪順序。

執行範例：輸入圖 6.1 的資料，輸出 BFS 走訪順序 Ａ Ｂ Ｃ Ｄ Ｅ Ｆ Ｇ Ｈ Ｉ Ｊ。

↓

解題思考：

1. 先設計一個 findRoot 方法找出樹根：掃描所有節點 u 的子節點串列 L[u]，將 u 的子節點 v 的入分支度加 1。最後回傳分支度為 0 的點即為樹根。

```
def findRoot(self):
  indegree = [0] * self.n
  for u in range(self.n):
    for v in self.L[u]:
      indegree[v] += 1
  return indegree.index(0)
```

2. Tree 類別的 BFS 方法與 GraphList 類別的 BFS 方法幾乎一樣。但在樹上進行走訪與在一般圖形進行走訪最大的差異，是在走訪到任一節點 u 時，不須測試 u 是否已被走訪，因為樹上沒有環路，節點 u 只可能由它的父節點深入到 u，不會由其他路徑過來。所以 BFS 函式中不需要 visited[] 來標示，請與第五章圖形的 BFS 做比較。

3. 每次走訪一個節點 u 時，就將 u 附加到 visitOrder 串列，走訪完畢後只要輸出 visitOrder 即可得到 BFS 走訪

```
def printVisitOrder(self):
  for u in self.visitOrder:
    print(chr(ord('A')+u), end = ' ')
```

順序。為了要輸出 A~J 等英文字母而非 0~9 等數字，使用函式 ord('A')+u 將 u 先加上字母 'A' 的 ASCII 碼，再使用函式 chr(ord('A')+u) 轉成字母，例如 u 為 2，就會輸出 'A' 往下 2 個字母，也就是 'C'，如此即可將 0~25 等數字轉成字母 A~Z。

參考解答

```
from queueClass import *          # 使用第 4 章佇列類別
class Tree:                       # 參考 P6-5 頁
  def read(self):                 # 從鍵盤讀入樹的資料
    ...
  def readFile(self,fileName):    # 從檔案讀入樹的資料
    ...                                                    ↓
```

```
    def findRoot(self):              # 找出樹根
      ...                            # 同第 1 點函式內容
    def printVisitOrder(self):       # 輸出 visitOrder 走訪順序
      ...                            # 同第 3 點函式內容
    def BFS(self):
      q = Queue()
      q.enQueue(self.findRoot())     # 找出樹根，放入佇列
      while not q.isEmpty():         # 當佇列非空則重複迴圈
        u = q.deQueue()              # 從佇列取出節點 u
        self.visitOrder.append(u)    # 走訪節點 u
        for v in self.L[u]:          # 將 u 的所有子節點放入佇列
          q.enQueue(v)

t = Tree()
t.readFile('tree6-1.txt')
t.visitOrder = []
t.BFS()
t.printVisitOrder()
```

效率分析 在子節點串列中搜尋子節點總共最多要走完所有串列，需時 $O(e)$，e 為邊數，而處理節點共需時 $O(n)$，n 為節點數，所以時間複雜度為 $O(n+e)$，但因樹的邊數 e 為節點數 n 減 1，所以 $O(n+e)$ 也等於 $O(n)$。

刷題 48：樹的 DFS 走訪   難度：★★

問題：給定一個樹狀結構資料（輸入格式同 P6-4 頁），輸出 DFS 深度優先順序走訪順序。

執行範例：輸入圖 6.1 的資料，輸出 DFS 順序 A B E F C G H I J D。

↓

解題思考：

1. Tree 類別的 DFS 與 GraphList 類別的 DFS 完全相同，但第一次呼叫前須先找出樹根。

2. 使用遞迴版 DFS 可以使程式碼更為簡潔，且可以進行後續更多運算。

3. 對樹進行 DFS 走訪，與 BFS 一樣不需檢查這個節點是否已走訪，同樣因為樹沒有環路，所以只可能由其父節點深入到這個節點。

參考解答

```
class Tree:                        # 參考 P6-5 頁
  ...
  def DFS(self, u):
    self.visitOrder.append(u)      # 先走訪節點 u
    for v in self.L[u]:            # 再以 DFS 順序走訪 u 的各個子樹
      self.DFS(v)

t = Tree()
t.readFile('tree6-1.txt')
t.visitOrder = []
t.DFS(t.findRoot())                # 找出樹根再呼叫 DFS
t.printVisitOrder()                # 輸出走訪順序
```

效率分析　同 BFS，時間複雜度為 O(n) 或 O($n+e$)。

刷題 49：計算樹的高度　　　　　　　　　難度：-

問題：給定一個有根樹資料（輸入格式同 P6-4 頁），輸出此樹的高度。

執行範例：輸入圖 6.1 的資料，輸出此樹的高度 4。

解題思考：

1. 樹的高度就是以 DFS 遞迴往下深入的最大層數，倒過來看也是從樹葉往上回溯直到樹根的最大層數。

2. 如果節點 u 是樹葉則直接回傳高度 1 給它的父節點。若 u 是內部節點，則記錄 u 的各子樹 v 回傳的高度，取最大值後加 1 回傳給它的父節點。例如在圖 6.1，若節點 u 是樹葉 C，就回傳 1，若節點是 B 會回傳 2 給 A，因為 B 的 2 個子節點都回傳 1 給它，取最大值 1 後加 1 回傳 2。A 分別呼叫 3 個子節點分別收到來自 B, C, D 的回傳值 2, 3, 1，取最大值 3，加 1 後回傳 4 給呼叫樹根 A 的主程式，因此得到整棵樹的高度是 4。

參考解答

```
class Tree:                          # 參考 P6-5 頁
   ...
   def findH (self, u):
     if len(self.L[u]) == 0:         # u 是樹葉，直接回傳 1
       return 1
     maxh = 0
     for v in self.L[u]:             # 對 u 的每個子節點 v 遞迴深入
       maxh = max(maxh, self.findH (v))   # 記錄回傳的最大高度
     return maxh + 1                 # 最大值加 1 後回傳(回溯)

t = Tree()
t.readFile('tree6-1.txt')
print(t.findH(t.findRoot()))         # 先找出樹根再呼叫 findH
```

效率分析　findH 就是樹的 DFS，因此時間複雜度為 O(n)。

刷題 50：計算樹的最大距離　　　　難度：★★★

問題：給定一個有根樹資料，輸出此樹的最大距離。一棵樹的最大距離是任一對頂點 u, v 之間，從 u 到 v 經過最多的邊數。以圖 6.1 為例，B 到 D 的距離為 2、E 到 H 的距離為 5，沒有其他距離大於 5，因此此樹的最大距離為 5。

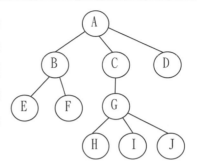

執行範例：輸入圖 6.1（同右圖）的資料，輸出 5，因為從 E 到 H 經過 5 個邊是最多的 (E, F 到 H, I, J 都是 5)。

解題思考：

1. 此題是上一刷題回報高度的延伸，樹葉 v 回報高度 1 給其父節點，而內部節點 u 回報其子節點中高度最大值加 1，給 u 的父節點。例如下圖 6.4(a) 節點 v 回報高度 1 給其父節點 x、圖 6.4(b) 節點 u 回報高度 5 給其父節點 r。

2. 定義產生最大距離的路徑為最大路徑。如果最大路徑經過節點 u，只有兩種可能：第一是從節點 u 的一個子樹的樹葉經過節點 u 轉折到另一個子樹的樹葉，如右圖 6.4(a)，第二種是經過節點 u 往上到其祖先節點再轉折的路徑，如右圖 6.4(b)。例如右圖中的灰色節點即為最大路徑上的點。

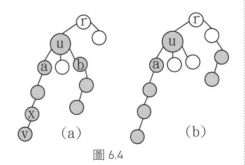

圖 6.4

3. 圖 6.4(a) 是第一種可能（轉折），節點 u 是最大路徑中的轉折點，最大距離是它各個子節點中最大高度與次大高度的和，例如 u 的子節點 a 回報高度 4 為最大，節點 b 回傳高度 3 為次大，因此經過節點 u 的可能最遠距離是 4+3。如果只有一個子樹的節點，其次大高度為 0。

⬇

4. 圖 6.4(b) 是第二種可能（經過），節點 *u* 是最大距離路徑中的一點，它只要回報其父節點 *r* 高度為 5。

5. 因此依 DFS 走訪一個節點時，要做兩件事：(1) 計算子節點中最大高度與次大高度的和，若比目前已知最大距離還大，就更新已知最大距離。(2) 回報它的高度給父節點，協助其父節點完成它自己的距離計算。

6. 依照上述說明，將 DFS 遞迴函式增加上述功能成為 findDis 遞迴函式，在 findDis(u) 中記錄其各個子節點 *v* 的最大高度和次大高度，另外也回傳 *u* 的高度給呼叫它的父節點，好讓它的父節點也能記錄其子節點回傳的高度。

參考解答：

```
class Tree:                         # 參考 P6-5 頁
  …
  def findDis(self, u):
    if len(self.L[u]) == 0:         # 若 u 是樹葉，直接 return 1
      return 1
    first = second = 0
    for v in self.L[u]:             # 對 u 的每一個子節點 v
      h = self.findDis(v)           # v 回傳其高度
      if h > first:                 # 此高度是否大於目前最大高度
        second = first              # 移位
        first = h
      elif h > second:              # 此高度是否大於目前次大高度
        second = h
    self.maxDis=max(self.maxDis,first+second) # 記錄最大的第一種可能值
    return first+1                  # 回報最大高度加上一個邊的高度 1

t = Tree()
t.readFile('tree6-1.txt')
t.maxDis = 0
t.findDis(t.findRoot())
print(t.maxDis)
```

6-2 二元樹(Binary Tree)

主題 6-C　二元樹的儲存、建立與走訪

✦ 什麼是二元樹

　　二元樹的定義是：一棵樹上的所有內部節點最多只有兩個子節點，且子節點（子樹）有左右之分，在左邊的子樹稱為「左子樹」，在右邊的稱為「右子樹」，左右子樹也都是二元樹。所以可以歸納，二元樹是一種特別的有根樹、有根樹是一種特別的樹、樹則是一種特別的圖（二元樹⊆有根樹⊆樹⊆圖）。

　　二元樹既然是特別的樹，所以它繼承樹的所有性質，並且有自己獨特的性質：

1. 每階最多節點數：二元樹上第 i 階所有節點的數目最多為 2^{i-1} 個（樹根為第 1 階）。

   可用數學歸納法證明：

   基礎：當 $i = 1$ 時，第 1 階只有 1 個節點，$2^{i-1} = 2^{1-1} = 1$。

   假設：假設當 $i < n$ 時都成立，因此當 $i = n - 1$ 時，第 i 階有 $2^{i-1} = 2^{(n-1)-1} = 2^{n-2}$ 個節點。

   證明：當 $i = n$ 時，根據假設第 $n-1$ 階最多有 2^{n-2} 個節點，因二元樹節點最多有兩個子節點，第 n 階最多有 $2 \times 2^{n-2} = 2^{n-1}$ 個節點。

2. 完滿二元樹 (full binary tree)：高度為 k $(k \geq 0)$ 的二元樹總節點數最多為 $2^k - 1$ 個，這種每一階都長得滿滿的二元樹，稱為完滿二元樹。

證明：由於第 i 階最多有 2^{i-1} 個節點，因此整棵樹最多共有：

$$\sum_{i=1}^{k} 2^{i-1} = 1 + 2 + 4 + \cdots + 2^{k-1} = 2^k\text{-}1$$

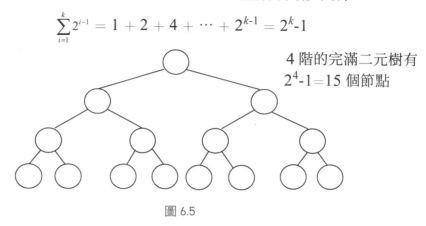

4 階的完滿二元樹有
$2^4\text{-}1=15$ 個節點

圖 6.5

3. 完整二元樹 (complete binary tree)：

如果二元樹的節點排列方式是：第 k 階滿了才能排到第 $k+1$ 階，並且最下面一階的節點是往左靠。如果我們由樹根開始編號 0 號，由上而下、由左而右地編號，一階滿了再往下一階編號，這種二元樹稱為完整二元樹，因為中間沒有空號（很完整）。

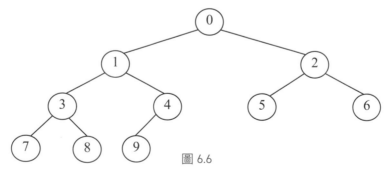

圖 6.6

4. 完整二元樹（總節點數為 n）的編號方式：

(1) 如果某節點的編號為 i，則其左子節點編號為 $2i + 1$，若 $2i + 1 \geq n$，則沒有左子節點。其右子節點編號為 $2i + 2$，若 $2i + 2 \geq n$，則沒有右子節點。例如節點編號 2，其左子節點編號 $2 \times 2 + 1 = 5$，其右子節點編號 $2 \times 2 + 2 = 6$。

(2) 如果某節點的編號為 i，則其父節點編號為 $\lfloor (i-1)/2 \rfloor$，若 $i = 0$ 則沒有父節點。例如節點編號 5，其父節點編號 $(5-1)/2 = 2$。節點編號 6，其父節點編號 $(6-1)/2 = 2$。

5. 具有 n 個節點的完整二元樹，其高度為 $\lfloor \lg n \rfloor + 1$。若完整二元樹節點數目為 n，高度為 k，根據前面幾點所證，高度為 k 的完整二元樹，節點最多的狀況就是高度為 k 的完滿二元樹，節點數是 $2^k - 1$，節點最少的狀況就是高度為 $k-1$ 的完滿二元樹再加一個節點，節點數是 $2^{k-1} - 1 + 1 = 2^{k-1}$。因此：

$$
\begin{aligned}
& 0 < 2^{k-1} \leq n \leq 2^k - 1 \\
\Rightarrow\ & 0 < 2^{k-1} \leq n \leq 2^k - 1 < 2^k \\
\Rightarrow\ & 0 < 2^{k-1} \leq n < 2^k \\
& \text{取對數}\quad \lg (2^{k-1}) \leq \lg n < \lg(2^k) \\
\Rightarrow\ & k\text{-}1 \leq \lg n < k \\
\Rightarrow\ & \lfloor \lg n \rfloor = k\text{-}1 \\
\Rightarrow\ & k = \lfloor \lg n \rfloor + 1 \quad (\log_2 n \text{ 寫成 } \lg n)
\end{aligned}
$$

▌ 這個性質的另一個解讀方式：具有 n 個節點的二元樹，高度至少為 $\lfloor \lg n \rfloor + 1$。而最大高度為 n，即每階都只有 1 個節點時。

▌ 這還有一個解讀方式：具有 n 個節點的二元樹，其最小高度為 $O(\lg n)$。

✦ 二元樹的儲存

二元樹的儲存方式有很多種，除了可以使用主題 6-A 的子節點串列之外，這裡介紹最常用的兩種：

1. 一維陣列

一維陣列表示法就是以「完整二元樹」的編號方式將節點依序存於陣列中。下圖是兩棵二元樹的一維陣列表示。其中每個節點旁的數字即為此節點的陣列索引。

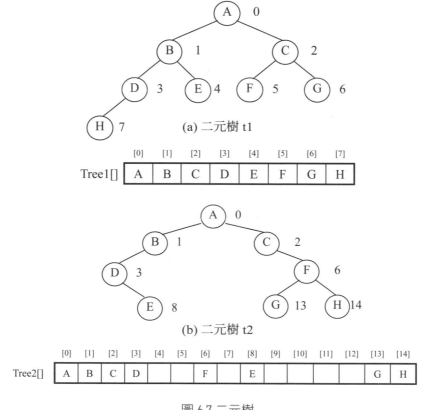

圖 6.7 二元樹

優點：

1. 當二元樹趨近完整二元樹時，如圖 6.7(a)，陣列的空位很少。

2. 簡單明瞭，從索引編號即可得知節點在二元樹中的位置（它是誰的爸爸、誰的兒子），進而重建對應的唯一二元樹，因為二元樹與其一維陣列是一對一的對應關係。

缺點：

1. 如果二元樹不很「完整」，將會有很多儲存空間的浪費，如圖 6.7(b)。

2. 陣列可能還有不易擴充，需預估大小等缺點。

2. 節點鏈結表示

以節點鏈結表示來動態配置節點，每個節點的結構包括節點資料 data 以及指向兩個子節點的指標 left_c 及 right_c：

left_c	data	right_c

圖 6.8

宣告二元樹節點類別為：

```python
class BinTNode:
  def __init__( self, data ) :
    self.data = data
    self.left_c = None
    self.right_c = None
```

二元樹類別一開始可以宣告為：

```python
class BinTree:
  def __init__(self):
    self.root = None                # 空樹
```

例如圖 6.7(a) 可以表示成：

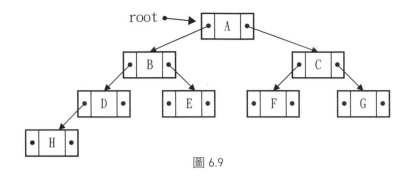

圖 6.9

　　鏈結表示法的優點：插入及刪除節點只要改變相關的鏈結即可，且搜尋及走訪都很有效率。

✴ 二元樹的建立

　　如果讀入資料時依循下列原則：若資料是 0 則不建立而回溯，否則以此資料建立一個節點，並且以同樣原則建立此節點的左子樹，直到不能繼續為止，再建立此節點的右子樹，直到不能繼續為止。若輸入資料為：ＡＢＤ０００ＣＦ００Ｇ００，則依上述原則建立二元樹的步驟如下：

1.　讀入資料 A，以此資料建立節點，接著建立節點 A 的左子樹。

圖 6.10

2.　讀入資料 B，以此資料建立節點（為節點 A 的左子節點），接著建立節點 B 的左子樹。

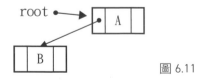

圖 6.11

3.　讀入資料 D，以此資料建立節點（為節點 B 的左子節點），接著建立節點 D 的左子樹。

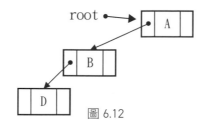

圖 6.12

4. 讀入 0，表示 D 無左子節點。

5. 讀入 0，表示 D 無右子節點。由 D 回溯至節點 B，因 B 的左子樹已無
   法再長，所以接著建立 B 的右子樹。

6. 讀入 0，表示 B 無右子節點。由 B 回溯至節點 A，代表節點 A 的左子
   樹已無法繼續再長，所以接著建立 A 的右子樹。

7. 讀入資料 C，以此資料建立節點（為節點 A 的右子節點），接著建立節
   點 C 的左子樹。

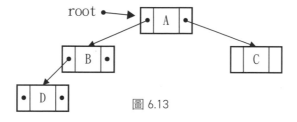

圖 6.13

8. 讀入資料 F，以此資料建立節點（為節點 C 的左子節點）。

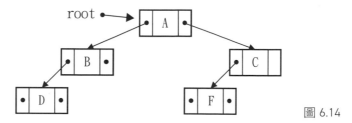

圖 6.14

9. 讀入 0，表示 F 無左子節點。

10. 讀入 0，表示 F 無右子節點。由 F 回溯至節點 C，C 的左子樹已無法
    繼續再長，所以接著長 C 的右子樹。

11. 讀入資料 G，以此資料建立節點（為節點 C 的右子節點）。

12. 讀入 0，表示 G 無左子節點。

13. 讀入 0，表示 G 無右子節點。由 G 回溯至 C，再由 C 回溯至 A，此時
    節點 A 的右子樹已無法繼續再長。由於節點是樹根，因此整棵樹也無
    法繼續再長，建立過程結束。

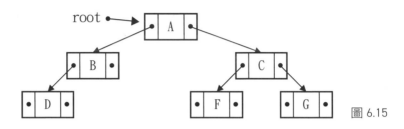

圖 6.15

以上建立二元樹的過程可以實作為遞迴函式如下：

```python
class BinTree:
  def __init__(self):
    self.root = None
  def read(self):
    self.nodes = list(input().split())      # 讀入節點資料串列
    self.current = 0                         # 目前資料
    self.root = self.create()                # 呼叫遞迴函式 create 建立整棵樹
  def create(self):
    nodedata = self.nodes[self.current]      # 取得目前節點資料 nodedata
    self.current += 1
    if nodedata == '0': return               # 資料若為 0 則停止
    node = BinTNode(nodedata)                # 以此資料產生節點 node
    node.left_c = self.create()              # 遞迴建立 node 的左子樹
    node.right_c = self.create()             # 遞迴建立 node 的右子樹
    return node                              # 傳回以 node 為樹根的整棵子樹

t = BinTree()                                # 先建立空的二元樹
t.read()                                     # 讀入資料產生二元樹
```

✦ 二元樹的走訪

二元樹既然是一種有根樹，主題 6-B 的 BFS 及 DFS 走訪也適用在二元樹。但針對二元樹有特別定義三種順序，分別是前序、中序、和後序走訪。

- **前序走訪 (preorder traverse)：**（即為 DFS 走訪）

  ・　先拜訪節點。

  ・　再以 " 前序走訪 " 順序拜訪左子樹。

  ・　再以 " 前序走訪 " 走訪順序拜訪右子樹。

- **中序走訪 (inorder traverse)：**

  ・　先以 " 中序走訪 " 順序拜訪左子樹。

  ・　再拜訪節點。

  ・　再以 " 中序走訪 " 順序拜訪右子樹。

- **後序走訪 (postorder traverse)：**

  ・　先以 " 後序走訪 " 順序拜訪左子樹。

  ・　再以 " 後序走訪 " 順序拜訪右子樹。

  ・　再拜訪節點。

preorder(t)、inorder(t)、postorder(t) 分別是對二元樹 t 進行前序、中序、及後序走訪的順序，下表可以說明三種走訪的特性：

	t_1 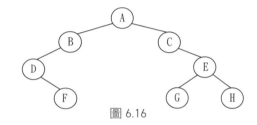	t_2
前序	A, B, C	A, preorder(t_L), preorder(t_R)
中序	B, A, C	inorder(t_L), A, inorder(t_R)
後序	B, C, A	postorder(t_L), postorder(t_R) , A

以圖 6.7(b) 的二元樹進行三種走訪，走訪順序分別如下：

前序　A, B, D, F, C, E, G, H
中序　D, F, B, A, C, G, E, H
後序　F, D, B, G, H, E, C, A

圖 6.16

三種走訪二元樹的函式可以實作如下：

``def preorder(self, p):
if not p: return
print(p.data)
self.preorder(p.left_c)
self.preorder(p.right_c)```	```def inorder(self, p):
if not p: return
self.inorder(p.left_c)
print(p.data)
self.inorder(p.right_c)```	```def postorder(self, p):
if not p: return
self.preorder(p.left_c)
self.preorder(p.right_c)
print(p.data)```
前序	中序	後序

▌ 這三個函式都極為相似，僅在於 print (拜訪) 出現的位置不同。

▌ 遞迴呼叫的層數，最多是樹的高度，而遞迴呼叫的總次數是節點數 n。

刷題 51：計算二元樹的節點數　　　　　　　難度：★★

問題：給定一棵二元樹，輸出此樹節點的總數。

執行範例：輸入圖 6.7(b) 的二元樹，輸出 8，因此圖有 8 個節點。

解題思考：

1. 使用任一種走訪方式，每到一個節點就將計數器加 1。

2. 這裡改寫上述前序走訪函式 preorder，將 print(p.data) 改成 n += 1。

參考解答：

```
class BinTree:                          # 參考 P6-20 頁
    ...
    def countNode(self, p):
        if not p: return                # 若 p == None 表示節點不存在
        self.n += 1                     # 計數器加 1
        self.countNode(p.left_c)        # 遞迴計算左子樹
        self.countNode(p.right_c)       # 遞迴計算右子樹

t = BinTree()                           # 宣告空的二元樹
t.readFile('btree6-7b.txt')             # 讀入二元樹資料建立二元樹
t.n = 0                                 # 初設物件變數 n 為 0
t.countNode(t.root)                     # 呼叫 countNode 計算節點總數
print(t.n)                              # 輸出節點總數
```

效率分析　每個節點走一次，因此時間複雜度為 $O(n)$。

刷題 52：計算二元樹的高度　　　　　　　　難度：★

問題：給定一棵二元樹，輸出此樹的高度，定義只有樹根的二元樹高度為 1。

執行範例：輸入圖 6.7(b) 的二元樹，輸出 4，因為此圖有 4 階。

解題思考：

⬇

1. 與刷題 49 類似，但因二元樹使用的資料結構為鏈結方式動態配置節點，處理方式略有不同。

2. 與上一刷題不同的是，當遞迴到樹葉時就回報 1 給其父節點，不會再往下到 None 才 return。

參考解答：

```
class BinTree:                    # 參考 P6-20 頁
    ...
def countH(self, p):
    h = 0                         # 如果 p 是樹葉，會跳過兩個 if，return 1
    if p.left_c:
        hLeft = self.countH(p.left_c)    # 計算左子樹高度 hLeft
        h = max(h, hLeft)                # hLeft 若大於 h 則取代 h
    if p.right_c:
        hRight = self.countH(p.right_c)  # 計算右子樹高度 hRight
        h = max(h, hRight)               # hRight 若大於 h 則取代 h
    return h+1                            # 回報左右子樹最大高度加 1

t = BinTree()                     # 宣告空的二元樹
t.readFile('btree6-7b.txt')       # 讀入二元樹資料建立二元樹
print(t.countH(t.root))           # 計算二元樹的高度
```

効率分析 每個節點走一次，因此時間複雜度為 O(*n*)。

刷題 53：由中序順序及前序順序建構二元樹　難度：★★

問題：給定二元樹的中序及前序走訪順序，建構出此二元樹，輸出後序順序。

執行範例：輸入 D F B A C G E H、A B D F C E G H 輸出 F D B G H E C A，因為建構成圖 6.7(b) 的二元樹。

解題思考：

1. 觀察：前序式第一個節點 A 是整棵樹的
   樹根，A 將中序式切成左右兩半：DFB
   及 CGEH，同時前序式也對應左右兩半：
   BDF 與 CEGH，再分別遞迴將中序式與前
   序式的左右兩半建立 A 的左子樹及右子樹
   即可。

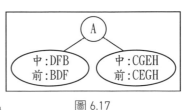

圖 6.17

2. 如何開始：設定中序式及
   前序式的左限均為 0，右限
   均為節點數 n 減 1，呼叫
   create 建立整棵樹。

```
self.inorder = list(input().split())
self.preorder = list(input().split())
n = len(self.inorder)
self.root = self.create(0, n-1, 0, n-1)
```

3. 終止條件：當中序式的範
   圍不合理（中序左限 inLeft
   > 中序右限 inRight）或前
   序式的範圍不合理（前序
   左限 preLeft > 前序右限
   preRight）時，因已無此範
   圍，停止深入。

```
def create(self, inLeft, inRight,
preLeft, preRight):
    if inLeft > inRight or preLeft >
preRight:
        return None
```

4. 遞迴規則：假設前序式最左資料 d 位於中序式的第 m 個位置，因此中
   序式切成兩半 $m1$ =inLeft
   ~ m-1 及 $m2$ = m+1 ~
   inRight；前序式切成兩半
   preLeft+1 ~ preLeft+$m1$ 及
   preLeft+$m1$+1 ~ preRight。

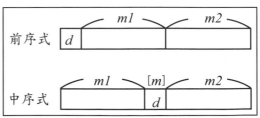

圖 6.18

參考解答：

```
class BinTree:
  def __init__(self):
    self.root = None
  def createByInPre(self):
    self.inorder = list(input().split())
    self.preorder = list(input().split())
    n = len(self.inorder)
    self.root = self.create(0, n-1, 0, n-1)
  def create(self, inLeft, inRight, preLeft, preRight):
    if inLeft > inRight or preLeft > preRight:
      return None
    d = self.preorder[preLeft]          # 範圍內前序式的第一個資料 d
    m = self.inorder.index(d)           # 資料 d 在中序式的位置 m
    m1 = m - inLeft
    node = BinTNode(d)
    node.left_c = self.create(inLeft, m-1, preLeft+1, preLeft+m1)
    node.right_c = self.create(m+1,inRight,preLeft+m1+1,preRight )
    return node

t = BinTree()                           # 空的二元樹
t.createByInPre()                       # 建立
t.postorder(t.root)                     # 後序走訪
```

效率分析 中序式及前序式每個節點各處理一次，因此時間複雜度為 O(n)。

類似題目也常見其他變型，像是要求以中序式和後序式來建構二元樹並輸出前序式，解法跟刷題 53 差不多。

註：一組前序式和一組後序式不一定能決定唯一的二元樹。

✎ 練習題

6.3　在一個 Binary tree 中，Root 為第一層，第 i 層的節點 (Node) 數最多為：

　　(A) 2^i　　　　　(B) 2^{i-1}　　　　　(C) $2^i - 1$　　　　(D) $2^i + 1$

6.4　一棵深度 (Depth) 為 k 的 Binary tree，其 Nodes 最多有幾個？($k >= 1$)

　　(A) k　　　　　(B) 2^k　　　　　(C) $2^k - 1$　　　　(D) 2^{k-1}

6.5　一棵有 n 個節點 (Node) 的 Complete Binary tree 樹，其高度 (height) 為何？($n >= 1$)

　　(A) $\lceil \log_2 n \rceil$　　(B) $\log_2 n$　　　(C) $\lfloor \log_2 n \rfloor$　　　(D) $\lfloor \log_2 n \rfloor + 1$

6.6　高度 (height) 為 h 的 d 元樹，至多可包含多少節點？請推導之。

6.7　若將含 20 個節點的完整二元樹儲存於一維陣列 (Array) A 中，假設陣列的下標值由 0 開始至 19 依序儲存。下列敘述何者正確？

　　(A) A[4] 的父節點 (parent node) 為 A[3]

　　(B) A[5] 的父節點為 A[3]

　　(C) A[4] 的左邊子節點 (left child) 為 A[9]

　　(D) A[10] 的右邊子節點 (right child) 為 A[22]

6.8　請問下列何種二元樹追蹤 (tree traversal) 相當於進行深度優先搜尋法 (depth-first search, DFS)？

　　(A) 中序方式 (inorder)

　　(B) 前序方式 (preorder)

　　(C) 後序方式 (postorder)

　　(D) 不排列方式

6.9　使用給定的前序及中序順序建立二元樹：前序 JCBADEFIGH，中序 ABCEDFJGIH

主題 6-D　引線二元樹 (Threaded Binary Tree)

　　對二元樹作中序走訪時，由於使用遞迴函式，執行過程必須一層一層的呼叫和返回，因此需要額外的記憶體做堆疊之用。如果可以不使用堆疊，而能夠直接由各節點的指標協助進行中序走訪，將會更加理想。在一棵有 n 個節點的二元樹，因只有 $n-1$ 個邊，也就是在所有 $2n$ 個指標中，共有 $2n - (n-1) = n+1$ 個指標是無用的 None，因此可運用這些指標來協助作中序走訪。

✴ 引線的作用

　　在引線二元樹中，將原本為 None 的指標改做為「引線」(thread)，並且將左引線指向此節點的中序立即前行者 (中序走訪順序的前一個節點)，並將右引線指向此節點的中序立即後繼者 (中序走訪順序的後一個節點)。下圖 6.19 的中序走訪順序是 JKDBEAHFCGI。

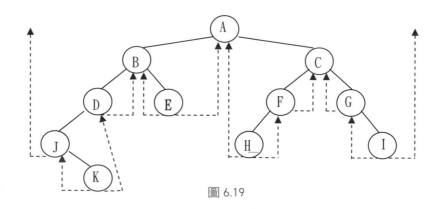

圖 6.19

　　以節點 E 為例，節點 E 的中序立即前行者是節點 B，因此節點 E 的左引線指向節點 B。而節點 E 的中序立即後繼者是節點 A，因此節點 E 的右引線指向節點 A，以此類推。

　　為了標明欄位 left_c 和 right_c 是指標或是引線，必須加上 left_thread 和 right_thread 兩個新欄位，為 0 代表指標、為 1 時代表引線。節點結構為：

| left_thread | left_c | data | right_c | right_thread |

圖 6.20

　　為了操作方便，可以加一個特殊的節點 head。空樹時只有節點 head，此時它的左引線指向自己，右指標也指向自己，如右圖 6.21 所示。

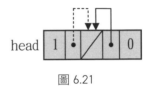

圖 6.21

　　當二元樹不是空樹時，而節點 head 的左指標會指向樹根，右指標指向自己。圖 6.21 的引線二元樹可以表示為下圖 6.22。其中節點 J 的左引線，以及節點 I 的右引線指向節點 head。

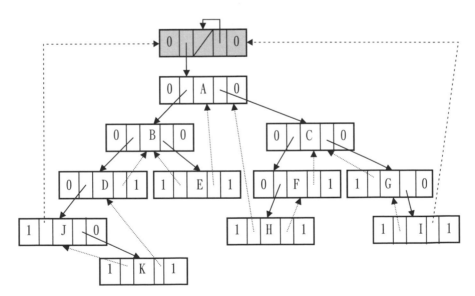

圖 6.22

6-29

用引線進行中序走訪

1. 從節點 head 開始，找到並拜訪每個節點中序立即後繼者，最後回到節點 head 即完成中序走訪。

2. 尋找中序立即後繼者的方法：

    如果是右引線，照右引線所指即為後繼者。例如節點 K，節點 K 有右引線，因此照著它的右引線指向節點 D，節點 D 即為節點 K 的後繼者。

    如果是右指標，則先往右一步，再一路沿著左指標往左，一直到沒有左指標，而是左引線的節點為止。例如節點 A，節點 A 有右指標，則往右到節點 C，再一路沿著左指標到達節點 H。

    節點 H 沒有左指標，而是左引線，因此節點 H 即為節點 A 的後繼者。從節點 head 也是以此法找到節點 J。

✎ 練習題

6.10 為二元樹 (Binary tree) 穿上中序引線 (Thread) 的主要目的在方便二元樹進行下列何項動作？

(A) 鍵值 (Key) 的排序 (Sort)　　(B) 節點 (Node) 的刪除 (Delete)
(C) 節點 (Node) 的新增 (Insert)　(D) 中序追蹤 (Inorder traversal)

6.11 在 Binary tree 中加入 Thread 可以增加 Inorder traversal 的效率。在下圖的 binary tree 中加入 thread，下列敘述何者正確？

(A) H 只有一個 Thread，連接
　　 到 D
(B) D 只有一個 Thread，連接
　　 到 B
(C) 節 E 有兩個 Thread，分別
　　 連接到 B, C
(D) F 有兩個 Thread，分別連
　　 接到 E, G

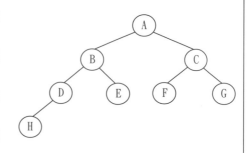

主題 6-E　二元樹的計數

✦ n 個節點能構成幾種不同形狀的二元樹

下圖是節點數 $n = 1, 2, 3$ 時可以構成的不同形狀二元樹，分別是 1, 2, 5 種：

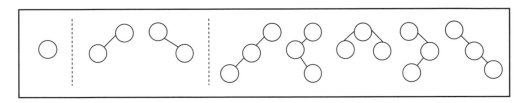

圖 6.23

假設 n 個節點可以構成 b_n 種不同形狀的二元樹，在 n 個節點中，除了一個節點作為樹根之外，另外 $n-1$ 個節點可以分到左右兩個子樹，當左邊分到 k 個節點時，右邊則可以分到 $n-1-k$ 個，$0 \leq k \leq n-1$。此時左子樹可以有 b_k 種不同形狀的二元樹，左子樹可以有 b_{n-1-k} 種，整棵樹可以有 $b_k \times b_{n-1-k}$ 種不同形狀的二元樹（機率學的乘法原理），如下圖所示：

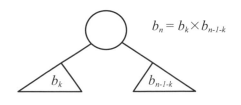

$$b_n = b_k \times b_{n-1-k}$$

圖 6.24

再針對 k 的變化 $(0 \leq k \leq n-1)$，將所有可能作加總，得到下式：

$$b_n = \begin{cases} \sum_{k=0}^{n-1} b_k \times b_{n-1-k}, & n \geq 1 \\ 1, & n = 0 \end{cases}$$

使用離散數學中的生成函數法及第二章的二項式係數，可以得到二元樹計數：

$$b_n = \frac{1}{(n+1)} \cdot C_n^{2n}$$

▌ 此式稱為 Catalan Number，有興趣的學習者可搜尋相關介紹。

二元樹的計數與矩陣連乘的可能結合順序

假設有 n 個矩陣相乘：$M_1 * M_2 * \cdots * M_n$，其可能結合順序是 a_n 種，雖然不管怎麼乘結果都是一樣的，但是不同的結合順序所需要的計算次數卻不相同。例如 3 個矩陣的大小分別是 $M_1 = 6 \times 3$，$M_2 = 3 \times 5$，$M_3 = 5 \times 4$，則 $(M_1*M_2)*M_3$ 的計算次數為 $(6 \times 3 \times 5)+(6 \times 5 \times 4)=210$，而 $M_1*(M_2*M_3)$ 則需要 $(3 \times 5 \times 4)+(6 \times 3 \times 4)=132$ 次計算，顯然不同的結合順序需要的計算次數會不同。以下為 $n=2\sim4$ 時的可能結合順序：

$n = 2$ 時，只有 1 種結合順序（$a_2 = 1$）：$M_1 * M_2$

$n = 3$ 時，有 2 種結合順序（$a_3 = 2$）：
$(M_1 * M_2) * M_3$　　　（$M_1 * M_2$ 的結果再乘 M_3）
$M_1 * (M_2 * M_3)$　　　（M_1 乘 $M_2 * M_3$ 的結果）

$n = 4$ 時，有 5 種結合順序（$a_4 = 5$）：
$M_1 * ((M_2 * M_3) * M_4)$　（最後乘法是 M_1 乘 $(M_2 * M_3) * M_4$ 的結果）
$M_1 * (M_2 * (M_3 * M_4))$　（最後乘法是 M_1 乘 $M_2 * (M_3 * M_4)$ 的結果）
$(M_1 * M_2) * (M_3 * M_4)$　（最後乘法是 $M_1 * M_2$ 的結果乘 $M_3 * M_4$ 的結果）
$((M_1 * M_2) * M_3) * M_4$　（最後乘法是 $(M_1 * M_2) * M_3$ 的結果乘 M_4）
$(M_1 * (M_2 * M_3)) * M_4$　（最後乘法是 $M_1 * (M_2 * M_3)$ 的結果乘 M_4）

觀察 $n = 4$ 的狀況：

- 當最後的乘法斷在 M_1 的右邊時，亦即 $M_1 * (M_2\sim M_4$ 這三個矩陣的可能結合)，左邊有 a_1 (= 1) 種可能，右邊有 a_3 (= 2) 種可能，根據乘法原理，共有 $1 \times 2 = 2$ 種可能。

- 當最後作的乘法斷在 M_2 的右邊時，亦即 $(M_1*M_2)*(M_3*M_4)$，左邊有 a_2 (= 1) 種可能，右邊有 a_2 (= 1) 種可能，根據乘法原理，共有 $1 \times 1 = 1$ 種可能。

- 當最後作的乘法斷在 M_3 的右邊時，亦即 $(M_1\sim M_3$ 的可能結合 $)*M_4$，左邊有 a_3 (= 2) 種可能，右邊有 a_1 (= 1) 種可能，根據乘法原理，共有 $2 \times 1 = 2$ 種可能。

因此 $a_4 = a_1\, a_3 + a_2\, a_2 + a_3\, a_1$

寫成通式：

$$a_n = \begin{cases} \sum_{k=1}^{n-1} a_k \times a_{n-k}, n \geq 2 \\ 1, n = 1 \end{cases}$$

因此 $a_1 = 1$，$a_2 = 1$，$a_3 = 2$，$a_4 = 5$，⋯

與 n 個節點可以構成 b_n 種不同形狀的二元樹的式子比較：

$$b_n = \begin{cases} \sum_{k=0}^{n-1} b_k \times b_{n-1-k}, n \geq 1 \\ 1, n = 0 \end{cases}$$

因此 $b_0 = 1$，$b_1 = 1$，$b_2 = 2$，$b_3 = 5$，⋯

可以發現 $a_1 = b_0, a_2 = b_1, a_3 = b_2, \cdots, a_n = b_{n-1}$，亦即 n 個矩陣連乘可能的不同結合方式，與 n-1 個節點可能構成不同形狀的二元樹數目相同，亦即：

$$a_n = b_{n-1} = \frac{1}{n-1+1}C^{2(n-1)}_{n-1} = \frac{1}{n}C^{2n-2}_{n-1}$$

✴ 二元樹的計數與使用堆疊可能出現的排列順序

用堆疊處理同一棵二元樹，在不同時機進行 push 或 pop，處理結果將可能會有多種不同的排列順序，假設有 n 個數字 $(1 \sim n)$ 依序進入堆疊，但第 i 個數字被 push 之前，前面 i-1 個數字可以在任意時間被 pop，最後所有 n 個數字都 pop 出來，假設可能造成 s_n 種排列順序。

$n = 2$ 時，有 2 種可能順序 $(s_2 = 2)$：

1. push(1)＋pop()＋push(2)＋pop() 造成順序 1,2

2. push(1)＋push(2)＋pop()＋pop() 造成順序 2,1

與 2 個節點可能造成的不同二元樹數目相同：

$n = 3$ 時，有 5 種可能順序 $(s_3 = 5)$：

1. push(1)＋pop()＋push(2)＋pop()＋push(3)＋pop() 造成順序 1,2,3

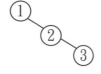

2. push(1)＋pop()＋push(2)＋push(3)＋pop()＋pop() 造成順序 1,3,2

 前序順序:1,2,3
中序順序:1,3,2

3. push(1)＋push(2)＋pop()＋pop()＋push(3)＋pop() 造成順序 2,1,3

 前序順序:1,2,3
中序順序:2,1,3

4. push(1)＋push(2)＋pop()＋push(3)＋pop()＋pop() 造成順序 2,3,1

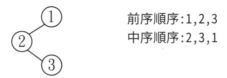 前序順序:1,2,3
中序順序:2,3,1

5. push(1)＋push(2)＋push(3)＋pop()＋pop()＋pop() 造成順序 3,2,1

 前序順序:1,2,3
中序順序:3,2,1

　　注意這 5 種二元樹的前序走訪順序都是 1, 2, 3，但有不同的中序順序。可以發現 $s_n = b_n$，因此 n 個數字使用堆疊可能造成的排列順序，與 n 個節點可能造成的不同形狀二元樹的數目相同。亦即：

$$s_n = \frac{1}{(n+1)} \cdot C_n^{2n}$$

▌ 如果給定一個 1~n 的數字序列，要判斷此序列 (例如 3, 1, 2) 是否為使用堆疊可能造成的排列順序，就要使用刷題 31 介紹的方法加以驗證。

6.12 試問 5 個節點可組成幾個不同之二元樹 (distinct binary tree)？

    (A) 132   (B) 42   (C) 14   (D) 5

6.13 使用 5 個 push 與 5 個 pop 指令讓資料 1,2,3,4,5 依序進入堆疊，但不一定要按照順序離開堆疊。則資料 1,2,3,4,5 離開堆疊的順序有幾種可能？

    (A) 42   (B) 120   (C) 24   (D) 14

6.14 試問 6 個矩陣相乘可以有幾種不同的計算方式？

    (A) 132   (B) 42   (C) 14   (D) 5

6.15 Let b_n be the number of distinct binary tree with n nodes. We have

$$b_n = \sum_{k=0}^{n-1} b_k \times b_{n-1-k}, \ n \ge 1 \text{ and } b_0 = 1$$

what are the values of b_4 ?

6-3 搜尋樹(Search Tree)

▎主題 6-F　二元搜尋樹

✦ 什麼是二元搜尋樹

在二元搜尋樹中，每一個內部節點的資料值，都會大於其左子樹的資料值，而會小於其右子樹的資料值 (也就是左邊都會小於右邊)。

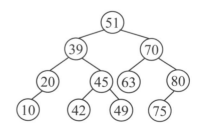

圖 6.25 二元搜尋樹

二元搜尋樹用在加快資料搜尋，藉由將資料整理成二元搜尋樹，可以有效率地找到所要的資料。就好像我們將英文字整理成字典，以方便翻查生字。

▌如果以「中序走訪」的順序走訪二元搜尋樹，走訪結果剛好會是由小到大排序好的資料。

✦ 建立二元搜尋樹

建立二元搜尋樹的原則很簡單：第一筆資料是樹根，接著只要逐一將新資料插入正確的位置即可。而插入新節點的原則是：

1. 將新節點的資料與樹根相比，小於樹根則往左子樹，大於樹根則往右子樹。

2. 重複與所在子樹的樹根比較，直到指標為 None 為止，最後將新節點加在停留之處。

假設輸入資料為：51、70、39、45、63、80、20，建立二元搜尋樹的過程：

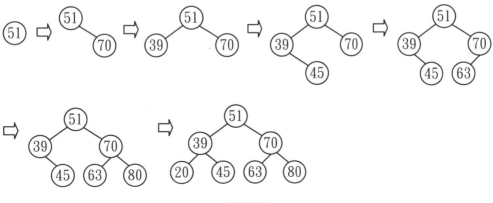

圖 6.26

從建立的過程可以發現，同樣的資料如果輸入順序不同，將會長成不同的二元搜尋樹。有兩個極端的例子，如果輸入資料已經由小到大或由大到小排序好，將會造成歪斜樹 (skewed tree)。

範例 6.2　建立二元搜尋樹

問題：輸入一串資料，根據這些資料建立二元搜尋樹，輸出前序（或中序、後序）走訪順序。

執行範例：輸入 51 70 39 45 63 80 20 75 42 10 49，輸出前序順序 51 39 20 10 45 42 49 70 63 80 75 。

解題思考：

1. 透過 create 函式讀入資料串列，逐一以新資料建立新節點 newnode，呼叫 insert 函式將 newnode 插入二元搜尋樹中。

2. 指標 current 先從樹根開始，與 newnode 的資料做比較（如圖 6.27(a)），若新資料比較小，則 current 往左子樹，否則往右子樹，使用 direction 變數記錄往左或往右。

3. 在 current 移動到左子樹或右子樹之前，先讓 curParent 指標指向 current 所在節點，current 再往下一層移動，如此保持 curParent 永遠指向 current 的父節點（如圖 6.27(b)）。

4. 最後當 current 為 None 時，curParent 所指向的樹葉就是新節點要長的地方，而 direction 會指出要長在左邊還是右邊（如圖 6.27(c)）。

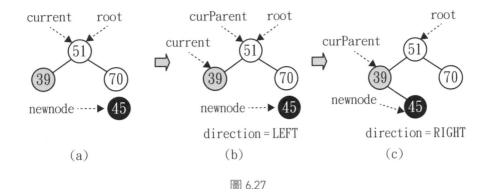

圖 6.27

```
class BST:
  def __init__(self):
    self.root = None
  def create(self):
    self.nodes = list(input().split())
    for nodedata in self.nodes:
      node = BinTNode(nodedata)
      self.insert(node)
  def insert(self, newnode):
    LEFT, RIGHT = range(2)
    if not self.root:                 # 空樹
      self.root = newnode             # 新節點是樹根
      return
    current = self.root               # current 從樹根開始
    while current:                    # current 尚未是 None
      curParent = current             # curParent 將會指向 current 的父節點
      if newnode.data < current.data: # 往左子樹
        direction = LEFT
        current = current.left_c
      elif newnode.data > current.data:  # 往右子樹
        direction = RIGHT
        current = current.right_c
```

```
        else:
            return                      # 資料已在樹上，不須做插入
        if direction == LEFT:
            curParent.left_c = newnode
        else:
            curParent.right_c = newnode


t = BST()                               # 空的二元搜尋樹
t.create ()                             # 建立二元搜尋樹
t.preorder(t.root)                      # 前序走訪
```

效率分析 n 個節點插入時都須往下走樹的高度以找到適當位置，而樹的最小高度為 $O(\lg n)$，所以時間複雜度為 $O(n \lg n)$。但最差狀況下樹的高度是 $O(n)$，此時時間複雜度為 $O(n^2)$。

✳ 在二元搜尋樹上搜尋

在二元搜尋樹找出與「搜尋鍵」(key) 相同的資料，過程和插入動作很類似，只是停止的條件稍有不同。當比對到某個節點的資料與 key 相同時，就停止搜尋並回報成功；當可能的範圍都找遍都找不著，也要停止並回報失敗。搜尋都是從樹根出發，比較之後決定往左或往右而下，或是比較結果相等則停止，當前往至 None 時，代表搜尋失敗。以 key 為 49 的狀況，在上圖 6.28 二元搜尋樹上搜尋：

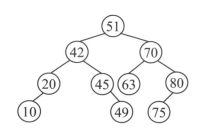

圖 6.28

1. 首先 key 49 和樹根資料 51 相比。49 比 51 小，因此往左子樹，因為根據定義，如果資料 49 在二元搜尋樹中，只可能在資料 51 的左子樹中出現。

2. key 49 和節點資料 39 相比，49 比 39 大，往右子樹。

3. key 49 和節點資料 45 相比，49 比 45 大，往右子樹。

4. key 49 和節點和資料 49 相比，相等，搜尋成功。

   如果 key 改為 69，則搜尋過程為：

1. 首先 key 69 和樹根資料 51 相比。69 比 51 大，因此往右子樹。

2. key 69 和節點資料 70 相比，69 比 70 小，往左子樹。

3. key 69 和節點資料 63 相比，69 比 63 大，往右子樹。

4. 已無右子樹，因此搜尋失敗。

範例 6.3　在二元搜尋樹進行搜尋

問題：輸入已建立二元搜尋樹的樹根，以及要搜尋的資料，有找到此資料輸出 True，沒有找到輸出 False。

執行範例 1：輸入圖 6.28 的二元搜尋樹的樹根，以及搜尋鍵 49，輸出 True。

執行範例 2：輸入資料同上，以及搜尋鍵 69，輸出 False。

```
class BST:                              # 參考 P6-39 頁
  ...
  def search(self, key):
    current = self.root                 # current 從樹根開始
    while current:
      if key < current.data:            # 往左子樹
        current = current.left_c
      elif key > current.data:          # 往右子樹
        current = current.right_c
      else:
        return  True                    # 資料在樹上，搜尋成功
    return  False                       # 搜尋失敗

t = BST()                               # 空的二元搜尋樹
t.create ()                             # 建立二元搜尋樹
key = input()                           # 輸入搜尋鍵
print(t.search(key))                    # 輸出搜尋結果
```

效率分析 與插入一樣，搜尋時最多須往下走樹的高度，而樹的最小高度
為 $O(\lg n)$，所以時間複雜度為 $O(\lg n)$。但最差狀況下樹的高
度是 $O(n)$，此時複雜度為 $O(n)$。

刷題 54：建立二元搜尋樹的 Iterator 類別　　難度：★★

問題：建立二元搜尋樹的 iterator（迭代器、走訪器）類別 BST_Iterator：

　　　(1) 可呼叫 object = BST_Iterator(t.root) 產生此類別物件以走訪 t 的節
　　　　　點。

　　　(2) 第一次呼叫 object.next() 可回傳中序走訪順序的第一個節點資
　　　　　料，繼續呼叫 object.next() 可回傳中序走訪順序的下一個資料，
　　　　　以此類推。　　　　　　　　　　　　　　　　　　　　　　⬇

(3) 呼叫 object.hasNext() 時，若目前節點是中序走訪順序的最後一個資料，回傳 False，因它沒有下一節點，其餘回傳 True。

執行範例：圖 6.28 的二元搜尋樹的樹根為 t.root，依序呼叫 obj = BST_Iterator(t.root)、a = obj.next()、b = obj.next()、flag = obj.hasNext()，輸出 10, 20, True。

解題思考：

1. 在 BST_Iterator 類別的物件建立（執行 init）時，以中序方式走訪二元搜尋樹 t，每走訪一個節點，就將這個節點放入節點資料串列 nodes[]，如此便將二元搜尋樹轉成線性的中序順序串列，這是本題的關鍵。

```
class BST_Iterator:
  def __init__(self, root):
    self.nodes = []
    self.inorder(root)
...
obj = BST_Iterator(t.root)
```

2. 呼叫 obj.next() 走訪二元搜尋樹時，回傳 nodes 串列的第 current 個資料（nodes[current]），然後 current 加 1，往下一個資料。current 在 obj 生成時初設為 0。

```
def next(self):
  nodedata = self.
nodes[self.current]
  self.current += 1
  return nodedata
```

3. 當 current 尚在 nodes 串列的有效位置時（小於 len(nodes)），obj.hasNext() 回傳 True。

```
def hasNext(self):
  return self.current < len(self.nodes)
```

參考解答：

```
from BSTClass import *
class BST_Iterator:
  def __init__(self, root):
    self.nodes = []
    self.inorder(root)              # 呼叫中序遞迴函式將 2D 轉 1D
    self.current = 0
  def inorder(self, node):          # 將平面轉成線性的中序遞迴函式
    if not node: return
    self.inorder(node.left_c)       # 以中序順序走訪 node 的左子樹
    self.nodes.append(node.data)    # 將 node 加入中序串列
    self.inorder(node.right_c)      # 以中序順序走訪 node 的右子樹
  def next(self):
    nodedata = self.nodes[self.current]
    self.current += 1
    return nodedata
  def hasNext(self):
    return self.current < len(self.nodes)

t = BST()
t.createFromFile('bst6-28.txt')     # 建立二元搜尋樹 t
obj = BST_Iterator(t.root)          # 建立 t 的走訪器 obj
print(obj.next())                   # 輸出第 1 個中序資料
print(obj.next())                   # 輸出第 2 個中序資料
print(obj.hasNext())
```

效率分析 分成兩部分：建立走訪器將二元搜尋樹以中序走訪轉成中序的
線性串列，時間複雜度為 $O(n)$，呼叫 next 及 hasNext 時均為
$O(1)$。

刷題 55：計算二元搜尋樹的最小值距　　　難度：★

問題：給定二元搜尋樹，計算此樹的最小值距（任兩個節點資料的最小差距）。

執行範例：輸入圖 6.28 的二元搜尋樹樹根。輸出 2，因圖 6.28 二元搜尋樹中，49 與 51 的值最接近，相差 2。

解題思考：

1. 使用上一刷題的走訪器，將二元搜尋樹轉成中序的線性串列。

2. 最小值距一定出現在中序資料串列某兩個相鄰資料，假設左邊的資料是 prev、右邊的資料是 current，值距是 current – prev，全部掃描過，過程中隨時記錄最小值距即可。

3. 規律性：current 的位置從第一個資料到最後一個資料，計算出值距 current – prev 後，隨時記錄最小的值距：minDiff = min(minDiff, current – prev)，每次計算後 current 與 prev 都各往右 1 個位置。

4. 如何開始：由於 prev 一直是跟在 current 的左邊，一開始 current 是第一個資料，所以 prev 初設為虛擬的負極大值而不是 0，以確保最小值距產生在第二個資料以後。例如 [1, 3, 6, 9]，可算出 minDiff 為 2 (=3-1)，而不是 1 (=1-0)。

5. 何時結束：最後一次運算 current 為最後一個資料，此時 obj.hasNext() 是最後一個回傳 True 的。

參考解答：

```
from BSTClass import *          # 使用二元搜尋樹類別
from BST_IteratorClass import * # 使用二元搜尋樹走訪器類別
t = BST()
t.createFromFile('bst6-28.txt')
                                              ⬇
```

```
obj = BST_Iterator(t.root)
minDiff = float('inf')                    # 最小值距初設為極大的數
prev = -1 * float('inf')
while obj.hasNext():
  current = int(obj.next())             # 將二元搜尋樹資料從文字轉為數字
  minDiff = min(minDiff, current-prev)   # 隨時記錄最小值距
  prev = current                        # prev 跟上
print(minDiff)
```

效率分析 建立二元搜尋樹走訪器複雜度為 $O(n)$，呼叫 next 及 hasNext 各 n 次時也是 $O(n)$，所以整個計算為 $O(n)$。

▌ 程式中使用通用的文字型別資料建立二元搜尋樹，所以計算時需將節點資料從文字轉為數字，當然也可以在建立二元搜尋樹時就將資料轉為數字，但如此就須改寫 BST 類別。

刷題 56：找出相加等於 k 的兩數 (Two Sum)　　難度：★

問題：同刷題 11 找出 n 個相異整數中相加等於 k 的兩個數，但使用二元搜尋樹。

執行範例：輸入 2, 7, 11, 15 及 $k = 22$，輸出 7, 15。

解題思考：

1. 先用這 n 個相異整數建立二元搜尋樹。

2. 使用 for 迴圈，針對每個數 num，尋找 k-num 是否在二元搜尋樹上，若有則輸出 num 及 k-num。

3. Python 的 for 迴圈有一個特別之處，就是與 for 迴圈搭配的 else。當迴圈主體中有 if 敘述判斷是否要 break 提前離開迴圈，若 for 所有迴圈

↓

執行完畢都沒有使得 if 敘述的條件成立時，離開 for 迴圈之後就會執
行緊接在 for 後的 else 區塊敘述。例如下方 for 迴圈中若是 if 都不成
立（k-num 都不在樹上），就會執行 for 迴圈下方的 else 區塊，輸出 "No
answer"。

參考解答：

```
from BSTClass import *
t = BST()
t.createFromFile('bst6-28.txt')    # 假設資料放在 bst6-28.txt
k = int(input())
nums = map(int, t.nodes)         # t.nodes 是以文字儲存資料，需轉成數字
for num in nums:
  if t.search(str(k-num)):
    print(num, k-num)
    break
else:
  print("No answer")             # 注意 else 是在 for 迴圈外
```

| 效率分析 | 取決於搜尋的效率，搜尋時最多須往下走樹的高度，而樹的最小高度為 $O(\lg n)$，所以 n 次搜尋共需時間複雜度為 $O(n \lg n)$。但最差狀況下樹的高度是 $O(n)$，此時複雜度為 $O(n^2)$。

✏️ 練習題

6.16 依照下列資料的順序，建立二元搜尋樹 (binary search tree)：3, 1,
　　4, 6, 9, 2, 5, 7。試問對此樹進行資料 5 的搜尋，須經過幾次比較動
　　作？

　　(A) 3　　　　　(B) 4　　　　　(C) 5　　　　　(D) 6

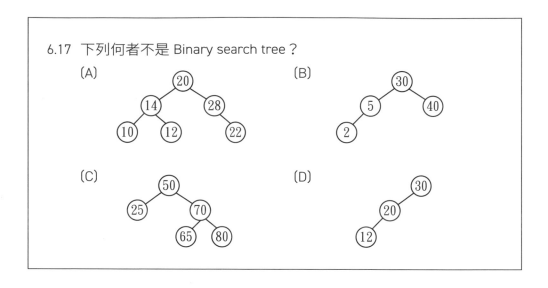

6.17 下列何者不是 Binary search tree？

(A)

(B)

(C)

(D)

主題 6-G　AVL 樹（高度平衡二元樹）

✳ 什麼是 AVL 樹

　　二元搜尋樹的運算包括樹的建立、插入新節點、搜尋等，執行效率都取決於樹的高度。由主題 6-C 可以得知，具有 n 個節點的二元樹，其高度最大為 n，最小為 $\lfloor \lg n \rfloor + 1$。因此如果二元樹愈趨近於完滿或完整（愈矮胖），高度就會愈小。為了讓具有 n 個節點的二元搜尋樹高度趨於最小，而使運算效率保持在 $O(\lg n)$，在每次插入和刪除之後，必須要對二元樹做一些高度調整。因此 Adelson-Velsk 和 Landis 二人提出「高度平衡二元樹」的概念（二人名字的首字母組合為 AVL 樹）。AVL 樹的定義是：

> 在 AVL 樹上，所有內部節點的左子樹高度與右子樹高度的差異小於或等於 1（即 -1、0 或 1）。

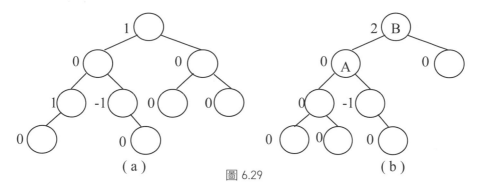

圖 6.29

上圖每個節點旁邊的數字稱為該節點的「平衡係數」(Balance Factor, BF)。BF 的定義是：此節點的左子樹高度減去右子樹的高度。圖 6.29(a) 每一個內部節點的左右子樹高度相差最多是 1，因此是 AVL 樹。圖 6.29(b) 不是 AVL 樹，因為節點 B 的左子樹高度為 3，右子樹高度為 1，相差 2。

✦ 利用旋轉產生 AVL 樹

只要在插入節點之後，必要時透過「旋轉」(rotation) 進行調整，就能夠確保二元搜尋樹為 AVL 樹。假設新加入節點為 N，而由於新節點的加入，可能造成原本平衡係數 BF 為 ±1 的節點其 BF 變為 ±2 而違反了 AVL 性質。根據新節點插入的位置，分成四種狀況來旋轉調整，使其恢復 AVL 性質。

1. LL 型：新節點 N 插入到節點 A 的左兒子的左子樹

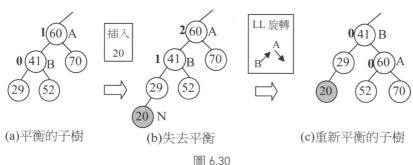

圖 6.30

樹葉 BF 都是 0，因此沒有標出。由於節點 A 的 BF 原本就是 1，而新節點 N 又加在 A 的**左**兒子（節點 B）的**左**子樹上，造成節點 B 和節點 A 的平衡係數 BF 都加 1。由於節點 A 的 BF 變成 2 了，因此必須進行旋轉來重新平衡。調整的方法是作一次順時針旋轉，將節點 B 順時針旋轉為此子樹的新樹根，節點 A 順時針旋轉成節點 B 的右兒子。由於節點 B 的右子樹 BR 原本就大於 B 但小於 A，因此可將 BR 移至節點 A 的左子樹。旋轉的結果仍符合二元搜尋樹的性質，同時高度也重新平衡。

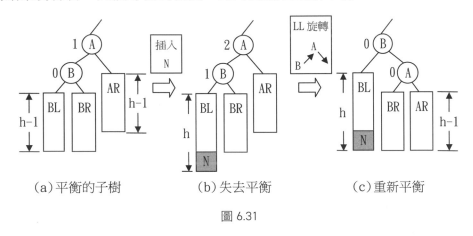

(a)平衡的子樹　　　　　(b)失去平衡　　　　　(c)重新平衡

圖 6.31

2. RR 型：新節點 N 插入到節點 A 的右兒子的右子樹

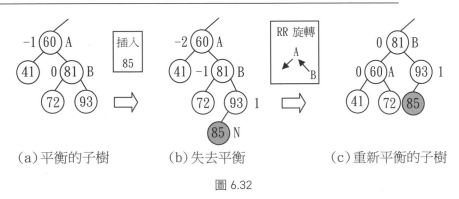

(a)平衡的子樹　　　　　(b)失去平衡　　　　　(c)重新平衡的子樹

圖 6.32

RR 型其實對稱於 LL 型旋轉。當節點 A 的 BF 原本是 -1，且新節點 N 加在 A 的**右**兒子（節點 B）的**右**子樹時，造成 B 和 A 的平衡係數 BF 都減 1。調整的方法是將節點 B 逆時針旋轉為此子樹的新樹根，節點 A 逆時

針旋轉成節點 B 的左兒子。由於節點 B 的左子樹 BL 原本就小於 B 但大於 A，因此可將 BL 移至節點 A 的右子樹。符合二元搜尋樹的性質，同時高度也重新平衡。

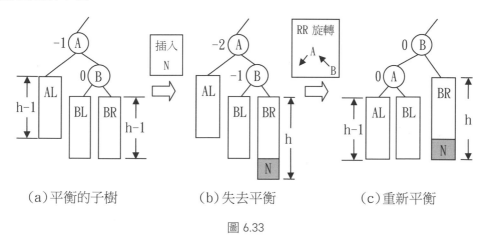

（a）平衡的子樹　　　　　（b）失去平衡　　　　　（c）重新平衡

圖 6.33

3. LR 型：新節點 N 插入到節點 A 的左兒子的右子樹

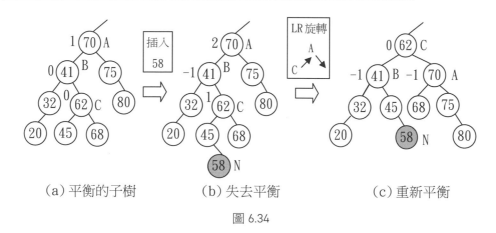

（a）平衡的子樹　　　　（b）失去平衡　　　　　（c）重新平衡

圖 6.34

　　新節點 N 加在節點 A 的**左**兒子（節點 B）的**右**子樹，造成 A 的平衡係數 BF 加 1，節點 B 的平衡係數 BF 減 1。觀察二元搜尋樹的次序關係，發現可以用節點 C 為新樹根。由於節點 C 的右子樹 CR 原本就大於 C 但小於 A，因此可將 CR 移至節點 A 的左子樹。由於節點 C 的左子樹 CL 原本就介於 B 、C 兩者之間，因此將 CL 移至節點 B 的右子樹。

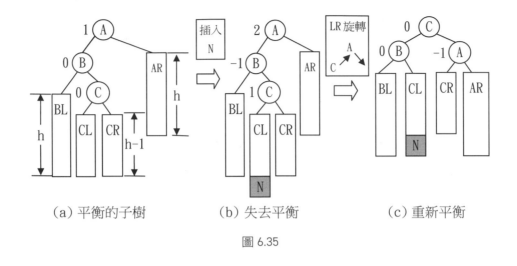

(a) 平衡的子樹　　　　(b) 失去平衡　　　　(c) 重新平衡

圖 6.35

4. RL 型：新節點 N 插入到節點 A 的右兒子的左子樹

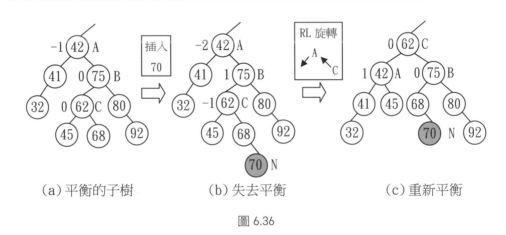

(a) 平衡的子樹　　　　(b) 失去平衡　　　　(c) 重新平衡

圖 6.36

　　RL 型對稱於 LR 型旋轉。新節點 N 加在節點 A 的**右**兒子（節點 B）的**左**子樹，造成 A 的平衡係數 BF 減 1，節點 B 的平衡係數 BF 加 1。用節點 C 為新樹根。由於節點 C 的右子樹 CR 原本就大於 C 但小於 B，因此可將 CR 移至節點 B 的左子樹。由於節點 C 的左子樹 CL 原本就介於 A、C 兩者之間，因此將 CL 移至節點 A 的右子樹。

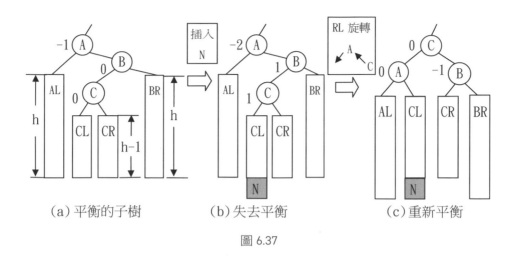

（a）平衡的子樹　　　　　　（b）失去平衡　　　　　　　（c）重新平衡

圖 6.37

範例 6.4　建立 AVL 樹

以右列資料 12, 1, 4, 3, 7, 8, 10, 2，建立 AVL 樹。

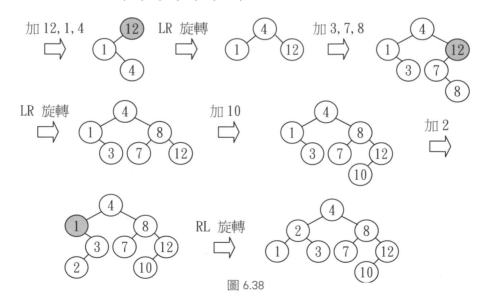

圖 6.38

刷題 57：判斷二元樹是否為 AVL 樹　　　　　難度：★

問題：給定一棵二元樹，請判斷是否為 AVL 樹。

⬇

執行範例 1：輸入圖 6.29(a)，輸出 True。

執行範例 2：輸入圖 6.29(b)，輸出 False。

解題思考：

1. 與刷題 52 類似，每個樹葉直接回報高度 1 給其父節點。

2. 每個內部節點作兩件事：(1) 計算自己的平衡係數 BF，其值為左右子樹高度差的絕對值。若 BF 大於等於 2，就設定整棵樹的 balanced 為 False（balanced 初設為 True）。(2) 回報自己的高度 h 給其父節點，好讓父節點計算 BF。h 為左子樹高度 hLeft 及右子樹高度 hRight 的較大值加 1。

3. 每個內部節點在作上述兩件事之前，先檢查 balanced 是否為 False，若已是 False，代表已經發現不平衡子樹，本子樹就無須作事，直接 return 即可。

參考解答：

```
class BinTree:                            # 參考 P6-20 頁
  ...
  def TestAVL(self):
    self.balanced = True
    self.calBF(self.root)
  def calBF(self, node):
    if not (node.left_c or node.right_c):   # 樹葉，直接回報高度 1
      return 1
    if not self.balanced:            # 已發現不平衡子樹，無須測試本子樹
      return 0
    leftH = self.calBF(node.left_c) if node.left_c else 0 # 深入左子樹
    rightH = self.calBF(node.right_c) if node.right_c else 0
    # 深入右子樹
                                                          ↓
```

```
        if abs(leftH - rightH) > 1:        # 左右子樹高度相差超過 1
          self.balanced = False            # balanced 設為不平衡
        return max(leftH, rightH)+1        # 回報高度給父節點

t1 = BinTree()
t1.readFile('btree6-29b.txt')
t1.TestAVL()
print(t1.balanced)
```

效率分析　同 DFS 的效率，所以時間複雜度為 O(n)。

▌ calBF 函式中使用 Python 的簡潔 if-else：

```
leftH = self.calBF(node.left_c) if node.left_c else 0
```

相當於：

```
if node.left_c:
    leftH = self.calBF(node.left_c)
else:
    leftH = 0
```

✎ 練習題

6.18 Obtain an AVL tree and a Binary Search tree from the following
     sequences of insertions: 12, 1, 4, 3, 7, 8, 10, 2, 11, 5, 6

↓

6.19 針對以下高度平衡樹 (AVL Tree)，再新增一個節點 JAN 後，新的高度平衡樹中所有節點的平衡因子 (Balance Factor) 的總和為：

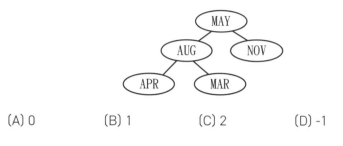

(A) 0   (B) 1   (C) 2   (D) -1

主題 6-H　m 元搜尋樹與 B 樹

✳ 什麼是 m 元搜尋樹

回想二元搜尋樹的結構，共有 1 個資料值、2 個鏈結指標。若這個節點的資料值為 k_1，鏈結為 L_0、L_1，在以 k 為 key 做二元搜尋樹搜尋時，必須重複對每個經過的節點作以下的判斷：

(1) $k < k_1$：往指標 L_0 所指的子樹。

(2) $k > k_1$：往指標 L_1 所指的子樹。

(3) $k = k_1$：搜尋成功。

與二元搜尋樹同樣的原理，m 元搜尋樹上每個節點的鏈結最多有 m 個：

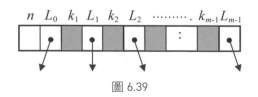

圖 6.39

其中 n 欄位儲存實際存在的資料個數，$n \leq m\text{-}1$。如果 L_0、L_1、$\cdots$、$L_{m\text{-}1}$ 都不是 None，則這個節點有 m 個子樹，同時符合下列性質：

1. 節點中的 n 個資料值遞增排列，亦即 $k_1 < k_2 < \cdots < k_i < k_{i+1} < \cdots < k_n$。

2. 進行搜尋時，若 $k < k_1$，則往 L_0 所指的子樹；若 $k_1 < k < k_2$，則往 L_1 所指的子樹，因此若 $k_i < k < k_i+1$，往 L_i 所指的子樹；若 $k > k_n$，則往 L_n 所指的子樹。

3. 若 $k = k_i$，$1 \leq i \leq n$，則搜尋成功。

　　使用下圖描述搜尋 $k = 43$ 的過程：

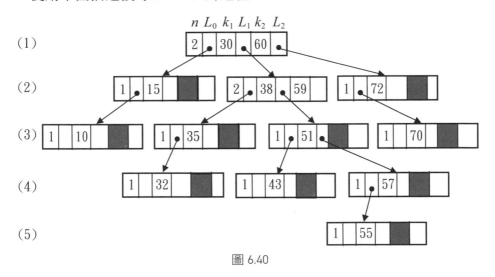

圖 6.40

- 在 (1)：k_1 (30) $< k$ (43) $< k_2$ (60)：往指標 L_1 所指的子樹。

- 在 (2)：k_1 (38) $< k$ (43) $< k_2$ (59)：往指標 L_1 所指的子樹。

- 在 (3)：k (43) $< k_1$ (51)：往指標 L_0 所指的子樹。

- 在 (4)：k (43) $= k_1$(43)：搜尋成功。

✳ 什麼是 B 樹

m 元搜尋樹如同二元搜尋樹，也會遭遇高度不平衡的問題，因此 Bayer 和 McCreight 二人提出平衡的 m 元搜尋樹，稱為「B 樹」，B 樹符合下列條件：

1. 每個節點至多有 m 個子樹（m 元的意義）。

2. 樹根至少有 2 個子樹，除非它也是樹葉（使節點提早產生分支，不致一開始就偏一邊）。

3. 除了樹根和樹葉之外，其餘的內部節點，至少有 $\lceil m / 2 \rceil$ 子樹。（使每個節點至少填滿一半以上）

4. 所有的樹葉都在同一階，亦即從樹根到任一個樹葉所經過的路徑長度均相同。（保持高度上的平衡）

下圖 6.41 為一棵 3 元 B 樹，樹葉的鏈結以及節點的 n 欄位省略沒有畫出，且資料欄位編號由 1 開始（為解說方便，每個節點旁的英文字母為節點名稱）。

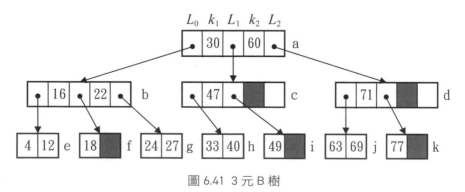

圖 6.41 3 元 B 樹

✳ 插入新資料到 B 樹

新資料插入後必須確保插入後仍符合 B 樹的特性，方法簡述如下：

1.　經過類似搜尋的過程，找到第一個可插入點（一定是樹葉）。

2.　如果此樹葉的資料欄位有空位，將新資料插入適當順序的資料欄位。

3.　如果樹葉的資料欄位已經額滿沒有空位，則樹葉進行節點分裂 (split)，並且分配資料鍵到兩個樹葉，同時將中間的鍵（第「m / 2」個）往上插入父節點。

4.　父節點的插入過程如同步驟 2 和步驟 3，如果此節點還需要分裂，則一直重複。因此每次插入最多可能使 B 樹的高度 h 增加 1。

　　我們以圖 6.41 的 B 樹來說明加入新資料的過程。

加入 21

1.　經過類似搜尋的過程，發現 21 必須加在節點 f（新資料一定是加在樹葉）。

2.　因為節點 f 的資料欄位 data[2] 空著，因此將 21 放入 data[2]。

3.　節點 f 的 n 欄位值由 1 變成 2（變成有 2 個鍵值）。

圖 6.42

加入 74

1.　74 必須加在節點 k。

2.　因為節點 k 的資料欄位 data[1] = 77，而 data[2] 空著，因此先將 77 右移到 data[2]，以維持 key 的遞增順序，再將 21 放入 data[1]。

3.　節點 k 的 n 欄位，由 1 變成 2。

圖 6.43

加入 43

1. 43 必須加在節點 h，但節點 h 的兩個資料欄位已經額滿，因此必須發生節點「分裂」(split)。

2. 節點 h 分裂為 h 和 h' 兩節點，並且資料前半分配給節點 h，後半分配給節點 h'，中間的資料則往上移到父節點 c，同時節點 c 也應該再調整資料欄位和鏈結欄位，以維持正確順序。

3. 下圖中節點 h 分裂為兩節點，如同細胞分裂分配基因，中間資料 40 往上移至父節點 c，而新加入 43 的則放入 h'。

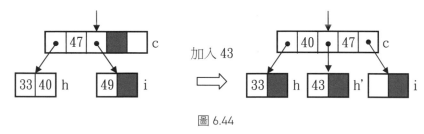

圖 6.44

加入 37

1. 37 必須加在節點 h。

圖 6.45

加入 39

1. 39 必須加在節點 h。但節點 h 的兩個資料欄位已經額滿，節點必須分裂。

2. 節點 h 分裂為 h 和 h" 兩節點，中間的資料 37 則往上移到父節點 c。

3. 節點 c 兩個資料欄位已滿，必須分裂成 c 和 c'，並把中間的鍵 40 往上移至父節點 a。

4. 節點 a 兩個資料欄位已滿，必須分裂成 a 和 a'，並把中間的鍵 40 往上移至父節點，同時也是新樹根 x，因此樹的高度增加 1。

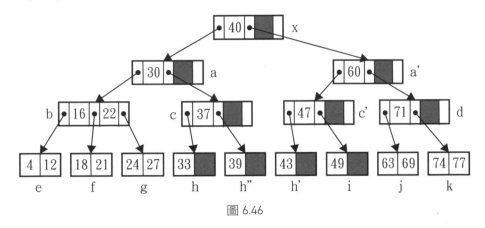

圖 6.46

▌ 在實際的應用如資料庫管理系統 (DBMS) 中，使用的是以 B 樹為基礎再精進的 B⁺ 樹及 B* 樹等樹狀結構作為索引，可更加快搜尋的速度及提高儲存的效率。

✎ 練習題

6.20 試問何者為依序輸入下列資料所形成的 3 元 B 樹（B tree of order 3）？22, 13, 35, 25, 28。

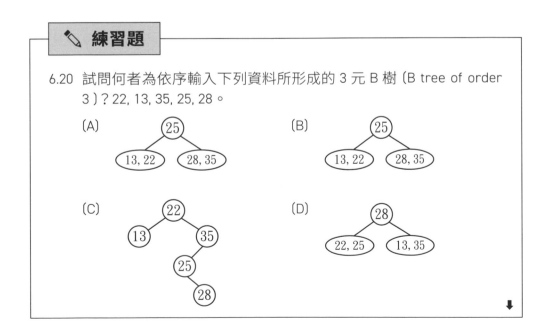

6.21 Given the B-tree of order 5, draw the results when the key values 15,30,40, and 50 have been inserted.

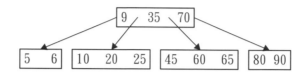

6-4 樹的應用

▌主題 6-1 互斥集合 (Disjoint Set) 與 Union-Find

✦ 什麼是互斥集合

　　由 n 個元素（編號 $0 \sim n\text{-}1$）可分割成若干個沒有交集（即元素不重複）的「互斥集合」(disjoint set)，每個集合取其中一個元素作為集合的代表，稱之為「標籤」(label)。一開始這 n 個元素分屬於 n 個集合（每個集合 1 個元素），接著可能執行一連串的基本運算。基本運算有 2 種：

1. 聯集 (union)：將 2 個互斥集合合成 1 個集合，並取其中一個元素作為標籤。

2. 尋找 (find)：給定任一元素，找出此元素所屬的集合（傳回標籤）。

★ 互斥集合的實作

1.　假設有 9 個元素，使用陣列 parent[] 儲存，初設 parent[i] = i，亦即 9
　　個元素本身就是所屬集合的標籤，因此共有 9 個集合。

圖 6.47

2.　假設經過一連串的聯集運算之後，成為 3 個集合：

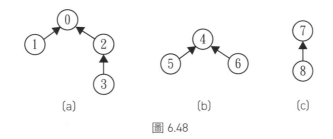

圖 6.48

　　則陣列 parent[] 將如下（對應上圖 (a)~(c)）：

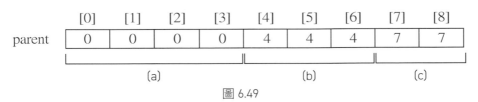

圖 6.49

★ 互斥集合的 find 運算

如果執行 find(3) 應該傳回 0，因為 0 是 3 所屬集合的標籤。做法是：

```
先追蹤 parent[3]，發現 parent[3] 為 2，
再追蹤 parent[2]，發現 parent[2] 為 0，
再追蹤 parent[0]，發現 parent[0] 為 0，停止。
```

find 的效率取決於表示此集合之樹的高度，高度越大比較次數越多。

▌若任兩個元素 a, b 的 find 值相同（find(a) = find(b)），代表 a 和 b 屬於同一個集合。例如 find(1) 與 find(3) 相等均為 0，所以 1 和 3 屬於同一個集合。

✳ 互斥集合的union運算

　　以執行 union(0,7) 為例，表示要將由元素 0 及元素 7 所代表的兩個集合做聯集。結果可能是下列兩者之一：

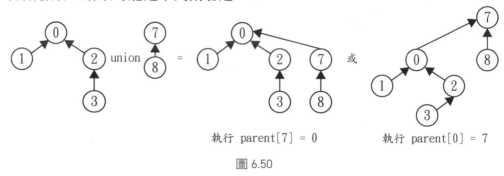

執行 parent[7] = 0　　　　　執行 parent[0] = 7

圖 6.50

　　右邊的樹高度較大，因此後續要執行 find 時效率會比較差。減少聯集後高度的方法是將高度較小的集合加到高度較大的集合上。例如上圖的左邊，將高度為 2 的集合加到高度為 3 的集合上，如此可以確保 union 運算所產生的樹高度為最小。

✳ 互斥集合的路徑壓縮

　　路徑壓縮就是將 find(i) 過程中從元素 i 到樹根所經過的非樹根節點都直接指向樹根，如此可以壓縮往後 find 這些節點時必須走過的路徑高度，加快往後的 find 效率。

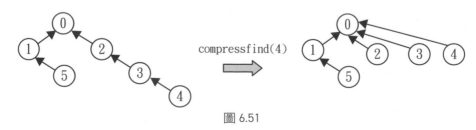

圖 6.51

主題 6-J 資料壓縮與霍夫曼 (Huffman) 樹

✦ Huffman 樹

二元樹一個有趣的應用是 Huffman 樹。使用 Huffman 樹可以對資料進行 Huffman Coding(霍夫曼編碼),至今仍常被使用在資料壓縮的應用中,例如 jpeg 影像檔的壓縮就使用 Huffman Coding。對於一棵如右圖所示的二元樹,定義「外部路徑長」(external path length) 為:**由樹根到每個外部節點的路徑長度之總和**。因此此樹的外部路徑長 = 2 (E) + 2 (F) + 3 (G) = 7。

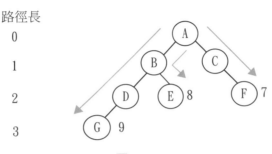

圖 6.52

如果所有外部節點(樹葉)均賦予一個數值,稱為此節點的「加權」(weight)。我們可以定義「**加權外部路徑長**」WE 為:由樹根到每個外部節點的路徑長乘上該節點的加權之總和。因此上圖的加權外部路徑長 WE = 2 * 8 + 2 * 7 + 3 * 9 = 57。下圖是由同樣的三個外部節點所構成的二元樹,但是其構造不同(E、F、G 的位置不同):

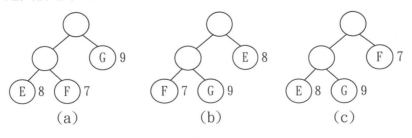

圖 6.53

（ a ）樹的 WE ＝ 1 * 9 ＋ 2 * 8 ＋ 2 * 7 ＝ 39

（ b ）樹的 WE ＝ 1 * 8 ＋ 2 * 7 ＋ 2 * 8 ＝ 40

（ c ）樹的 WE ＝ 1 * 7 ＋ 2 * 8 ＋ 2 * 9 ＝ 41

因此對具有相同加權的外部節點，但形狀不同的二元樹，它們的**加權外部路徑長 WE** 也可能不同。其中 WE 最小的二元樹稱為 Huffman 樹，或稱「最佳二元樹」。由已知的外部節點建構 Huffman 樹的過程稱為 Huffman 演算法。

· Huffman 演算法的虛擬碼

```
演算法：Huffman 法建立編碼樹（輸入：編碼字母表與頻率）
    將樹葉(字母)按照加權(頻率)由小到大排成一個串列
    當串列中多於一個元素，重複迴圈
        從串列取出加權最小的兩棵樹生成一棵新樹，(小者在左)
            其加權為兩棵樹的加權和
        將新樹樹根插入串列適當位置，使串列仍然維持由小到大
    迴圈結束
演算法結束
```

範例 6.5　建立 Huffman 樹

問題：輸入 A、B、C、D、E、F 六個樹葉，其加權分別為 15, 8, 30, 27, 5, 15，以此建立 Huffman 樹。

解題思考：

1. 將樹葉按照加權，由小到大排序好，成為一有序串列。

```
E / 5, B / 8, A / 15, F / 15, D / 27, C / 30
```

2. 取串列最左邊兩個加權最小的樹葉，作為一新節點 N 的兩個子節點，新節點 N 的加權為兩個樹葉的加權之和。

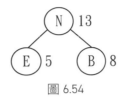

圖 6.54

3. 將節點 N 放入有序串列的適當位置，使串列保持次序。

```
N / 13, A / 15, F / 15, D / 27, C / 30
```

4. 重複步驟 2，取最左邊兩個節點 N 和 A，合成新節點 P。

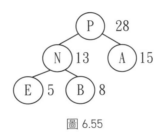

圖 6.55

5. 將節點 P 放入有序串列的適當位置，使串列保持次序。

```
F / 15, D / 27, P / 28, C / 30
```

6. 取最左邊兩個節點 F 和 D，合成新節點 R。

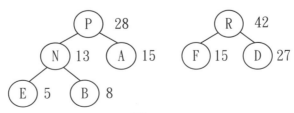

圖 6.56

7. 將節點 R 放入有序串列的適當位置，使串列保持次序。

P / 28, C / 30, R / 42

8. 取最左邊兩個節點 P 和 C，合成新節點 S。

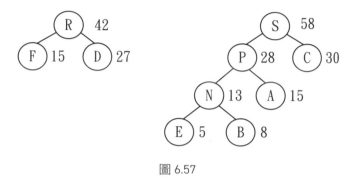

圖 6.57

9. 將節點 S 放入有序串列的適當位置，使串列保持次序。

R / 42, S / 58

10. 兩個節點 R 和 S 合成新節點 T。Huffman 演算法結束，Huffman 樹構成。

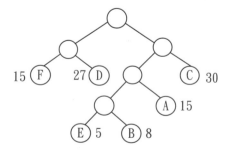

圖 6.58

Huffman 樹可用在處理資料的「壓縮」與「編碼」。如果有一段文字要進行二進制數字 (0/1) 編碼，希望編碼後的「密文」能越短越好。需要編碼的字母即為樹的樹葉，樹葉的加權即為這些字在文章中出現的頻率百分比。以前例來說明，假設共有 6 個字母需要編碼，分別是 A/15, B/8, C/30, D/27, E/5, F/15，合起來剛好 100 %。我們依照 Huffman 演算法建構 Huffman 樹：

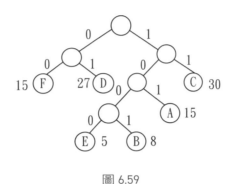

圖 6.59

每個左指標寫 0，右指標寫 1，從樹根到各樹葉所經過的路徑即為各樹葉的編碼。因此：

```
A 的編碼 = 右左右 = 101
B 的編碼 = 右左左右 = 1001
C 的編碼 = 右右 = 11
D 的編碼 = 左右 = 01
E 的編碼 = 右左左左 = 1000
F 的編碼 = 左左 = 00
```

▌出現頻率越高的字編碼越短，因為它們在建構 Huffman 樹時越晚被選取，所以它們距離樹根越近。

假設編碼一篇 1000 個字母的文章，根據字母出現的頻率計算出它們出現的次數分別是：

```
A 出現的次數 = 1000 * 15 % = 150
B 出現的次數 = 1000 *  8 % = 80
C 出現的次數 = 1000 * 30 % = 300
D 出現的次數 = 1000 * 27 % = 270
E 出現的次數 = 1000 *  5 % = 50
F 出現的次數 = 1000 * 15 % = 150
```

因此總共需要的 bit 數：

```
150 * 3 + 80 * 4 + 300 * 2 +270 * 2 + 50 * 4 + 150 * 2 = 2410
```

如果未經編碼，每個字母要用 8 個位元的 ASCII 碼來表示，1000 個字母共需 8000 個位元，因此壓縮率為 $(1-\dfrac{2410}{8000})\times 100\ \% \approx 70\ \%$，亦即節省了約 70 % 的儲存或傳輸成本。

解碼者必須和編碼者使用同一個 Huffman 樹。如果解碼者收到的編碼是 01100010100，解碼動作和編碼動作相同，每個字母從樹根出發，1 則往右，0 則往左，直到碰到樹葉則完成一個字母的解碼。因此，01 為 D，1000 為 E，101 為 A，00 為 F，全部解碼成 "DEAF"。

範例 6.6 霍夫曼編碼 Huffman Encoding

問題：給定欲編碼的字母及其加權，請建構 Huffman 樹並輸出編碼表。

執行範例：輸入 A B C D E F 及 15 8 30 27 5 15，輸出 A 101, B 1001, C 11, D 01, E 1000, F 00。

解題思考：

1. 依照 Huffman 演算法的虛擬碼實作為 HuffmanCode 類別，產生此類別物件時就根據輸入建構 Huffman 樹。

2. 建構中各棵樹的樹根都放入優先佇列 pq 中，以便有效率地取出加權最小的兩棵樹來合成一棵樹。pq 中每個元素儲存每棵樹的加權、樹根字元、以及指向樹根的指標，所以要多一對括號將這三個資料打包成 tuple。

3. 每棵樹是由二元樹節點鏈結而成，因此需要用到 BinTNode 類別。

4. 編碼函式 encodeTable 是一個遞迴函式，由樹根開始以 DFS 方式編碼。往左子樹遞迴深入前，先將目前編碼 curcode 後附加 '0'、往右子樹深入前附加 '1'。終止條件為到達樹葉，此時將 curcode 寫入此樹葉的編碼中。回溯到父節點之前，必須先將自己的 1 或 0 去除再回上一層，否則 curcode 會越來越長。

```python
from queue import PriorityQueue
class BinTNode:
  def __init__(self, data):
    self.data = data
    self.left_c = None
    self.right_c = None
class HuffmanCode:
  def __init__(self):
    self.chs = list(input().split())                # 編碼字元
    self.fs = list(map(float, input().split()))     # 字元頻率
    self.codes = [None]*len(self.chs)        # 字元的編碼結果
    pq = PriorityQueue()                     # 優先佇列 pq
    for i in range(len(self.chs)):           # 每個字元產生一個節點
```
⬇

```
        pq.put((self.fs[i], self.chs[i], BinTNode(self.chs[i])))
    while pq.qsize() > 1:
      f1, a1, node1 = pq.get()            # 取出加權最小的樹
      f2, a2, node2 = pq.get()            # 取出加權次小的樹
      newnode = BinTNode("X")             # 合成新的樹，樹根字母不重要
      newnode.left_c = node1
      newnode.right_c = node2
      pq.put((f1+f2, "X", newnode))       # 將新樹放入 pq
    f, a, root = pq.get()                 # 建立完成只剩一棵樹，將其取出
    self.curcode = []
    self.encodeTable(root)                    # 遞迴呼叫建立字母編碼表
    for i in range(len(self.chs)):            # 輸出編碼表
      print(self.chs[i], self.codes[i])
  def encodeTable(self, node):
    if not (node.left_c or node.right_c):   # 遞迴終止條件：遇到樹葉
      i = self.chs.index(node.data)
      self.codes[i] = "".join(self.curcode) # 將經過的路徑轉為編碼
      self.curcode.pop()                    # 去掉本身的 0/1 回到父節點
      return
    self.curcode.append("0")              # 遞迴編碼左子樹的樹葉
    self.encodeTable(node.left_c)
    self.curcode.append("1")              # 遞迴編碼右子樹的樹葉
    self.encodeTable(node.right_c)
    if len(self.curcode):                 # 若不是樹根
      self.curcode.pop()                  # 去掉本身的 0/1 回到父節點

HuffmanCode()
```

刷題 58：連接木棍的最小花費　　　　　　　　難度：★★

問題：給定一個正整數陣列，代表 n 條木棍的長度，因施工需求要逐次將兩根木棍連接成一根，最後成為一根長木棍，連接長度分別為 x 與 y 木棍的花費是 $x + y$，請找出最小的連接花費。

⬇

執行範例：輸入 1, 6, 3, 5，輸出 28。連接順序為 1 和 3、4 和 5、6 和 9，
(1+3) + ((1+3) + 5) + (6+((1+3) + 5)) = 4 + 9 + 15 = 28。

解題思考：

1. 本題與建構 Huffman 樹的過程類似，每次要挑選欲連接的兩根木棍時，貪婪地選擇最小的兩根木棍。原因是越先連接的木棍會再經過越多次的連接（貢獻越多次它的長度），因此越短的越優先，與建構 Huffman 樹時先挑選權重小的字母一樣的道理。

2. 本題只要建構不須編碼，只要在建構時將內部節點的權重（連接兩木棍的花費）累加到總花費 totalCost 即可。

參考解答：

```python
from queue import PriorityQueue
class BinTNode:                           # 參考 P6-17 頁
    ...
class StickConnection:
  def __init__(self):
    self.ws = list(map(int, input().split())) # 各木棍的加權 weights
    self.totalCost = 0
    pq = PriorityQueue()
    for i in range(len(self.ws)):
      pq.put((self.ws[i], BinTNode(self.ws[i])))  # 產生各木棍的節點
    while pq.qsize() > 1:
      w1, node1 = pq.get()              # 最短的木棍
      w2, node2 = pq.get()              # 次短的木棍
      newnode = BinTNode(w1+w2)         # 連結成一條木棍
      newnode.left_c = node1
      newnode.right_c = node2
      pq.put((w1+w2, newnode))
```

```
        self.totalCost += (w1+w2)          # 累加至總花費

w = StickConnection()
print(w.totalCost)
```

本題不須編碼，只需計算最少花費，因此也可以不保留建構中的二元樹，每次從 pq 取出最短的兩根木棍，相加後再放回 pq 即可，不用將二元樹的樹根也放入，因此不需要類別 BinTNode，StickConnection 類別可簡化如下：

```
from queue import PriorityQueue      # 不需要 BinTNode 類別
class StickConnection:
  def __init__(self):
                  ⋮

    for i in range(len(self.ws)):
      pq.put(self.ws[i])             # 只需放入木棍的加權
    while pq.qsize() > 1:
      w1 = pq.get()
      w2 = pq.get()
      pq.put(w1+w2)
      self.totalLen += (w1+w2)
```

✎ 練習題

6.22 假設編碼系統中有 A, B, C, D, E, F 等符號，其出現機率依序為 0.43, 0.13, 0.12, 0.18, 0.08, 0.06，請依據此畫出霍夫曼樹 (Huffman tree) 並設計一套霍夫曼碼 (Huffman code)，並依此碼將 0110000010000111010011 進行解碼。

第

7

章

資料排序

7-1   基本排序法 (Basic Sorting Methods)

主題 7-A   排序及定義

主題 7-B   氣泡排序法 (Bubble Sort)

主題 7-C   選擇排序法 (Selection Sort)

主題 7-D   插入排序法 (Insertion Sort)

7-2   進階排序法 (Advanced Sorting Methods)

主題 7-E   合併排序法 (Merge Sort) 與分而治之演算法

主題 7-F   快速排序法 (Quick Sort)

主題 7-G   基數排序法 (Radix Sort)

主題 7-H   堆積排序法 (Heap Sort)

7-1 基本排序法

| 主題 7-A 排序及定義

✳ 檔案與排序

　　從高階的觀點來看檔案，檔案是由一筆一筆的「紀錄」(record) 所構成，而紀錄是由許多「欄位」(field) 構成的。例如下表是通訊錄檔案，共有 6 筆紀錄，每筆紀錄有 4 個欄位。紀錄編號是根據紀錄在檔案中的實體排列順序而來，在此作為標示用，並不是一個欄位。

紀錄編號	姓名	年齡	電話	城市
1	張三	31	(02)2334----	台北市
2	李似	16	(02)2999----	新北市
3	王全	25	(03)3444----	桃園市
4	趙大	41	(02)2887----	台北市
5	陳文	53	(04)333----	台中市
6	江水	28	(03)534----	新竹市

　　我們可以根據任何能夠比較大小的欄位來調整紀錄間的順序，例如姓名欄位、年齡、電話、城市。

紀錄編號	姓名	年齡	電話	城市
1	李似	16	(02)2999----	新北市
2	王全	25	(03)3444----	桃園市
3	江水	28	(03)534----	新竹市
4	張三	31	(02)2334----	台北市
5	趙大	41	(02)2887----	台北市
6	陳文	53	(04)333----	台中市

使用某些欄位的值為依據以調整紀錄間的順序，這個動作稱為「排序」(sorting)，用來排序的欄位稱為「鍵欄」(key field)。例如上表就是依據年齡欄位排序，16 歲住新北市的李似原本是第二筆紀錄，排序後變成第一筆紀錄。在本章中我們都只用鍵欄來代表整筆紀錄，比較簡單且不影響演算法的原理。

✳ 內部排序與外部排序

只要能將資料依照鍵欄重排成由小到大或由大到小順序的方法，都屬於排序演算法，有名的排序演算法就有將近三十個。而將排序演算法分類的方式也很多，其中一種分類方式為：若一個排序演算法將待排序的資料全部放在主記體中，此排序法稱為「內部排序法」(internal sorting algorithm)。如果因為檔案太大或其他原因，使得排序進行時只有部份資料在主記憶體中，其他資料存於外部記憶體例如磁碟或光碟中，則稱這些方法為「外部 (external) 排序法」。

內部排序法所處理的對象全部在主記憶體中，因此存取的速度較快。外部排序法牽涉到對外部記憶體的存取，因此不但存取速度較慢，並且存取的方式也受限制，例如磁碟必須一次存取一個區塊的資料等。

✳ 排序法的效率

我們對排序法最感興趣的特性，是排序的效率。通常我們以排序的資料量(n 個資料)為參數，有些排序法需時 $O(n^2)$，有些可達 $O(n \lg n)$。排序法的效率又可分為三種狀況：

1. **平均效率** (average performance)：資料出現在任一位置的機率均相等。

2. **最差效率** (worse performance)：資料呈現某種分佈使排序最慢的狀況。

3. **最佳效率** (best performance)：資料呈現某種分佈使排序最快的狀況。

在內部排序法中，影響效率的因素是作「比較」(comparison) 的次數，和資料「交換」(exchange) 或「移動」(movement) 的次數。因為內部排序法的基本運算即為「比較」與「交換」(包含移動)。

✴ 排序法的空間需求

排序法的空間需求是指執行這些排序法所需的額外記憶體空間大小，不包含資料本身。有些排序法完全不需額外記憶體，有些只需少數記憶體 $O(1)$，有些需要 $O(n)$ 的額外記憶體，有些甚至更多。排序法的效率與空間需求是兩個不同的性質，若比較重視效率，就可以選擇效率較好的方法，但其使用空間可能會比較多，此時就要依需求進行權衡選擇。

✴ 排序法的穩定性

我們都知道排序法就是要改變紀錄的順序，把鍵欄值小的紀錄排到前面、大的排到後面。那麼值一樣的那些紀錄呢？排序法的「穩定性」(stability) 就是指鍵欄值相同的那些紀錄，經過排序後仍然保持原先的先後相對次序。例如有 8 筆鍵欄資料值為：18, 3, 9, 18', 10, 9', 6, 3'，假設 18 與 18' 是兩筆鍵欄資料值相同的不同紀錄 (例如此欄代表年齡，可能有兩筆紀錄剛好都是 18 歲)。某種排序法排序後，它確保鍵欄資料值相同的紀錄仍維持先前的順序，亦即變成：3, 3', 6, 9, 9', 10, 18, 18'，這種排序法就具有穩定性。如果排成：3, 3', 6, **9'**, 9, 10, 18, 18'，其中 **9'** 這筆紀錄原先在 **9** 這筆紀錄**之後**，排序後變成在 **9 之前**，這種排序法就不具有穩定性。

Python 的排序

Python 提供 list 排序的功能呼叫：sort() 及 sorted()，sort() 會直接在原來的 list 中排序、sorted() 則會將排序結果放到另一 list，原 list 不會變動，例如：

```
a = [5, 3, 1, 2, 4]
b = sorted(a)                    # b 是 [1, 2, 3, 4, 5]，a 不變
a.sort()                         # a 是 [1, 2, 3, 4, 5]
```

▌ Python 的 sort() 及 sorted() 使用的排序演算法稱為 TimSort，它是本章介紹的插入排序法與合併排序法的混合體。

主題 7-B　氣泡排序法 (Bubble Sort)

　　假設待排序的資料存於陣列 a 中，氣泡排序法的原理是重複比較相鄰兩個資料 a[j-1] 和 a[j]，如果兩個資料順序不對 (左大右小) 就交換。先比較 a[0] 和 a[1]，再比較 a[1] 和 a[2]　，…，如此大的資料會逐漸被交換到右邊，就好像大氣泡受到的浮力較大會先冒出來一樣。重複這樣的掃瞄多次，資料會逐一被交換到正確的定位。

　　將範圍內最大資料排至定位的過程稱為一個「回合」(pass)，Pass 1 範圍是 a[0] ~ a[n-1]，這 n 個資料中最大的會被交換到 a[n-1]（範圍內的最右邊），以下詳細示範當 n = 9 時 Pass 1 的動作：

Pass 1	[0]	[1]	[2]	[3]	[4]	[5]	[6]	[7]	[8]	說明
原始資料	37	41	19	81	41	25	56	61	49	進行 Pass 1 前的資料
a[0] 比 a[1]	37	41	19	81	41	25	56	61	49	37 ≤ 41 不須交換
a[1] 比 a[2]	37	19	41	81	41	25	56	61	49	41 ≤ 19 交換
a[2] 比 a[3]	37	19	41	81	41	25	56	61	49	41 ≤ 81 不須交換
a[3] 比 a[4]	37	19	41	41	81	25	56	61	49	81 ≤ 41' 交換
a[4] 比 a[5]	37	19	41	41	25	81	56	61	49	81 ≤ 25 交換
a[5] 比 a[6]	37	19	41	41	25	56	81	61	49	81 ≤ 56 交換
a[6] 比 a[7]	37	19	41	41	25	56	61	81	49	81 ≤ 61 交換
a[7] 比 a[8]	37	19	41	41	25	56	61	49	81	81 ≤ 49 交換

可以看出來 Pass 1 的範圍共有 9 個資料，進行了 8 個比較、6 個交換。Pass 2 範圍是 a[0] ~ a[7]，並且 8 個元素中最大的會被交換至 a[7]，也就是範圍內的右限，以此類推每一個回合進行的動作都是一樣的，只是範圍越來越小。9 個元素共需 8 個 Pass (剩一個資料時位置一定對)，因此 n 個元素共需 n-1 個 Pass。排序過程如下所示 (其中 "Pass 1 後 " 是指執行 Pass 2 前的資料)：

時間點	[0]	[1]	[2]	[3]	[4]	[5]	[6]	[7]	[8]	說明
原始資料	37	41	19	81	41	25	56	61	49	Pass 1 範圍 a[0] ~ a[8]
Pass 1 後	37	19	41	41	25	56	61	49	81	Pass 2 範圍 a[0] ~ a[7]
Pass 2 後	19	37	41	25	41	56	49	61	81	Pass 3 範圍 a[0] ~ a[6]
Pass 3 後	19	37	37	41	49	56	61	81	81	Pass 4 範圍 a[0] ~ a[5]
Pass 4 後	19	25	37	41	41	49	56	61	81	Pass 5 範圍 a[0] ~ a[4]
Pass 5 後	19	25	37	41	41	49	56	61	81	Pass 6 範圍 a[0] ~ a[3]
Pass 6 後	19	25	37	41	41	49	56	61	81	Pass 7 範圍 a[0] ~ a[2]
Pass 7 後	19	25	37	41	41	49	56	61	81	Pass 8 範圍 a[0] ~ a[1]
Pass 8 後	19	25	37	41	41	49	56	61	81	排序完畢

圖 7.1

範例 7.1 設計氣泡排序法

問題：輸入一串資料，使用氣泡排序法排序，輸出排序結果。

執行範例：輸入 37 41 19 81 41 25 56 61 49，輸出 19 25 37 41 41 49 56 61 81。

解題思考：

1. 每一個回合由 for 迴圈的計數器 i 控制排序範圍為 [0] ～ [i]，所以 i 是排序範圍的右限，由 n-1 遞減至 1。因此第一回合範圍是 n 個資料，逐漸遞減到最後回合只有 2 個資料。注意 Python 的 range(m, n, step)，不管 step 是正或負，都是含 m 不含 n，因此 range(len(a)-1, 0, -1) 是從 len(a)-1 遞減到 1。

   ```
   for i in range(len(a)-1, 0, -1):
     …每一回合
   ```

2. 每回合內部執行第二層 for 迴圈，由迴圈計數器 j 控制每次作比較的兩個資料 a[j-1] 及 a[j]，j 由 1 遞增到 i。

   ```
   for j in range(1, i+1):
     if a[j-1]>a[j]:
        …交換
   ```

3. 要將兩個變數 a 和 b 的內容值交換，一般需要 3 個指定敘述，須先把 a 或 b 的值暫存到另一個變數 t 以免被蓋掉：t = a, a = b, b = t。但 Python 可以只寫 a, b = b, a，因 Python 隱藏了其中的暫存細節。

```
def bubble_sort(a):
  for i in range(len(a)-1, 0, -1):      # i 是每回合的右限
    for j in range(1, i+1):             # j 是每個比較的右者
      if a[j-1]>a[j]:
        a[j-1], a[j] = a[j], a[j-1]     # a[j-1] 與 a[j] 交換
                                                                    ⬇
```

```
data = [37,41,19,81,41,25,56,61,49]
bubble_sort(data)
print(data)
```

　　氣泡排序法在每個回合的比較次數及交換次數如下表，其中雙層 for 迴圈的外圈決定每個 Pass 的範圍是 0 ~ i、內圈執行該 Pass 內的所有比較，所以內圈的主體—if 區塊進行一次比較及可能的一次交換（若 a[j-1] > a[j] 條件成立）。

	比較次數		交換次數	
	最好狀況	最壞狀況	最好狀況	最壞狀況
pass 1	n-1	n-1	0	n-1
pass 2	n-2	n-2	0	n-2
pass 3	n-3	n-3	0	n-3
⋮	⋮	⋮	⋮	⋮
pass n-1	1	1	0	1
總計	$\dfrac{n(n-1)}{2}$	$\dfrac{n(n-1)}{2}$	0	$\dfrac{n(n-1)}{2}$

效率分析　可以看出來比較次數與輸入資料的順序無關，而最好狀況是資料已經照順序排列（正序），不需做任何交換，但是每次的比較還是必須要作。最壞的狀況是資料按相反方向排列（反序），每次比較都要交換。最好、平均、和最壞狀況下的比較次數都是 $\dfrac{n(n-1)}{2}$，因此氣泡排序法的時間複雜度為 $O(n^2)$。

空間需求　不需要額外記憶體空間，因為資料只在陣列中交換位置。

穩定性　氣泡排序法具有穩定性，因為兩兩比較後需要交換的條件是「左大右小」，相同大小的資料並不交換。例如在 Pass 3 時，a[3](41) 無法越過 a[4](41')。

延伸刷題：設計最佳狀況為 O(*n*) 的氣泡排序法

問題：請改良氣泡排序法使得最好狀況下的效率是 O(*n*)。

解題思考：

1. 只要做簡單的改良，當某一個回合完全沒有交換動作時，即可結束整個排序。因為任一對資料都是左小右大不須交換時，排序已然完成。

2. 在每個回合開始前要重設「交換旗號」swapFlag 的值為 False，本回合進行中若有交換發生則設定 swapFlag 的值為 True，本回合結束前檢查 swapFlag，若其值為 False 代表整個回合都沒有交換，則執行 return 以提前結束排序。

解題思考：

```
def bubble_sort(a):
  for i in range(len(a)-1, 0, -1):
    swapFlag = False          # 每回合開始前初設交換旗號為 False
    for j in range(1, i+1):
      if a[j-1]>a[j]:
        a[j-1], a[j] = a[j], a[j-1]
        swapFlag = True       # 有交換就設定交換旗號為 True
    if not swapFlag:          # 回合結束若都沒有交換則結束整個排序
      return
```

効率分析 比原先的氣泡排序法多出來的敘述就是須付出的代價，像是每回合開始前初設交換旗號 swapFlag 為 False，還有每次有交換就設定 swapFalg 為 True，以及每回合結束前檢查旗號是否可以提前結束排序。

主題 7-C　選擇排序法 (Selection Sort)

在氣泡排序法的每一回合中，範圍內最大的元素會由它原先的位置開始，經過一次次的比較與交換，「一步一腳印」的到達範圍的最右邊。選擇排序法卻是將範圍內的最大元素「一步到位」：經過一個交換就到達範圍的最右邊。前提是必須能「選擇」出範圍內最大的元素，再與範圍內的最右邊元素交換。而選擇最大元素的方法則必須掃描整個範圍的資料，隨時記錄最大的資料，掃描完畢就可以得知最大的值。

每次的選擇及交換動作稱為一個回合。Pass 1 的範圍是 a[0]~a[n-1]，可將範圍內的最大資料一次交換到右限 a[n-1]，Pass 2 的範圍是 a[0]~a[n-2]，可將範圍內的最大資料一次交換到右限 a[n-2]…，如此每個回合將範圍內最大的資料歸到範圍最右邊的定位，直到整個陣列都排序好，如同氣泡排序法。9 個元素共需 8 個 Pass，因此 n 個元素共需 n-1 個 Pass。我們用下面的原始資料來進行選擇排序，排序過程如下（81 ↔ 49 表示 81 與 49 交換）：

時間點	[0]	[1]	[2]	[3]	[4]	[5]	[6]	[7]	[8]	說明
原始資料	37	61	19	41	**81**	25	56	41'	49	Pass 1: a[0]~a[8], 81 ↔ 49
Pass 1 後	37	**61**	19	41	49	25	56	41'	81	Pass 2: a[0]~a[7], 61 ↔ 41'
Pass 2 後	37	41'	19	41	49	25	**56**	61	81	Pass 3: a[0]~a[6], 56 ↔ 56
Pass 3 後	37	41'	19	41	**49**	25	56	61	81	Pass4: a[0]~a[5], 49 ↔ 25
Pass 4 後	37	41'	19	**41**	25	49	56	61	81	Pass5: a[0]~a[4], 41 ↔ 25
Pass 5 後	37	41'	19	25	41	49	56	61	81	Pass6: a[0]~a[3], 41' ↔ 25
Pass 6 後	**37**	25	19	41'	41	49	56	61	81	Pass7: a[0]~a[2], 37 ↔ 19
Pass 7 後	19	**25**	37	41'	41	49	56	61	81	Pass8: a[0]~a[1], 25 ↔ 25
Pass 8 後	19	25	37	41'	41	49	56	61	81	排序完畢

圖 7.2

範例 7.2 設計選擇排序法

問題：輸入一串資料，使用選擇排序法輸出排序結果。

解題思考：

1. 與氣泡排序法相同，每一個回合範圍為 [0] ~ [*i*]，*i* 由 *n*-1 遞減至 1，所以 *i* 是排序範圍的右限，範圍由第一回合的 *n* 個資料到最後回合的 2 個資料。

2. 每回合內部執行第二層 for 迴圈，先設定最大資料值的位置 maxpos 是 0，迴圈計數器 *j* 控制 a[*j*] 輪流與目前最大值 a[maxpos] 挑戰，挑戰成功就更新最大值所在位置 maxpos。注意隨時記錄的是最大值的 " 位置 " 而不是 " 值 "，因為在每一回合的最後，要把最右限資料和最大的資料交換位置。

```
maxpos = 0
for j in range(1, i+1):
  if a[j]> a[maxpos]:
    maxpos = j
```

```
def selection_sort(a):
  for i in range(len(a)-1, 0, -1):
    maxpos = 0                      # 每回合先設定最大值位置是 0
    for j in range(1, i+1):         # 輪流挑戰最大值
      if a[j]> a[maxpos]:
        maxpos = j                  # 挑戰成功，記錄最大值新的位置
    a[maxpos], a[i] = a[i], a[maxpos]    # 最大值與最右限資料交換

data = [37,41,19,81,41,25,56,61,49]
selection_sort(data)
```

效率分析 選擇排序法與氣泡排序法的雙層 for 迴圈結構都是一樣的，比較次數 $\frac{n(n-1)}{2}$ 都無法節省（節省的是每回合只做一次交換），因此時間複雜度仍為 O(n^2)。

空間需求	不需要額外記憶體空間。

穩定性	選擇排序法不具穩定性，因為資料有可能因為交換而「飛越」過與它相同值的資料，因而改變原先的相對順序。例如在 Pass 2 時，a[7](41') 和 a[1](61) 交換，結果 41'(a[1]) 變成在 41(a[3]) 的左邊。

刷題 59：將數字組合成最大數　　　　　難度：★★

問題：輸入一個正整數陣列，將這些數字組成最大的數字，以字串形式輸出。

執行範例 1：輸入 29, 3，輸出 329

執行範例 2：輸入 41, 5, 42, 52, 7，輸出 75524241

解題思考：

1. 類似選擇排序法，每一回合掃描所有數字選出 " 最大 " 的數，將其附加到結果字串，並將此數由陣列中刪除。

2. 必須修改較大數的定義，a 數大於 b 數的定義不是 a > b，而是 a ⊕ b > b ⊕ a，其中 ⊕ 是指兩數的字串串接，因此 3 跟 30 比較，3 才是較大數，因為 3 ⊕ 30 (=330) > 30 ⊕ 3 (=303)。

參考解答：

```
def isLarger(a, b):          # 若 a>=b 得 True
  if str(a)+str(b) >= str(b)+str(a):
    return True
  return False

def largestNum(nums):
  result = ""                # 初設結果字串為空
                                                        ↓
```

```
    while len(nums):          # 當來源陣列還有資料時重複迴圈選出最大數
        largestPos = 0
        for j in range(1, len(nums)): # nums[j] 輪流挑戰 nums[largestPos]
            if isLarger(nums[j], nums[largestPos]):
                largestPos = j              # 挑戰成功，霸主換成 j
        result += str(nums[largestPos])     # 將最大數放入結果字串
        nums.remove(nums[largestPos])       # 將最大數由來源陣列中刪除
    return result

nums = [3, 30, 34, 9, 5]
print(largestNum(nums))
```

▌ 主題 7-D　插入排序法 (Insertion Sort)

插入排序法的原理就好像是在整理撲克牌一樣，當發牌者將撲克牌一張一張發到我們手上時，我們從第二張牌開始，每拿到一張新牌就把它插到已經排好的舊牌當中的正確位置上。用下面的過程說明：

假設要將 a[8] 的資料 49 插入已經排好的 a[0] ～ a[7] 中適當的位置，資料排列如下：

[0]	[1]	[2]	[3]	[4]	[5]	[6]	[7]	[8]
19	25	37	41	41'	56	61	81	49

圖 7.3

1. 首先將 a[8] 的值 (49) 往上提，放入 up 變數，則 a[8] 產生空位。

up = 49

[0]	[1]	[2]	[3]	[4]	[5]	[6]	[7]	[8]
19	25	37	41	41'	56	61	81	

圖 7.4

2. 因 81 > 49, 61 > 49, 56 > 49，所以將它們分別往右移一格。41' 不大
於 49，因此 41' 不動，空位停在 a[5]。

up = | 49 |

[0]	[1]	[2]	[3]	[4]	[5]	[6]	[7]	[8]
19	25	37	41	41'		61	81	49

圖 7.5

3. 將 up 的值 (49) 放入空位 a[5] 中。

[0]	[1]	[2]	[3]	[4]	[5]	[6]	[7]	[8]
19	25	37	41	41'	49	61	81	49

圖 7.6

因此 a[0] ~ a[8] 就都照順序排好了。

插入排序法就是按照這個原理，第一個回合整理 a[0] ~ a[1]，因為有
兩張牌才有必要整理，第 i 個回合整理完 a[0] ~ a[i]。總計 n 個元素需要
進行 n-1 個回合，整理 a[0] ~ a[n-1]。

假設待排序資料如下，9 個元素共需 8 個 pass，因此 n 個元素共需
n-1 個 pass(其中陰影部分的數字只是彼此之間相對順序已正確，不代表已
就定位)：

時間點	[0]	[1]	[2]	[3]	[4]	[5]	[6]	[7]	[8]	說明
原始資料	37	41	19	81	41'	25	56	61	49	粗體字為上提
Pass 1 後	37	41	19	81	41'	25	56	61	49	37 不大於 41，41 仍在 a[1]
Pass 2 後	19	37	41	81	41'	25	56	61	49	41,37 右移，19 插入 a[0]
Pass 3 後	19	37	41	81	41'	25	56	61	49	81 右移，41' 插入 a[3]
Pass 4 後	19	37	41	41'	81	25	56	61	49	81~37 右移，25 插入 a[1]
Pass 5 後	19	25	37	41	41'	81	56	61	49	81 右移，56 插入 a[5]
Pass 6 後	19	25	37	41	41'	56	81	61	49	81 右移，61 插入 a[6]
Pass 7 後	19	25	37	41	41'	56	61	81	49	81,61,56 右移，49 插入 a[5]
Pass 8 後	19	25	37	41	41'	49	56	61	81	排序完畢

圖 7.7

範例 7.3 設計插入排序法

問題：輸入一串資料，使用插入排序法輸出排序結果。

解題思考：

1. 插入排序法每一個回合範圍為 [0] ~ [*i*]，*i* 由 1 遞增至 *n*-1，所以 *i* 是排序範圍的右限，範圍由第一回合的 2 個資料到最後回合的 *n* 個資料。

2. 每一回合的比較次數不定，所以適合使用 while 迴圈，*j* 由右限 *i* 開始遞減，先提起右限資料到 up 變數，若 a[*j*-1] 比 up 大，就將 a[*j*-1] 往右移一格，重複的條件是 a[*j*-1] 存在（*j* > 0）且 a[*j*-1] 大於 up。

```
def insertion_sort(a):
  for i in range(1, len(a)):            # 每回合排序範圍 a[0]~a[i]
    up = a[i]
    j = i
    while j>0 and a[j-1]>up:            # 若 a[j-1] 比 up 大
      a[j] = a[j-1]                      # a[j-1] 右移一格
      j -= 1                             # j 遞減以便進行下一個比較
    a[j] = up                           # 回合結束前將 up 放入空位

data = [37,41,19,81,41,25,56,61,49]
insertion_sort(data)
```

效率分析 演算法每回合的內圈是 while 迴圈，最好狀況是只作一次比較就條件不符而停止（a[j-1] 沒有大於 up），此狀況發生在資料已是正序排列，如此 *n* 個回合都是 O(1)，因此插入排序法的最佳時間複雜度是 O(*n*)。最壞與平均狀況類似前兩個排序法，都是 O(*n*²)。

額外記憶體空間 O(1)：up 變數。

穩定性 插入排序法具有穩定性，因為 a[i] 左邊元素要往右移的條件是
比 a[i] 大，所以與 a[i] 相同大小的資料無法越過 a[i] 往右移。
例如在 pass 4 時，a[2](41) 就無法越過 a[4](41')。

刷題 60：以最少移動數讓學生坐定位　　　　難度：★

問題：給定 seats[n] 陣列，代表 n 個椅子所在的位置，例如 [1, 7, 3] 代表 3
張椅子分別在這 3 個位置。以及 students[n]，代表 n 個學生所在的位置，
椅子的位置可能重疊，亦即可能數張椅子在同一個座標，學生位置也是。
請移動學生的位置到椅子位置，輸出最少的移動數，亦即讓學生就近找位
置，目標是總移動數最小。

執行範例：輸入 seats = [1, 13, 3], students = [2, 10, 8]，輸出 9。因在 2 號位
置學生移動到 1 號位置 (2-->1)、8-->3、10-->13，共需 1+5+3 個移動數為最
小。

解題思考：

1. 先將 seats[n] 及 students[n] 遞增排序，例如執行範例兩個陣列排序後
   seats = [1, 3, 13], students = [2, 8, 10]。

2. 依序將第 i 個學生移到第 i 個椅子的位置 (students[i] 對應到 seats[i])，
   累加其移動數 (students[i] 減 seats[i] 的絕對值) 到 totalMove。因此
   執行範例 2(student[0]) --> 1(seats[0])、8(student[1]) --> 3(seats[1])、
   10(student[2]) --> 13(seats[2])，總移動數為 |2-1| + |8-3| + |10-13| = 9。

3. 這個貪婪方法可以得到最少的總移動數，因為若最佳解有交叉的對應出
   現，去除交叉後的移動數不會大於有交叉的移動數，所以無交叉的一定
   是最佳解。例如若 student[1] 和 student[2] 交叉，總移動數變成 |2-1| +
   |8-13| + |10-3| = 13。

↓

參考解答：

```
def seatStudent(seats, students):
  seats.sort()
  students.sort()
  totalMove = 0
  for i in range(len(seats)):
    totalMove += abs(students[i] - seats[i])
  return totalMove

inSeats = list(map(int, input().split()))
inStudents = list(map(int, input().split()))
print(seatStudent(inSeats, inStudents)
```

效率分析 　排序的時間複雜度為 $O(n \lg n)$，計算總移動數是 $O(n)$，因此時間複雜度為 $O(n \lg n)$。

刷題 61：按照出現頻率排序資料　　　　　　難度：-

問題：給定 nums[n] 陣列，請按照資料出現的頻率排序資料。

執行範例：輸入 8, 7, 5, 7, 8, 9, 8，輸出 5, 9, 7, 7, 8, 8, 8。資料及頻率配對分別是 5:1, 9:1, 7:2, 8:3。

解題思考：

1. 可使用 Python 的字典功能，先掃描 nums 每個資料 num，建立字典 count 以資料 num 為 key、以 num 出現的頻率為 value。例如上述輸入範例，將建立字典 count 為 {8:3, 7:2, 5:1, 9:1}。

2. 字典功能：執行 count[num] = m 時，若字典 count 中沒有一個 key 是 num，就會新增一個 num：m 配對，若有的話就更新 num 的 value 為 m。另外，呼叫 count.get(num, 0) 可以得到 num 的 value，若 num 不在字典中則得到 0。　　　　　　　　　　　　　　　　　　　　↓

3. 因此建立字典的方法，就是對每一個數字 num，執行 count[num] = count.get(num,0) + 1，這樣當 num 已在字典中則會先取得 num 原來的 value，加 1 之後回存；若 num 原先不在，則會先得到 0，加 1 後回存建立 num：1 配對，所以新數字會設定計數為 1，舊數字會設定原計數加 1。

4. 排序：可以呼叫前面介紹的三個排序方法，只需改寫比較敘述，將原先 a[i] 與 a[j] 做比較，改成 count[a[i]] 與 count[a[j]] 比較，亦即多一道查字典手續。這裡呼叫 list 的 sort 功能，並且自訂排序的 key 為 count[num]。

參考解答：

```
nums = list(map(int, input().split()))   # 輸入待排序資料
count = {}                               # 空字典
for num in nums:                         # 處理每個數字
  count[num] = count.get(num,0)+1   # 新數字計數為 1、舊數字計數加 1
nums.sort(key = lambda num: count[num])  # 依數字頻率排序
print(nums)
```

刷題 62：排序單向鏈結串列資料　　　　　　難度：★

問題：給定一個單向鏈結串列，請依照節點資料將節點由小到大排序。

執行範例：輸入鏈結串列 4-->1-->8-->5，輸出鏈結串列 1-->4-->5-->8。

解題思考：

1. 本章介紹過的 3 個基本排序法都可以套用在單向鏈結串列的排序，但以 " 選擇排序法 " 較適合單向鏈結串列的特性，指標的使用較為直接 (請參考以下實作)。

↓

2. 因為單向鏈結串列中節點的指標是單向往右，所以修改每回合的規則：
   從本回合排序範圍內選出最小的資料，和範圍內最左的資料交換，如此
   小的資料會逐一被交換到左邊而歸定位。

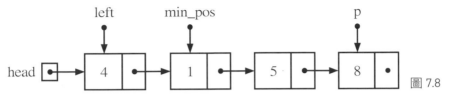

圖 7.8

3. 上圖範例中 left 指向每回合最左節點，因此每完成一回合 left 就會往右
   一個節點。指標 min_pos 會隨時記錄最小資料所在的節點，每回合一
   開始初設指向範圍內最左節點（與 left 同），而指標 p 會遍歷本回合範圍
   內所有節點，p 指到的節點輪流挑戰 min_pos 所指節點，若挑戰成功則
   min_pos 更新為 p。

4. 以下實作將第三章的 LinkedList 類別增加一個方法 sort，其餘類別方法
   如 append 請參考第三章。

參考解答：

```
class LinkedList:                              # 參考 P3-20 頁
  ...
  def sort(self):
    left = self._head                          # 每回合最左節點
    while left:                                # 本回合範圍內尚有節點須排序
      min_pos = left                           # 初設最左節點為目前最小
      p = left.next                            # 第二個節點先當挑戰者
      while p:                                 # 尚有挑戰者
        if p.data < min_pos.data:
          min_pos = p                          # 挑戰成功，霸主換人
        p = p.next                             # 下一個挑戰者
      min_pos.data, left.data = left.data, min_pos.data # 最左與最小交換
      left = left.next                         # 下一回合左限右移一個節點
                                                                          ↓
```

```
a = LinkedList()
# 可執行 a.append(4), a.append(1), a.append(8), a.append(5)
a.sort()
```

✎ 練習題

7.1 以下有關穩定 (Stable) 的排序演算法的敘述，何者正確？

(A) 每次作排序，key 比較小的一定在前面

(B) 每次作排序，如果 key 相同，在前面的經排序後一定還在前面

(C) 每次作排序，一定用 $\Theta(n \lg n)$ 的時間

(D) 每次作排序，一定用 $O(n \lg n)$ 的時間

7.2 以下有關氣泡排序法 (Bubble sort) 的敘述，何者正確？

(A) 其平均狀況 (Average case) 的時間複雜度 (time complexity) 為 $O(n \lg n)$

(B) 其最佳狀況 (Best case) 的時間複雜度 (time complexity) 為 $O(n)$

(C) 其最差狀況 (Worst case) 的時間複雜度 (time complexity) 為 $O(n \lg n)$

(D) 就各種時間複雜度而言，均比選擇排序法 (Selection sort) 差

7.3 以下有關選擇排序法 (Selection sort) 的敘述，何者正確？

(A) 其最差狀況 (Worst case) 的時間複雜度 (time complexity) 為 $O(n \lg n)$

(B) 其平均狀況 (Average case) 的時間複雜度 (time complexity) 為 $O(n^2)$

(C) 其最佳狀況 (Best case) 的時間複雜度 (time complexity) 為 $O(1)$

(D) 其是一種穩定 (stable) 的排序演算法

⬇

7.4 利用插入排序法 (Insertion sort) 排序 **n** 個資料，其時間複雜度 (time complexity) 若以 Big-O 表示，則下列何者正確？

(A) 最壞情況與平均情況均為 $O(n^2)$

(B) 最壞情況與最佳情況均為 $O(n^2)$

(C) 平均情況與最佳情況均為 $O(n^2)$

(D) 最壞情況為 $O(n^2)$，平均情況及最佳狀況為 $O(n)$

7.5 考慮三種排序方法：選擇排序法、插入排序法與泡沫排序法，對於下列的問題請說明其原因：

(1) 當欲排序的資料都是很長的資料錄，且鍵欄的長度都很短時，最適合用選擇排序法，為什麼？

(2) 當欲排序資料幾乎已達排序結果時，最適合用插入排序法，為什麼？

(3) 當欲排序的資料是完全相反順序時，最適合用選擇排序法，為什麼？

(4) 當欲排序的資料是完全相同時，最適合用泡沫排序法，為什麼？

7-2 進階排序法

▍主題 7-E　合併排序法與分而治之演算法

✴ 什麼是合併 Merge

　　將兩組各自已經排序好的資料，合成為一組更大排序好的資料，稱為合併。例如有兩個陣列 a[*m*]、b[*n*]，存放兩組已經排序好的資料，可將它們合併成為一個更大的陣列 c[*m*+*n*]，且陣列 c[*m*+*n*] 也是排序好的。如果兩個陣列如下：

	[0]	[1]	[2]	[3]	[4]
A[]	9	12	17	21	37

	[0]	[1]	[2]	[3]	[4]	[5]	[6]
B[]	3	11	20	55	67	71	89

圖 7.9

將可合併成：

	[0]	[1]	[2]	[3]	[4]	[5]	[6]	[7]	[8]	[9]	[10]	[11]
C[]	3	9	11	12	17	20	21	37	55	67	71	89

圖 7.10

合併的方法是：兩個排頭 A[0] 和 B[0] 先比較，在 B[0] 的 3 比較小，所以出列到 C[0]，所以接著由 B[1] 和 A[0] 比較，在 A[0] 的 9 較小，出列到 C[1]，以此類推。最後偵測到 A[] 用完了，就要把 B[] 剩下的 B[3]~B[6] 全部複製到 C[]。

刷題 63：合併兩個排序好的陣列　　　　　　　　難度：★

問題：給定 a[m] 及 b[n] 兩個已經遞增排序好的陣列，請使用線性的時間複雜度將這兩個陣列合併成一個遞增陣列。

執行範例：輸入 a = [9, 12, 17, 21, 23], b = [3, 11, 20, 55, 67, 71, 89] 輸出 c = [3, 9, 11, 12, 17, 20, 21, 37, 55, 67, 71, 89]。

解題思考：

1. 如果將 b 的整串資料先附加在 a 後面，再排序 a，因排序的平均時間複雜度是 O(n lg n)，不合題目要求的線性級時間複雜度，因此必須使用合併。

2. 合併的方式就是比較 a[i] 和 b[j]，較小的就抄到 c[k]（i, j, k 分別是陣列 a, b, c 的目前索引，均初設為 0），若 a[i] 抄到 c[k] 則 i 要遞增，否則 j 遞增，最後會有一個陣列還有資料，就要將此陣列剩下的資料全複製到目標陣列 c。

↓

參考解答：

輸入兩個陣列及呼叫合併函式：

```
a1 = list(map(int, input().split()))
b1 = list(map(int, input().split()))
print(merge1(a1, b1))
```

```
def merge1(a, b):
  c = [0]*(len(a)+len(b))          # 目標陣列
  i = j = k = 0   # i, j, k 分別是陣列 a, b, c 的目前索引，初設為 0
  while i < len(a) and j < len(b):
    if a[i]<=b[j]:                  # a[i] 複製到 c[k]
      c[k] = a[i]
      i += 1
    else:                          # b[j] 複製到 c[k]
      c[k] = b[j]
      j += 1
    k += 1
  while i < len(a):                # 若 a[ ] 還有剩資料，全部抄到 c[ ]
    c[k] = a[i]
    i += 1
    k += 1
  while j < len(b):                # 若 b[ ] 還有剩資料，全部抄到 c[ ]
    c[k] = b[j]
    j += 1
    k += 1
  return c
```

效率分析　若 m 與 n 分別是兩個陣列的長度，則索引 i 會走完 $0 \sim m\text{-}1$（第 1 個 while 及可能的第 2 個 while），索引 j 會走完 $0 \sim n\text{-}1$（第 1 個 while 及可能的第 3 個 while），因此時間複雜度是線性的 $O(m + n)$。

另一個寫法可以不需考慮剩下資料的複製，只要在兩個陣列後面各附加一個極大的虛擬資料，這樣當一個陣列用到這個極大資料時，另一個陣列的資料就會在正常的比較中被複製到目標陣列（因為都會比較小），因此加了虛擬資料就可以不必另寫程式碼來處理其中一個陣列資料用完而執行的複製。此函式為 merge2 如下：

```
def merge2(a, b):
  c = [0]*(len(a)+len(b))          # 目標陣列
  a.append(float('inf'))           # 在陣列尾端附加極大數值
  b.append(float('inf'))
  i = 0
  j = 0
  for k in range(len(c)):          # a[i] 與 b[i] 小者複製到 c[k]
    if a[i]<=b[j]:
      c[k] = a[i]
      i += 1
    else:
      c[k] = b[j]
      j += 1
  return c
```

效率分析 for 迴圈的時間複雜度為 $O(m+n)$，m 與 n 分別是兩個陣列的長度。

★ 合併排序法

合併排序法是以合併運算為基礎，演算法的過程是不斷地將資料對切，切到不能再切（一個資料）再進行合併。1, 1 合為 2、2, 2 合為 4，直到最後合併成整個排序好的資料。合併排序法的排序過程如下圖，從遞迴的角度來看，如果從步驟 1 對切後直接跳至步驟 15，接著只是單純地合併而已。但是步驟 15 的成果，是步驟 1~7（整個左半部）及步驟 8~15（整個右半部）分別進行合併排序累積起來的。

時間點	[0]	[1]	[2]	[3]	[4]	[5]	[6]	[7]	[8]	說明
原始資料	37	41	19	81	41'	25	56	61	49	有標線部分為合併動作
1	37	41	19	81	41'	25	56	61	49	對切成 4 個，5 個
2	37	41	19	81	41'	25	56	61	49	左半部再對切成 2, 2
3	37	41	19	81	41'	25	56	61	49	第一組再對切成 1, 1
4	37	41	19	81	41'	25	56	61	49	1, 1 合併成 2
5	37	41	19	81	41'	25	56	61	49	第二組再對切成 1, 1
6	37	41	19	81	41'	25	56	61	49	1, 1 合併成 2
7	19	37	41	81	41'	25	56	61	49	2, 2 合併成 4
8	19	37	41	81	41'	25	56	61	49	右半部再對切成 2, 3
9	19	37	41	81	41'	25	56	61	49	第一組再對切成 1, 1
10	19	37	41	81	25	41'	56	61	49	1, 1 合併成 2
11	19	37	41	81	25	41'	56	61	49	第二組再對切成 1, 2
12	19	37	41	81	25	41'	56	61	49	最右邊再對切成 1, 1
13	19	37	41	81	25	41'	56	49	61	1, 1 合併成 2
14	19	37	41	81	25	41'	49	56	61	1, 2 合併成 3
15	19	37	41	81	25	41'	49	56	61	2, 3 合併成 5
16	19	25	37	41	41'	49	56	61	81	4, 5 合併成 9，排序完成

圖 7.11

分而治之演算法

　　先把大問題切成小問題，再分開解決小問題，最後再把解決小問題所獲致的成果累積起來，成為大問題的成果，這種解題方法稱為「**分而治之法**」(divide and conquer)。合併排序法就是將大問題不斷對切到小問題，再各個擊破，積小勝為大勝，最後獲得全盤的勝利。

範例 7.4 設計合併排序法

問題：輸入一串資料，使用合併排序法輸出排序結果。

解題思考：

1. 分而治之法通常會配合遞迴方法，合併排序法的遞迴規則是：每一層先遞迴呼叫排序左半部，接著遞迴呼叫排序右半部，最後將排序好的左右兩半合併成一整個。右

```
m = (left+right)//2
merge_sort(a, left, m)
merge_sort(a, m+1, right)
merge(a, left, right)
```

方程式碼是要將陣列 a 中從 a[left] ~ a[right] 的資料排序好。

2. 遞迴的終止條件：當排序範圍只有一個資料時，不必作任何事，因為一個資料一定是排序好的。

```
def merge_sort(a, left, right):
  if left == right: return
  ...
```

3. 進行同一個陣列 a 左右兩半的合併時，可以使用刷題 63 的 merge1 函式，也可以使用 merge2，但不容易在左右兩半待合併資料後面附加一個極大數值，因為若分別在 a[m] 和 a[m+1] 之間，以及 a[r] 後面加入極大值虛擬資料，陣列 a 的大小會增加 2，合併完畢還要再將這兩個虛擬資料移除，方能正確遞迴執行。所以這裡使用一個技巧，就是先把陣列 a 各自排好的左右兩半，以背對背的方式複製到暫存陣列 b，這樣的作法與附加極大數值的概念是相同的，因為資料中最大數值會在 b[m] 或 b[m+1]，它就會讓其他資料都按順序複製回陣列 a 而不需特別處理。

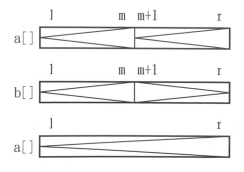

陣列 a[] 的左右兩半部已經各自排好，這是兩個遞迴呼叫完整的結果

a [] 的右半部 a[m+1]~a[r] 倒過來存放在 b [] 的右半部 b[m+1]~b[r]

陣列 b[] 的左右兩半部合併回陣列 a[]

```
def merge_sort(a, left, right):
  if left == right: return          # 只有一個資料，已排好，不作任何事
  m = (left+right)//2
  merge_sort(a, left, m)            # 遞迴呼叫排序左半部
  merge_sort(a, m+1, right)         # 遞迴呼叫排序右半部
  merge(a, left, m, right)          # 左右兩半合併

a1 = list(map(int, input().split()))
merge_sort(a1, 0, len(a1)-1)
print(a1)
```

```
def merge(a, left, m, right):
  if m< left or m+1 > right:        # 確認左右範圍是否存在各至少 1 個資料
    return
  b = [0]*len(a)
  for i in range(left, m+1):        # a 的左半部複製到 b 的左半部
    b[i] = a[i]
  for j in range(m+1, right+1):     # a 的右半部倒著複製到 b 的右半部
    b[j] = a[right-(j-(m+1))]
  i = left
  j = right
  for k in range(right-left+1):     # b 的左右兩半合併到 a
    if b[i]<=b[j]:                  # 此寫法維持排序穩定性
      a[left+k] = b[i]
      i += 1
    else:
      a[left+k] = b[j]
      j -= 1
```

效率分析　合併排序法的時間複雜度為 $O(n \lg n)$。因為排序 n 個資料若需時 $T(n)$，按照 merge_sort 函式的遞迴作法，先分別處理左右各 $n/2$ 個資料（$2 \times T(n/2)$），再將這兩個 $n/2$ 合併成一個 n，共需 $2n$ 次運算：合併的過程是 3 個 for 迴圈，第 1 個及第 2 個迴圈各做 $n/2$ 次運算、第 3 個迴圈需作 n 次運算。因此可以寫成以下的遞迴關係式：

$$T(n) = 2\ T(n/2) + 2n\ ,\qquad T(1) = 0\ ,$$
$$\rightarrow\quad T(n) = 2(\ 2T(n/4) + n/2\ ) + n\ ,\ \because T(n/2) = 2\ T(n/4) + 2(n/2)$$
$$\rightarrow\quad T(n) = 2^2 T(n/2^2) + n + n$$
$$\vdots$$
$$\rightarrow\quad T(n) = 2^k T(n/2^k) + kn$$
當 $n \doteqdot 2^k$ ($\lg n \doteqdot k$)時
$$\rightarrow\quad T(n) = n\ T(n/2^k) + kn$$
$$\rightarrow\quad T(n) = nT(1) + kn$$
$$= kn$$
$$= n\ \lg n$$
因此 $T(n) = O(n\ \lg n)$ (同時也是 $\Theta(n\ \lg n)$)

空間需求   額外記憶體空間 $O(n)$，需要暫存陣列 b 與 a 一樣大小，另外遞迴呼叫也需要額外記憶體作為堆疊之用。

穩定性   合併排序法具有穩定性。因為只有合併時才有移動資料，而值相同的資料，在合併的過程中位置不會交錯（merge_sort 函式第三個 for 迴圈的第一個 if 敘述：if b[i] <= b[j]: 相等還是左邊的優先 --> 有穩定性）。

範例 7.5　非遞迴的合併排序法

問題：設計非遞迴的合併排序法。

解題思考：

1. 非遞迴的合併排序法，就是以「迭代」(iterative) 方式，先執行 1, 1 合為 2，亦即將相鄰兩個 size 為 1 的 " 子序列 " 合併成 size 為 2 的子序列 (共有 $n/2$

```
size = 1
while size < len(a):
  for i in range(0, len(a), 2*size):
    merge(……)
  size *= 2
```

個子序列，如果 n 是奇數，會有 $n/2 + 1$ 個子序列)。接著再將每兩個相鄰 size 為 2 的子序列合併成 size 為 4 的已排序子序列，重複加倍 size，直到 size 超過 n 而停止。

2. 正常的參數是 merge(a, b, i, i+size-1, i+2*size-1)，代表從第 i 個位置開始，將 size, size 合為 2*size，但最後 i+2*size-1 有可能超出整個陣列 a 的有效範圍 len(a)−1，因此要取最小值 min(i+2*size-1,len(a)-1)。

3. 以 37, 41, 19, 81, 41', 25, 56, 61, 49, 48, 22 來說明合併過程，合併過程稱為「合併樹」(merge tree)，因為看起來像是樹根在最下方倒著畫的樹。

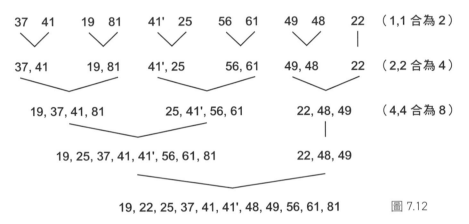

圖 7.12

```
def merge_sort(a):
  b = [0]*len(a)
  size = 1                              # 先從 1, 1 合為 2 開始
  while size < len(a):
    for i in range(0, len(a), 2*size):
      tail = min(i+2*size-1,len(a)-1)   # 最尾端位置不可超過最後資料位置
      merge(a,b,i,i+size-1,tail)        # size, size 合為 2*size
    size *= 2                           # size 加倍
def merge(a, b, left, m, right):        # 參考 P7-27 頁
  …

a1 = list(map(int, input().split()))
merge_sort(a1)
print(a1)
```

效率分析 非遞迴版的合併排序法第一圈合併 size 為 1 的序列，第二圈合併 size 為 2 的序列，第 k 圈合併 size 為 2k-1 的序列，總共 while 迴圈重複次數 k 是 lg n。while 迴圈的內圈是 for 迴圈，而 for 迴圈全部處理對象是 merge 處理對象的總和，是將 n 個元素中相鄰每 size 個資料的子序列合併為 2*size 個資料的子序列，因此所有 merge 共需時 O(n)。所以整體合併排序為 while 迴圈 (O(lg n)) 包 for 迴圈 (O(n))，時間複雜度是 O(n lg n)。

空間需求 需要額外記憶體空間 O(n)。

穩定性 與遞迴版合併排序法一樣具有穩定性。

主題 7-F　快速排序法 (Quick Sort)

✳ 什麼是分割

　　什麼樣的排序法敢號稱「快速」？正是屬於「分而治之法」一種的「快速排序法」。正如合併排序法的核心在「合併」，快速排序法的核心則在「分割」(partition)。把一個大範圍資料切成兩個小範圍資料的動作稱為分割，如果待排序資料是 a[l] ~ a[r] (l 代表 left, r 代表 right)，則分割過程如下：

1. 選取某個資料當作「基準值」(pivot)(可選 a[l]、a[r]，或用特殊的方法選到中間值，在此使用最簡單的方式，選 a[l])，初設 $i = l + 1$，$j = r$。

2. i 遞增(由左而右掃瞄 a[])，直到遇見某個 a[i] 大於基準值，或 $i > r$ (出界)。

3. j 遞減(由右而左掃瞄 a[])，直到遇見某個 a[j] 小於基準值，或 $j = l$。

4.　當 i 與 j 都暫停後，如果 $i \leq j$（兩個位置尚未錯身而過），則將 a[i] 和 a[j] 交換。重複步驟 2～3（i, j 繼續面對面前進）。

5.　一旦 $i > j$，最後將 a[j] 和基準值交換，即完成分割。

　　分割後的資料將變成下圖，在基準值左邊的資料，都小於等於基準值，在基準值右邊的資料都大於等於基準值，如此即完成分割動作，分割點在 j 所在位置。

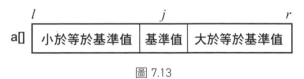

圖 7.13

　　以資料 40　41　19　81　41'　25　56　21　61　49 來說明分割過程：

	l									r	說明
1	40	41↑i	19	81	41'	25	56	21	61	49↑j	$i = l + 1$ $j = r$； （i, j, r, l 都是位置）
2	40	41↑i	19	81	41'	25	56	21↑j	61	49	i 往右，直到 $41 \geq 40$ j 往左，直到 $21 \leq 40$
3	40	21↑i	19	81	41'	25	56	41↑j	61	49	$i < j$，a[0] 與 a[j] 交換
4	40	21	19	81↑i	41'	25↑j	56	41	61	49	i 往右，直到 $81 \geq 40$ j 往左，直到 $25 \leq 40$
5	40	21	19	25↑i	41'	81↑j	56	41	61	49	$i < j$，a[0] 與 a[j] 交換

6	40	21	19	25	41'	81	56	41	61	49	i 往右，直到 41' ≥ 40 j 往左，直到 25 ≤ 40
				↑ j	↑ i						
7	25	21	19	40	41'	81	56	41	61	49	$i > j$，已經錯身而過， a[l] 基準值和 a[j] 交換
				↑ i (分割點)							

可以看出來在分割點（j 所在位置）左邊的 3 個元素都小於等於基準值 40；而在分割點右邊的 6 個元素都大於等於基準值 40。分割點不一定正好是在排序範圍的正中間（除非用特別的方法選出所有資料的中位數），這點與合併法中的資料切割不同。

刷題 64：分割資料　　　　　　　　　　難度：★★

問題：輸入一串資料，以第一個資料為基準將資料分割成兩部分，左半部資料都不比基準值大，右半部資料都不比基準值小，傳回基準值最後的位置。

執行範例：輸入 40, 41, 19, 81, 41', 25, 56, 21, 61, 49，執行後資料變成 25, 21, 19, 40, 41', 81, 56, 41, 61, 49，且輸出 3，因基準值 40 最後在 3 號位置。

解題思考：

1. 依據前述的步驟，以 a[left] 為基準值 pivot，初設 i 為 left+1、j 為 right，一旦 $i > j$ 就結束迴圈並進行最後一次交換 (a[left] 與 a[j])。

2. i 遞增，直到遇見某個 a[i] 大於基準值或 $i >$ right（出界），因此 i += 1 的迴圈繼續條件為 while i <= right and a[i]<= pivot 。

3. j 遞減，直到遇見某個 a[j] 小於基準值或 j = left（到左限），因此 j -= 1 的迴圈繼續條件為 while j>left and [j]>= pivot。

4. a[i] 與 a[j] 交換前要先測試是否 $i > j$，若是，則不交換且離開外圈大迴圈。

↓

參考解答：

```python
def partition(a, left, right):
  i = left + 1
  j = right
  pivot = a[left]
  while True:
    while i<= right and a[i]<= pivot: # i 遞增直到 a[i]大於基準值或
                                      #  i > right

      i += 1
    while j>left and a[j]>= pivot:    # j 遞減直到 a[j]小於基準值或
                                      # j=left

      j -= 1
    if i > j: break                   # 若 i, j 交錯就要立即離開迴圈
    a[i], a[j] = a[j], a[i]           # 若 i, j 未交錯則 a[i], a[j]交換
  a[left], a[j] = a[j], a[left]       # 最後一次交換
  return j                            # j 是分割點

a1 = list(map(int, input().split()))
print(partition(a1, 0, len(a1)-1))
```

效率分析 分割過程主要是 i 和 j 相向而行愈來愈近，暫停之後彼此交換元素（把大的往右邊丟、把小的往左邊丟），接著再繼續靠近，直到交錯而過，進行最後一個交換。因此全部「比較」的次數，等於陣列的大小 n，交換的次數不超過 $n/2$，因此時間複雜度為 $O(n)$。i 和 j 就好像兩班從台北和高雄相向對開的火車，不管它們在哪裡交錯，兩班火車在交會時總共開的里程數，就等於台北高雄間的距離。

刷題 65：將偶數排序在前　　　　　難度：★★

問題：給定一整數陣列，請將偶數排在前面、奇數排在後面，不要求穩定性。

執行範例：輸入 9, 12, 17, 21, 40, 23, 20，可能輸出 20, 12, 40, 21, 17, 23, 9（任何正確順序均可）。

解題思考：

1. 與分割類似，只是沒有基準值，也沒有最後一次交換。

2. *i* 由最左開始向右掃描，遇見奇數就暫停；*j* 由最右開始向左掃描，遇見偶數就暫停，當 *i* 與 *j* 尚未交錯，就將 a[*i*] 與 a[*j*] 交換，這樣就將奇數往後拋、偶數往前拋。

參考解答：

```
def evenOdd(a):
  i = 0
  j = len(a)-1
  while True:
    while i<= len(a)-1 and a[i]%2 == 0 : # i 未過右限且 a[i] 是偶數則
                                  # i 遞增
      i += 1
    while j>=0 and a[j]%2 :      # j 未過左限且 a[j] 是奇數則 j 遞減
      j -= 1
    if i > j: break
    a[i], a[j] = a[j], a[i]      # a[i] 停在奇數，a[j] 停在偶數，交換

a1 = list(map(int, input().split()))
evenOdd(a1)
print(a1)
```

効率分析 | 如同分割，時間複雜度為 O(*n*)。

✴ 快速排序法

有了「分割」這個快速排序法的核心，使用分割將範圍內 (a[*l*]~a[*r*]) 的資料分割成左右兩半之後（左：a[*l*]~a[*m*-1]，分割點：a[*m*]，右：a[*l*]~a[*r*]），由於分割後資料的特性，亦即分割點左邊元素都小於等於分割點上的基準值，而在分割點右邊的元素則都大於等於分割點上的基準值（但左右兩半都還沒有排好），我們就只要分頭收拾左右各半，就會得到最後排序的成果。至於「分頭收拾」的方式，當然是遞迴地分割下去，分割到不能分割的時候排序就結束了。因此快速排序法在分類上也是屬於分而治之演算法。若待排序資料為 37, 41, 19, 81, 41', 25, 56, 61, 49，過程為：

時間點	[0]	[1]	[2]	[3]	[4]	[5]	[6]	[7]	[8]	說明
原始資料	37	41	19	81	41'	25	56	61	49	範圍內剩 1 個資料時為已排好
1	19	25	37	81	41'	41	56	61	49	a[0]~a[8] 分割，分割點在 a[2]
2	19	25	37	81	41'	41	56	61	49	a[0]~a[1] 分割，分割點在 a[0]
3	19	25	37	49	41'	41	56	61	81	a[3]~a[8] 分割，分割點在 a[8]
4	19	25	37	41'	41	49	56	61	81	a[3]~a[7] 分割，分割點在 a[5]
5	19	25	37	41'	41	49	56	61	81	a[3]~a[4] 分割，分割點在 a[4]
6	19	25	37	41'	41	49	56	61	81	a[6]~a[7] 分割，分割點在 a[6]

圖 7.14

範例 7.6　設計快速排序演算法

問題：輸入一串資料，使用快速排序演算法排序資料。

解題思維如上面所述，以下直接呼叫先前實作過的 partition 函式進行實作：

```
def partition(a, left, right):          # 參考 P7-33 頁
    ...
```

```
def quickSort(a, left, right):
  if left < right:
    m = partition(a, left, right)        # 完成分割並取得分割點
    quickSort(a, left, m-1)              # 遞迴排序左半部
    quickSort(a, m+1, right)             # 遞迴排序右半部

a1 = list(map(int, input().split()))
quickSort(a1, 0, len(a1)-1)             # 再執行 print(a1)
```

效率分析　如果排序 n 個資料需時 $T(n)$，按照 quickSort 函式的遞迴作法，partition(效率是 $O(n)$)後分別遞迴呼叫處理兩個各約 $n/2$ 個資料，各需要 $T(n/2)$(平均而言分割點落在中間)，因此可以寫成以下的遞迴關係式：

$$T(n) = 2T(n/2) + O(n)\ ,\ T(1) = 0$$

　　與合併排序法相同，因此平均及最佳狀況的時間複雜度為 $O(n \lg n)$。但如果資料是正序或反序排列，分割將會極端不平均，造成分割點落在左右兩端，造成遞迴呼叫 n 次而非 $\lg n$ 次，因此快速排序法在最壞狀況下的時間複雜度為 $O(n^2)$。

▌使用"選出中位數演算法"選擇基準值，可以改進演算法，讓最壞情況仍為 $O(n \lg n)$，有興趣的學習者請參閱相關演算法的書籍。

空間需求　不需額外記憶體，這是快速排序法優於合併排序法的因素之一。

穩定性　快速排序法沒有穩定性。因為在做分割時，任何一次的 a[i] 和 a[j] 的交換，可能都會讓一個資料飛越其他值相同的資料。例如前例在第 1 次分割時，a[i]=41，a[j]=25，交換後 41 飛越了 41'，到達 41' 的右邊。

最有效率又省空間的排序法

截至目前介紹的各種排序法中，最有效率的時間複雜度為 $O(n \lg n)$，包括：合併排序法、快速排序法，以及接下來會介紹的堆積排序法。

其中合併排序法需要額外的空間 $O(n)$，快速排序法和堆積排序法則可以原地排序 (in-place sorting)，因此這兩者可說是最有效率又省空間的排序法。

主題 7-G　基數排序法 (Radix Sort)

　　基數排序法的排序方法類似排卡片，假設每張卡片上有三位數字，我們可以先按照個位數字排序這些卡片，再以穩定的排序方法排十位數，最後再以穩定的方法排百位數，一樣可以完成排序，這種由低位排到高位，稱為「LSD 分類」(Least Significant Digit First，低位優先)。以下是以 LSD 低位優先基數排序法排序 9 個三位數的過程：

初始順序	139	219	532	655	422	164	098	422'	334
按個位數	53**2**	42**2**	42**2**'	16**4**	33**4**	65**5**	09**8**	13**9**	21**9**
按十位數	2**1**9	4**2**2	4**2**2'	5**3**2	3**3**4	1**3**9	6**5**5	1**6**4	0**9**8
按百位數	**0**98	**1**39	**1**64	**2**19	**3**34	**4**22	**4**22'	**5**32	**6**55

　　從上面排序的過程來看，當我們只按照個位數來排序時，139 和 219 的個位數相同，但 219 原本在後，排序完依然在後，這就是所謂的「穩定性」。但是當 n 個資料都有 k 位數，如果使用前面所介紹的任何一種穩定排序法對每一位數個別進行穩定排序時，都必須重覆執行 k 次完整 (n 個資料) 的排序法，這是很沒有效率的，因為倒不如執行一次排序就好。因此在分別排序每一位數時，必須使用更有效率的新方法—「分配」。

⋆ 分配

分配法是利用資料值作分組，因此特別適用在資料的 m 種可能性是固定且不多的狀況（例如資料可能性只有 0~9 共 10 種），分配 n 個資料的效率可達 $O(n)$。假設資料只有 0～9 十種可能：

	[0]	[1]	[2]	[3]	[4]	[5]	[6]	[7]	[8]	[9]	[10]	[11]
a[]	9	8	2	3	2'	4	4'	7	8'	5	7'	8"

圖 7.15

依下列四步驟即可完成分配：

1. **計數 (counting)**：首先計算各種資料出現的次數，我們使用輔助陣列 count[10]（大小為 10 是因資料有 10 種可能）。count[0] 代表資料 0 出現的次數，count[1] 代表資料 1 出現的次數，以此類推。因此計數後 count 陣列將如下，代表各個數字出現的次數：

	[0]	[1]	[2]	[3]	[4]	[5]	[6]	[7]	[8]	[9]
count[]	0	0	2	1	2	1	0	2	3	1

圖 7.16

使用一個迴圈來完成計數（也可以使用字典）：

```
for i in range(n):
  count[ a[i] ] += 1
```

計數原理：因圖 7.15 a[0] = 9，因此圖 7.16 count[a[0]] (count[9]) 就加 1；同樣 a[1] = 8，因此 count[a[1]] (count[8]) 就加 1，…。循序檢查每個資料，即可完成計數。

2. **累積 (accumulation)**：每個新的 count[j] 是原先 count[0] 到 count[j] 的累積總和，做法是逐一加入：

```
for j in range(1, 10):
    count[j] = count[j] + count[j-1]    # 也可寫成 count[j] += count[j-1]
```

count 陣列將變成：

	[0]	[1]	[2]	[3]	[4]	[5]	[6]	[7]	[8]	[9]
count[]	0	0	2	3	5	6	6	8	11	12

圖 7.17

count[2] = 2 代表有 2 個資料小於等於 2。

count[9] = 12 代表有 12 個資料小於等於 9(陣列 a 共有 12 個資料)。

3. **分配** (distribution)：有了陣列 count，便可以對陣列 a 作分配，由最後一個資料 (a[11]) 開始：

(1) a[11] = 8，而 count[8] = 11(亦即 count[a[11]] = 11)，代表有 11 個資料小於等於 8，因此將它分配在陣列 b[] 的第 11 個位置 (b[10])。並且 count[8] 減 1 成為 10，也就是剩下 10 個資料小於等於 8。

	[0]	[1]	[2]	[3]	[4]	[5]	[6]	[7]	[8]	[9]	[10]	[11]
count[]	0	0	2	3	5	6	6	8	10	12		
b[]											8"	

圖 7.18

(2) a[10] = 7，而 count[7] = 8(亦即 count[a[10]] = 8)，代表有 8 個資料小於等於 7，因此將它分配在陣列 b[] 的第 8 個位置 (b[7])。並且 count[7] 減 1 成為 7。

	[0]	[1]	[2]	[3]	[4]	[5]	[6]	[7]	[8]	[9]	[10]	[11]
count[]	0	0	2	3	5	6	6	7	10	12		
b[]								7'			8"	

圖 7.19

(3) a[9] = 5，而 count[5] = 6（亦即 count[a[9]] = 6），代表目前尚有 6 個資料小於等於 5，因此將它分配在陣列 b[] 的第 6 個位置 (b[5])。並且 count[5] 減 1 成為 5。

	[0]	[1]	[2]	[3]	[4]	[5]	[6]	[7]	[8]	[9]	[10]	[11]
count[]	0	0	2	3	5	5	6	7	10	12		
b[]						5		7'			8"	

圖 7.20

(4) a[8] = 8，而 count[8] = 10（亦即 count[a[8]] = 10），代表目前尚有 10 個資料小於等於 8，因此將它分配在陣列 b[] 的第 10 個位置 (b[9])。並且 count[8] 減 1 成為 9。

	[0]	[1]	[2]	[3]	[4]	[5]	[6]	[7]	[8]	[9]	[10]	[11]
count[]	0	0	2	3	5	5	6	7	9	12		
b[]						5		7'			8"	

圖 7.21

以此類推再分配 a[7] ~ a[0]，最後陣列 b 將成為：

	[0]	[1]	[2]	[3]	[4]	[5]	[6]	[7]	[8]	[9]	[10]	[11]
b[]	2	2'	3	4	4'	5	7	7'	8	8'	8"	9

圖 7.22

4. **回寫 (copy back)**：最後把陣列 b[] 複製回陣列 a[] 即完成穩定的分配排序。

範例 7.7 **設計分配法**

問題：輸入 *n* 個整數資料，資料只有 0~9 共 10 種可能，使用分配法排序。

```
def distribute(a, m=10):
  count = [0]*m
```

```
  b = [0]*len(a)
  for i in range(len(a)):              # 計數
    count[ a[i] ] += 1
  for j in range(1, m):                # 累積
    count[j] +=  count[j-1]
  for i in range(len(a)-1, -1, -1):    # 分配
    b[count[ a[i] ]-1] = a[i]
    count[ a[i] ] -= 1
  for i in range(len(a)):              # 回寫至 a[]
    a[i] = b[i]

a1 = list(map(int, input().split()))
distribute(a1)
print(a1)
```

效率分析　4 個循序的單層 for 迴圈，時間複雜度為 O(n)。

刷題 66：排序顏色　　　　　　　　難度：★★

問題：陣列 nums 中有 n 個紅、白、藍三種顏色的球，設計排序方法將這些球依照紅白藍顏色順序排序，假設紅白藍分別以 0, 1, 2 表示。

執行範例：輸入 1, 2, 0, 1, 2，輸出 0, 1, 1, 2, 2。

解題思考：

1. 可用所有介紹過的排序法解本題，但以 " 分配法 " 最適合本題而最有效率。

2. n 個資料共有 3 種可能，呼叫範例 7.7 的 distribute 函式，呼叫參數 m = 3。

參考解答：

```
nums = list(map(int, input().split()))
distribute(nums, 3)
print(nums)
```

✶ 基數排序法

有了分配法，只要重複對陣列 a 中的所有資料先根據個位數開始進行分配，接著根據十位數進行分配，…，分配完最大資料的最高位數即完成整個基數排序法。

範例 7.8 設計基數排序法

問題：輸入 n 個整數資料，使用基數排序法排序資料。

解題思維：

1. 先設計取得 m 進位數（預設為 10 進位）資料 num 第 k 位數字的函式 get_digit(num, k, m=10)，個位數時 $k = 0$、十位數 $k = 1$，依此類推。方式為 num 先除以 m 的 k 次方，再 mod m。例如 num $= 3587$, $k = 2$, $m = 10$，3587 // 10**2 為 35，35 % 10 得 5，因此計算出 3587 的百位數字是 5。

```
def get_digit(num, k, m=10):
  d = num // m**k
  d = d % m
  return d
```

2. 要重複執行 k 次的分配，而 k 是最大資料的位數，例如最大資料若是 5896，k 就是 4，取得的方法類似刷

```
digits =
floor(log(max(a),m))+1
```

題 2（見 P1-13 頁），執行上一行的敘述，先計算陣列 a 中最大資料的 10 為底對數，再捨去小數點後加 1。所以 floor(log(5896,10))+1 為 4。

```python
from math import *
def radixSort(a, m=10):
  digits = floor(log(max(a),m))+1    # 最多有 digits 位數
  count = [0]*m
  b = [0]*len(a)
  for k in range(digits):          # 從個位數開始
    for i in range(m):             # 每位數的計數都要重設
      count[i] = 0
    for i in range(len(a)):        # 計數
      d = get_digit(a[i], k, m)    # 取得 a[i]的第 k 位數，不是直接用 a[i]
      count[d] += 1
    for j in range(1, m):          # 累積
      count[j] +=  count[j-1]
    for i in range(len(a)-1, -1, -1):    # 分配
      d = get_digit(a[i], k, m)
      b[count[d]-1] = a[i]
      count[d] -= 1
    for i in range(len(a)):              # 回寫至 a[]
      a[i] = b[i]
def get_digit(num, k, m=10):             # 同第 1 點函式內容
  ...


a1 = list(map(int, input().split()))
radixSort(a1)
print(a1)
```

效率分析　外層 for 迴圈執行 *k* 次，內層 5 個 for 迴圈都是 O(*n*)，因此共需時間複雜度 O(*kn*)，*k* 是資料的最大位數。如果將「位數」視為常數（例如所有資料最多 20 位數），則時間複雜度更可視為 O(*n*)。

| 空間需求 | 需額外記憶體 O(n)。 |

| 穩定性 | 基數排序法具有穩定性，因為每一位數的分配都是穩定的，排序結果才能正確。 |

▍主題 7-H 堆積排序法 (Heap Sort)

✴ 優先佇列

第四章提到一般的佇列是以資料進入佇列的先後作為離開佇列的順序，亦即「先進先出」(FIFO)。第五章我們使用了優先佇列 (priority queue) 解最短路徑問題，優先佇列是依照資料的「優先序」(priority) 決定離開佇列的順序，優先序越高的可越先離開佇列以便獲得服務。例如在作業系統的 CPU 工作排程中，若是以預期的「執行時間越短優先序越高」(shortest job first, SJF)，則最先離開佇列而獲得 CPU 服務的工作將是預期執行時間最短的工作。設計優先佇列的考量是加入新資料以及取出最高優先資料的效率要越高越好。

✴ 什麼是堆積

堆積 (heap) 常被用來製作優先佇列，堆積符合下列 2 個條件：

1. 堆積是「完整二元樹」(complete binary tree)。

2. 堆積中任一個內部節點的資料值，都大於等於其子節點的資料值。

下圖 7.23 是具有 8 個資料的堆積，因為每一個內部節點都符合條件。很顯然的，樹根是整棵樹中最大的元素，這種堆積稱為「最大堆積」(max heap)。另一種堆積是「最小堆積」(min heap)，樹根是整棵樹中最小的元素。

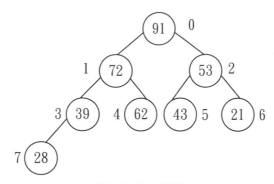

圖 7.23 最大堆積

在最大堆積上插入新資料（put）

堆積的插入運算主要有 2 個步驟：

1. 將新資料加在現有堆積的最後。記得完整二元樹的排列方式是一階滿了才排到下一階，同時未滿的那一階要往左靠。

2. 將新資料往上調整到適當位置：跟它的父節點作比較，若大於其父節點則交換，交換後再重複與其新的父節點比較，直到不能再上為止（小於等於其父節點或是已經到樹根）。

假設要將資料 81 加入圖 7.23 的堆積：

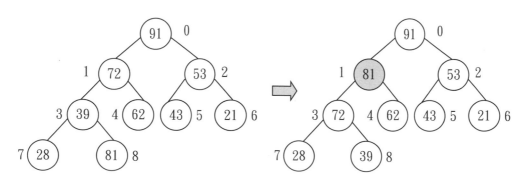

圖 7.24

首先 81 加入第 8 個位置,接著和 3 號位置的 39 比較,比 39 大所以交換。再與 1 號位置的 72 比較,比 72 大所以交換。再與 0 號位置的樹根 91 比較,不比 91 大,所以 81 停在 1 號位置,而 39 與 72 都各貶降了一階。

插入的效率

由第六章二元樹的性質(見 P6-15 頁)可知,節點數 n 的完整二元樹高度為 $\lfloor \lg n \rfloor + 1$。由於往上調整節點是沿著「直系關係」的路徑,亦即最多牽涉到的節點數目是樹的高度。因此將新節點插入已有 n 個節點的 heap 需時 $O(\lg n)$。

> 至於最小堆積的插入,只是比較條件相反而已,原理是一樣的。

在最大堆積上取出最優先資料 (get)

在堆積中取出樹根(最優先資料)後,必須重新調整資料以便恢復為堆積,因此刪除運算主要有 3 個步驟:

1. 取出樹根輸出。

2. 將堆積最後一個資料移到已經空下來的樹根位置。

3. 將此節點與它兩個子節點中最大的(稱為大兒子)作比較,若此節點比大兒子小則與大兒子交換。節點交換後,此節點已降了一階,再重複與其大兒子比較,直到不需要交換或到達樹葉為止。

假設取出圖 7.23 的最優先元素,取出後如下圖 7.25:

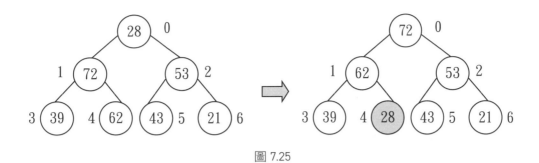

圖 7.25

　　首先取出 91，接著將 7 號位置的 28 移到第 0 個位置，接著 28 和 1 號位置的 72 比較，比 72 小所以交換。再與 4 號位置的 62 比較，比 62 小所以交換，已經到樹葉位置，所以 28 停在 4 號位置，而 72 與 62 都各升了一階，同時堆積的資料個數少 1。

刪除的效率

　　與插入資料類似，往下調整節點是沿著直系關係的路徑，最多牽涉到的節點數目是樹的高度。因此由 n 個節點的 heap 刪除節點需時 $O(\lg n)$。

範例 7.9　設計堆積類別

問題：設計最大堆積類別，提供 put 及 get 方法分別加入新資料及取出最優先資料。

解題思考：

1. 使用 list 作為儲存堆積資料的結構，因堆積是完整二元樹，使用陣列儲存空間不會浪費。如第六章介紹的計算方式，位置 i 的節點其父節點位置是 $(i\text{-}1)//2$、左右子節點位置分別是 $2*i + 1$ 及 $2*i + 2$。

2. put 使用 append 方法附加新資料 data 到最後位置，再將新資料 data 往上調整到堆積適當位置，get 是輸出樹根，再將最末資料 data 放置樹根位置、del 最後位置、將 data 從樹根往下調整到堆積適當位置。

3. 這裡使用了一個小技巧節省一半的工作，是以移動代替交換，首先把最末資料暫存到 up，up 先與樹根位置的大兒子比較，如果比大兒子小，只將大兒子往上移、k 降一階，重複「比較—下降」動作，直到 k 是樹葉或 up 比大兒子大為止，最後將 up 放在該放位置。這個技巧類似插入排序法的移動過程，可以不須每次都做完整交換。

```python
class maxHeap:
  def __init__(self):
    self.nodes = []
  def put(self, data):
    self.nodes.append(data)
    i = len(self.nodes) - 1
    while i > 0:                       # [i] 還沒到樹根
      f = (i-1)//2                     # [f] 是 [i] 的父節點
      if self.nodes[f]<self.nodes[i]:  # nodes[f] 比 nodes[i] 小則交換
        self.nodes[f],self.nodes[i]=self.nodes[i],self.nodes[f]
        i = f                          # i 上升 1 階
      else:                            # 沒有比父節點大，停止
        break
  def get(self):
    if len(self.nodes) == 0:           # 空堆積
      return None
    root = self.nodes[0]               # 最優先資料
    up = self.nodes[len(self.nodes)-1] # 最末資料先暫存到 up
    del(self.nodes[-1])
    k = 0
    while k < len(self.nodes)//2:      # k 不是樹葉
      bc = 2*k + 1
                                                                    ↓
```

```
      if bc+1<len(self.nodes) and self.nodes[bc+1]>self.nodes[bc]:
        bc += 1
      if up >= self.nodes[bc]:
        break
      self.nodes[k] = self.nodes[bc]      # k 的大兒子上來
      k = bc                              # k 下降 1 階
    self.nodes[k] = up
    return root

maxh = maxHeap()
# 執行 maxh.put(50), maxh.put(60), maxh.get(), …
```

★ 堆積排序法

堆積排序法進行的步驟是：

1. 建立堆積：將 n 個資料的陣列調整成最大堆積。

2. 交換–調整：將堆積中最大的資料樹根 root 與最後一個資料 data 交換、堆積資料數減 1、再將 data 從樹根往下調整到適當位置，重新調整成 n -1 個資料的最大堆積。

3. 重複「交換–調整」：直到堆積只有 1 個資料即完成排序，特別的是，所有的動作以及動作的結果都在同一個陣列上。

假設待排序資料在陣列 a 中如下，執行堆積排序法的過程：

	[0]	[1]	[2]	[3]	[4]	[5]	[6]	[7]
a[]	66	34	21	49	71	21'	81	54

圖 7.26

一、先整理成堆積

此陣列可看成：

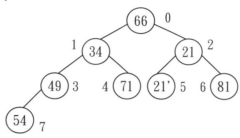

圖 7.27

作法是從最末個內部節點 a[3](49) 開始往下調整，接著調整 a[2]，⋯，一直作到 a[0]，連續過程如下。

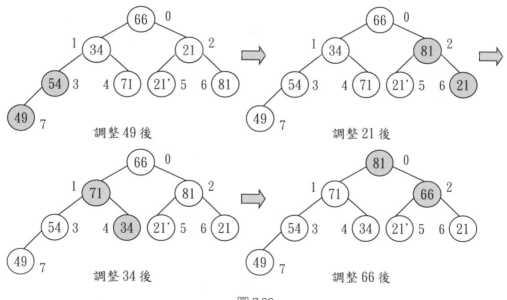

圖 7.28

實際陣列成為：

	[0]	[1]	[2]	[3]	[4]	[5]	[6]	[7]
a[]	81	71	66	54	34	21'	21	49

圖 7.29

二、重複執行的「交換-調整」過程

(1) a[0] 的 81 與 a[7] 的 49 交換，調整 a[0] 的 49 降到 a[3]，堆積剩
   [0]~[6]

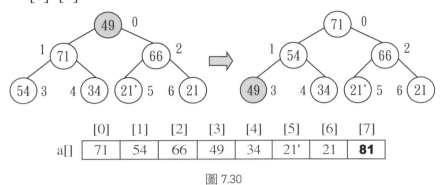

	[0]	[1]	[2]	[3]	[4]	[5]	[6]	[7]
a[]	71	54	66	49	34	21'	21	**81**

圖 7.30

(2) a[0] 的 71 與 a[6] 的 21 交換，調整 a[0] 的 21 降到 a[2]，堆積剩
   a[0]~ a[5]

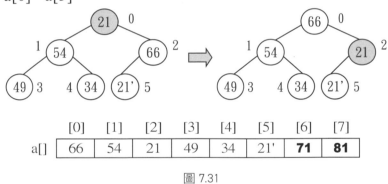

	[0]	[1]	[2]	[3]	[4]	[5]	[6]	[7]
a[]	66	54	21	49	34	21'	**71**	**81**

圖 7.31

(3) 以此類推，最後一個循環，將 a[0] 的 21 與 a[1] 的 21' 交換，接
   著調整被交換到 a[0] 的 21''，堆積已剩 1 個資料，演算停止。陣列
   成為：

$$\widehat{21'}\ 0$$

	[0]	[1]	[2]	[3]	[4]	[5]	[6]	[7]
a[]	21'	**21**	**34**	**49**	**54**	**66**	**71**	**81**

圖 7.32

範例 7.10 設計堆積排序法

問題：給定一個陣列，使用堆積排序法排序資料。

```
def  heapSort(nums):                      # 排序陣列 nums[]
  buildHeap(nums)                         # 先將陣列 nums[] 整理成 heap
  n = len(nums)
  while n > 0:
    nums[n-1],nums[0] = nums[0],nums[n-1]   # 交換 nums[0],nums[n-1]
    n -= 1
    siftDown(nums, n, 0)                  # 將 nums[0] 往下調整以符合 heap 性質
def buildHeap(nums):
  n = len(nums)
  for k in range(n//2-1, -1, -1):
    siftDown(nums, n, k)
def siftDown(nums, n, k):
  up = nums[k]
  while k < n//2:                         # nums[k] 不是樹葉
    bs = 2*k + 1                          # nums[bs] 為 nums[k] 之左兒子
    if bs+1<n and nums[bs+1]>nums[bs]:
      bs += 1                             # 若右兒子存在且較大
    if up >= nums[bs]:                    # 大於大兒子，結束下降
      break
    nums[k] = nums[bs]                    # 大兒子上來
    k = bs                                # k 下降 1 階
  nums[k] = up

nums = list(map(int, input().split()))
heapSort(nums)
print(nums)
```

效率分析 buildHeap 將 n 個資料往下調整到適當位置，最多需時 $O(n \lg n)$。呼叫 siftDown 有 n 次，每次最多 $\lg n$ 次比較，因此是 $O(n \lg n)$。綜合起來堆積排序法的時間複雜度是 $O(n \lg n)$。

空間需求｜ 不需額外記憶體，因此堆積排序法與快速排序法同為「原位排序」(in-place sorting)。

穩定性｜ 堆積排序法不具有穩定性。例如以上述範例排序的過程來看，21 有可能比 21' 更早上到堆積的樹根，也就會更早被交換到陣列右邊，如此便失去了穩定性。

✎ 練習題

7.6　Assume that the input list is (26, 5, 77, 1, 61, 11, 59, 15, 48, 19). Please draw the merge tree of the input list using the iterative merge sort scheme.

7.7　利用快速排序法 (quick sort) 排序，並以第一個元素為基準 (pivot)，下列哪個數列所需時間最長？

(A) 2 3 4 5 1　　(B) 5 4 3 1 2　　(C) 1 3 5 2 4　　(D) 1 2 3 4 5

7.8　用最低位數基底排序法 (Least significant digit radix sort) 將以下資料由小而大排序：245, 121, 737, 425, 368，對每一階段 (Pass) 資料處理後的資料排列順序，下列何者正確？

(A) 原序 → 121, 245, 425, 368, 737 → 121, 245, 425, 368, 737 → 121, 245, 368, 425, 737

(B) 原序 → 245, 121, 368, 425, 737 → 245, 121, 368, 425, 737 → 121, 245, 368, 425, 737

(C) 原序 → 121, 245, 737, 425, 368 → 121, 245, 425, 737, 368 → 121, 245, 368, 425, 737

(D) 原序 → 121, 245, 425, 737, 368 → 121, 425, 737, 245, 368 → 121, 245, 368, 425, 737

7.9　利用堆積排序法 (heap sort) 將以下 10 個資料由小排至大：26, 5, 77, 1, 61, 11, 59, 15, 48, 19，下列何者可表示經第二階段 (pass) 處理後的資料順序？

(A) 61, 48, 59, 15, 19, 11, 26, 5, 1 ,77　(B) 1, 5, 11, 15, 19, 77, 59, 26, 48, 61
(C) 59, 48, 26, 15, 19, 11, 1, 5, 61, 77　(D) 11, 15, 48, 26, 19, 77, 59, 61, 5, 1

↓

7.10 Which of the sorting algorithms below uses O($n \log n$) time in the worst case, and only uses O(1) extra space?

(A) Insertion sort　(B) Merge sort　(C) Quick sort　(D) Heap sort

7.11 Which of the following statements about sorting integers are(is) true?

(A) If you want to use a heap sort, you can only use dynamic data structures; that is, it cannot be done with arrays.
(B) If you want to use a bubble sort, you must use arrays; that is, you cannot implement a bubble sort with dynamic data structures.
(C) In the worst case, a merge sort is asymptotically as fast as a heap sort.
(D) In the worst case, a quick sort is the asymptotically fastest algorithm of all.

7.12 下列何種排序方法 (sorting) 其平均時間效率 (average time complexity) 最差？

(A) Bubble sort　(B) Quick sort　(C) Merge sort　(D) Heap sort

第 **8** 章

資料搜尋

8-1　在循序結構上的搜尋

主題　8-A　搜尋及定義 (Definition of Searching)

主題　8-B　循序搜尋 (線性搜尋)

主題　8-C　二分搜尋法 (Binary Search)

主題　8-D　內插搜尋法 (Interpolation Search)

8-2　利用索引結構的搜尋

主題　8-E　直接索引 (Direct Index)

主題　8-F　樹狀結構索引 (Tree Index)

8-3　雜湊表 (Hash Table)

主題　8-G　雜湊表

8-1 在循序結構上的搜尋

▌主題 8-A　搜尋及定義

在第七章提到以高階的觀點來看「檔案」(file)，認為檔案是由一筆一筆的「紀錄」(record) 所組成，而紀錄是由許多「欄位」(field) 構成的。除了可以按照欄位來「排序」眾多紀錄以外，還可以按照欄位的值來「尋找」出某筆紀錄，以便獲取同一筆紀錄的其他欄位值。例如下表我們可以根據姓名來找出某一筆紀錄，進而獲知此筆紀錄的其他屬性，如年齡、電話、地址等。

紀錄編號	姓名	年齡	電話	城市
1	張三	31	(02)2334----	台北市
2	李似	16	(02)2999----	新北市
3	王全	25	(03)3444----	桃園市
4	趙大	41	(02)2887----	台北市
5	陳文	53	(04)333----	台中市
6	江水	28	(03)534----	新竹市

如果要找的姓名是 " 趙大 "，比對姓名欄位可以得知是在第 4 筆紀錄，進而得到趙大的年齡、電話等資料。如果要找的姓名是 " 王七 "，則找遍整個檔案的所有紀錄都將找不到符合條件的姓名。

根據所給定的搜尋條件(例如 " 姓名 = 趙大 ")，比對某些欄位來找出符合條件的紀錄，進而得到這些紀錄的其他屬性，這個動作稱為「**搜尋**」(search)。用來搜尋的欄位稱為「**鍵欄**」(key field)，每筆紀錄在此鍵欄的值稱為「**資料鍵**」，而搜尋條件則稱為「**搜尋鍵**」，此例中姓名為鍵欄、" 趙大 " 即為搜尋鍵，我們要比對每筆紀錄的資料鍵，找出 " 趙大 " 位於哪筆紀錄中。

另一個應用搜尋的地方，是在處理「符號表」(symbol table)。符號表常見於一些系統程式，如「組譯程式」(assembler) 與「編譯程式」(compiler) 等，需要對變數、常數及「標記」(label) 作表列管理的場合。符號表的基本型式就是「鍵─值配對」(kcy-value pairs)，亦即在符號表上作搜尋，是比對 *key* 來獲得這個符號在符號表中的位置，進而得到此符號的 *value*，例如變數符號在記憶體中的位址，或變數的內含值等。例如在下面的符號表中，若以 "banana" 為 *key* 進行搜尋時，會得到 *value* 為 61。Python 的字典就有提供這個功能。

key	*value*
apple	57
banana	61
guava	43
mango	124

在本章的說明中，我們只用鍵欄來說明搜尋的過程與結果，相信讀者都能理解搜尋的目的是要得到檔案或符號表中，對應於搜尋鍵的相關資料。

✦ 搜尋的相關觀念

1. 搜尋首要的考慮是搜尋的「**效率**」(efficiency)。影響搜尋效率的因素，除了搜尋所用的方法之外，還包括資料儲存的方式。直覺上來說，如果花時間整理資料，將可以節省搜尋的時間。另一方面，資料儲存的方式通常也決定可用的搜尋方法。亦即資料儲存方式與可用的搜尋方法是配套的，例如在精品專櫃和在零碼堆挑衣服的方法不同，因為兩者整理服飾的方式不一樣。

2. 整理資料的方式基本上有兩種：

 · **循序結構**：一筆一筆紀錄或一個一個符號循序排列，除此之外沒有其他輔助。循序結構又分為「沒有排序過」和「有根據鍵欄排序過」兩種。

 · **索引結構**：除了儲存紀錄或符號的地方之外，另外加上其他輔助的工具來協助搜尋，這些工具通稱為「**索引**」(index)。例如一本書除了「課文」(循序結構) 之外，另外會有章節的目錄或關鍵字的「索引」。利用索引可以比較有效率地找到紀錄或符號所在的位置。索引結構有很多，例如二元搜尋樹索引、B 樹、B$^+$、B* 樹、以及「雜湊表」等。

3. 整理循序結構與索引結構都要付出代價，主要的處理動作包括：

 · 排序或建立索引。

 · 插入新資料。

 · 刪除某筆舊資料。

 · 搜尋某特定資料是否存在。

 · 搜尋後取得某特定資料的其他屬性或附屬資料。

4. 如果一個檔案或符號表的資料儲存妥當之後，就不會再有插入及刪除的動作，則稱它們是「**靜態**」(static) 的結構。如果可能會有插入或刪除的動作，則它們屬於「**動態**」(dynamic) 的結構。動態的結構除了和靜態的結構一樣重視搜尋的速度，同時還要考慮動態維護 (插入及刪除資料) 的效率。

主題 8-B　循序搜尋（線性搜尋）

　　在循序結構上搜尋資料，是指沒有藉助索引的幫助，而直接在檔案或前述的符號表上做搜尋的動作。最簡單的搜尋方法是一筆一筆紀錄循序比對是否有資料鍵與搜尋鍵 *key* 相等，逐一掃瞄直到找到為止，也有可能找遍都找不到，因此循序搜尋法又稱為「線性搜尋法」(linear search)。如果有 *n* 個資料鍵，幸運的話在第一筆就找到，比較糟的是在第 *n* 筆才找到，因此平均需要 *n*/2 次比較。當然最糟的是找了 *n* 筆卻沒找到，最後搜尋失敗。

　　例如有 10 個資料鍵為 39, 81, 6, 78, 69, 41, 52, 33, 55, 77，當從頭搜尋鍵 *key* = 6 時，需要比較 3 次；當搜尋鍵 *key* = 33 時需要比較 8 次；當搜尋鍵 *key* = 90，則需要比較 10 次之後才知道搜尋失敗。

範例 8.1　設計循序搜尋法

問題：輸入一個陣列資料，以及搜尋鍵 key，使用循序搜尋法搜尋，找到回傳其位置，找不到回傳 -1。

執行範例：輸入 a[] = 39, 81, 6, 78, 69, 41, 52, 33, 55, 77，key 分別是 6, 33, 35，分別輸出 2, 7, -1，分別是 6 在 a[2]、33 在 a[7]、35 不在 a[] 中。

```
def seqSearch(a, key):
  for i in range(len(a)):
    if a[i] == key:              # 搜尋鍵 key 與資料 a[i] 比對
      return i                   # 比對相等隨時結束搜尋並回傳
  return -1                      # 找遍 n 個資料都不相等

nums = [39, 81, 6, 78, 69, 41, 52, 33, 55, 77]
print(seqSearch(nums, 6))
```

搜尋效率 假設共有 n 筆資料，當然最佳狀況 (best case) 是比較 1 次就找到，最壞狀況 (worst case) 是比較了 n 次才找到（或是發現搜尋失敗），而平均狀況 (average case) 的比較次數（或稱期望值）約為資料量的一半，假設每筆資料被搜尋的機率相等都是 $1/n$：

$$\frac{1}{n}\sum_{i=1}^{n} i = \frac{1}{n} \cdot \frac{n(n+1)}{2} \cong \frac{n}{2} = \text{O}(n)$$

整理效率 所謂整理效率是指整理循序結構以及索引結構的效率，由於循序搜尋法不需要對循序結構做任何整理，因此不需要額外的代價。

應用場合 主要的應用情境包括：(1) 未經排序的資料只能使用循序搜尋法。(2) 資料經常變動，以致不值得花代價排序的時候（排序最快是 $\text{O}(n \lg n)$，比線性搜尋的 $\text{O}(n)$ 花時間）。(3) 第三章所提的鏈結串列結構也只能使用循序搜尋法，這是因為鏈結串列有非常強烈的循序性質，它只能讓我們沿著每個節點的鏈結循序的搜尋下去。

▍主題 8-C　二分搜尋

　　如果紀錄已經按照鍵欄排序過，那麼再用循序搜尋法太浪費了，可以用「二分搜尋法」(binary search)。二分搜尋法的原則是：在整個搜尋範圍內（a[l] ～ a[r]，l 代表 left，r 代表 right）選取中間位置的元素 a[m]（m 代表 middle），來與搜尋鍵 key 作比較，比較結果是下列三種其中之一（即數學上的三一律，表示兩個實數比較結果，" 只可能 " 是三者之一，不可能是第 4 種也不可能 3 種都不是）：

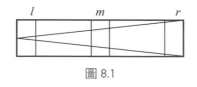

鍵值已由小到大排序好
且 $m = (l+r)/2$

圖 8.1

1. key ＝ a[*m*]：搜尋已經成功。

2. key ＞ a[*m*]：如果 key 在陣列中，只可能出現在右半部 (a[*m*＋1] ～ a[*r*])。

3. key ＜ a[*m*]：如果 key 在陣列中，只可能出現在左半部 (a[*l*] ～ a[*m*-1])。

　如果是狀況 2. 或狀況 3.，則可能範圍已經減半，*l* 或 *r* 會作適當的調整，再重複選取新範圍中間的資料鍵作比較，直到搜尋成功；或是該範圍內已經無法再二分，亦即搜尋失敗為止。這種不斷二分、範圍不斷減半的搜尋法，即為二分搜尋法。

✦ 實例演練

　我們用下列已排序的資料鍵為例，說明二分搜尋法搜尋的過程：

[0]	[1]	[2]	[3]	[4]	[5]	[6]	[7]	[8]	[9]
6	33	39	41	52	55	69	77	78	81

圖 8.2

key ＝ 78：共作 3 次比較，搜尋成功

第 *i* 次比較	*l*	*r*	*m*	*key* 與 a[*m*] 比較	新範圍
1	0	9	4	78 > 52	右半部
2	5	9	7	78 > 77	右半部
3	8	9	8	78 = 78	成功

key ＝ 35：共作 3 次比較，搜尋失敗

第 *i* 次比較	*l*	*r*	*m*	*key* 與 a[*m*] 比較	新範圍
1	0	9	4	35 < 52	左半部
2	0	3	1	35 > 33	右半部
3	2	3	2	35 < 39	左半部
4	2	1		l > r，未執行	失敗

第一個搜尋停止於成功找到與 *key* 相等的資料鍵，第二個搜尋則因為左限和右限已經交錯，自然不可能再二分下去，因此停止並且失敗。

刷題 67：二分搜尋法　　　　　　　　　　　　　難度：★

問題： 輸入一個已排序的陣列資料，以及搜尋鍵 *key*，使用二分搜尋法搜尋，找到回傳其位置，找不到回傳 -1，時間複雜度限定為 O(lg *n*)。

執行範例： 輸入 a[] = 6, 33, 39, 41, 52, 55, 69, 77, 78, 81，*key* 分別是 6, 78, 35，分別輸出 0, 8, -1，代表 6 在 a[0]、78 在 a[8]、35 不在 a[] 中。

解題思考：

1. 一開始先設定搜尋範圍左限 left 為 0、右限 *r* 為 *n*-1。
2. while 迴圈當搜尋範圍合理 (left <= *r*) 時重複將 key 與 a[*m*] 作比較，當 key = a [*m*] 時搜尋成功，回傳 *m*。當 key > a [*m*] 時新範圍是右半部，只要調整 left 成為 *m*+1 即可。當 key > a [*m*] 時新範圍是左半部，只要調整 *r* 成為 *m*-1 即可。
3. 當 while 迴圈已結束 (left > *r*)，搜尋範圍已不合理，代表搜尋失敗。

參考解答：

```
def binSearch(a, key):
  left = 0
  r = len(a)-1
  while left <= r:                    # 正確範圍 left <= r
    m = (left+r)//2
    if a[m] == key:
      return m
    elif a[m] < key:                  # 往右半部搜尋
      left = m+1
    else:                             # 往左半部搜尋
      r = m-1
                                                              ↓
```

```
    return -1                              # left <= r 已不成立，搜尋失敗
nums = [6, 33, 39, 41, 52, 55, 69, 77, 78, 81]
print(binSearch(nums, 77))
```

效率分析　每作一次比較後，就將問題的規模減半，因此屬於「分而治之」
(divide and conquer) 演算法，假設 T(n) 是對 n 個資料鍵作搜
尋所需的時間：

```
    T(n) ≤ T(n/2) + 1 ，  T(1)=1
        ≤ (T(n/4) + 1 ) + 1 ，∵ T(n/2) ≤ T(n/4) + 1
→T(n) ≤ T(n/2²) + 2
            ⋮
→T(n) ≤ T(n/2ᵏ ) + k
當 n ≒ 2ᵏ ( lg n ≒ k ) 時
→T(n) ≤ T(n/2ᵏ ) + k
→T(n) ≤ T(1) + k
        ≤ 1 + lg n
因此 T(n) = O(lg n)
```

而比較次數最多是 ⌊lg n⌋ + 1 次。

整理效率　能夠執行二分搜尋法的前提，是必須先對紀錄或符號表按照鍵
欄作排序（天下沒有白吃的午餐）。

應用場合　二分搜尋法通常應用在資料極少變動，亦即插入和刪除極少發
生的情況，因此一次排序，就可以做多次的搜尋。由於二分搜
尋法簡單又有效率，在各種應用中都常被使用。

刷題 68：搜尋儲存位置或可插入點　　　　　難度：★

問題：給定一個已排序陣列，以及一個資料 *key*，如果 *key* 存在，回傳其位置，否則回傳 *key* 可插入的位置，插入後仍維持資料順序，時間複雜度限定為 O(lg *n*)。

執行範例 1：輸入 a[] = 6, 33, 39, 41, 52, 55, 69, 77, 78, 81，*key* 是 5，輸出 0，因 5 小於 a[0](= 6) 只能插入 [0]。

執行範例 2：輸入 a[] 同上，*key* 是 33，輸出 1，因 33 已存在 a[1]。

執行範例 3：輸入 a[] 同上，*key* 是 42，輸出 4，因 42 介於 a[3] 與 a[4] 之間。

執行範例 4：輸入 a[] 同上，*key* 是 90，輸出 10，因 90 大於 a[9] 只能插入到 a[10]。

解題思考：

1. *key* 若存在須回報位置，所以搜尋成功的過程不須改變。

2. 分析搜尋失敗時的最後一次比較，當 *key* 與 a[*m*] 比較後發現不相等，若 *key* 比較大則往右半部 -->*left* 設為 *m*+1，接著也發現 *left* > *r* 而停止，此時 *r* 一定等於 *m*，否則 *left* 只是 *m* 加 1 不會大於 *r*，這時 *key* 應該插入 a[*left*] 的位置。例如當 *key* = 42，最後一次比較時 *left* = *m* = *r* = 3，而 *key* > a[*m*]，所以 *r* 不動、*left* 設為 *m*+1，發現 *left*(=4) > *r*(=3) 而停止，此時 42 的插入點應該是 a[4]，亦即 *left* 就是插入點。

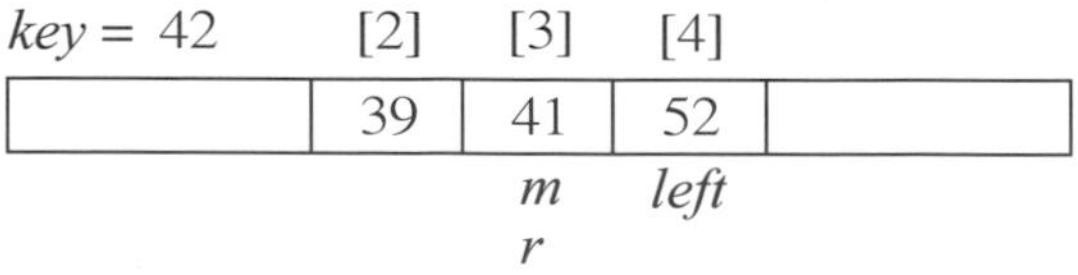

key = 42 [2] [3] [4]

	39	41	52	

m *left*
r

圖 8.3

3. 若 *key* 比較小則往左半部 -->*r* 設為 *m*-1，接著也發現 *r* < *left* 而停止，此時 *left* 一定等於 *m*，否則 *right* 只是 *m* 減 1 不會小於 *left*，這時 *key* 應該插入 a[*left*] 的位置。例如當 *key*= 40，最後一次比較時 *left* = *m* = *r*

↓

= 3，而 *key* < a[*m*]，所以 *left* 不動、*r* 設為 *m*-1，發現 *r*(=2) < *left*(=3) 而停止，此時 40 的插入點應該是 a[3]，亦即 *left* 就是插入點。

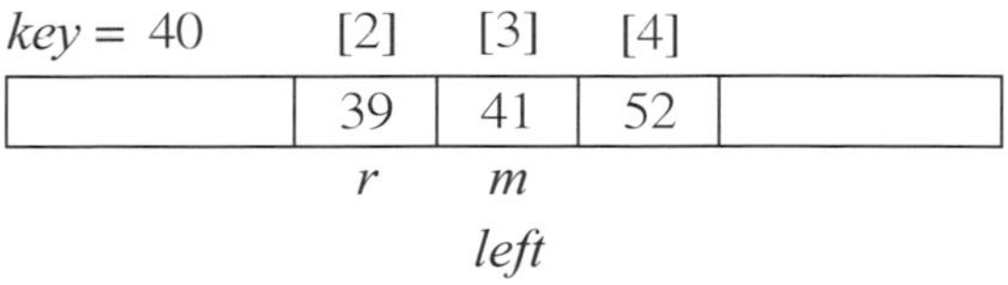

key = 40	[2]	[3]	[4]	
	39	41	52	

r　*m*

left

圖 8.4

4. 綜合 2~3 點，發現 *left* 都是插入點，因此只須改寫 1 行即可完成目的。

參考解答：

```
def binSearch2(a, key):
  left = 0
  r = len(a)-1
  while left <= r:                # 正確範圍 left <= r
    m = (left+r)//2
    if a[m] == key:
      return m
    elif a[m] < key:             # 往右半部搜尋
      left = m+1
    else:                        # 往左半部搜尋
      r = m-1
  return left                    # 只有修改此行

nums = [6, 33, 39, 41, 52, 55, 69, 77, 78, 81]
print(binSearch2(nums, 5))       # 會得到 0
```

刷題 69：找出相加等於 k 的兩數（二分搜尋法）難度：★

問題：同刷題 11 與 56，找出 *n* 個相異整數中相加等於 *k* 的兩個數，可以假設答案一定存在。

執行範例：輸入 2, -3, 7, 11, 15, 17 及 *k* = 12，輸出 -3, 15，因 -3+15 = 12。

解題思考：

1. 先將這 n 個整數排序。

2. 針對每個數 num，使用二分搜尋法，尋找 k-num 是否在陣列中，若有則輸出 num 及 k-num。

參考解答：

```
def binSearch(a, key):              # 參考 P8-8 頁
  ...
def twoSum(nums, k):
  nums.sort()
  for num in nums:
    if binSearch(nums, k-num) != -1:
      return num, k-num

nums = [2,-3, 7, 11,15, 17]
k = int(input())
i, j = twoSum(nums, k)
print(i, j)
```

效率分析　排序 n 個資料需時 $O(n \lg n)$，一次二分搜尋時間為 $O(\lg n)$，所以 n 次搜尋也是 $O(n \lg n)$，因此整體的時間複雜度為 $O(n \lg n)$。

延伸刷題：相加等於 k 的答案不存在的處理方式

假設答案一定存在，是當初題目設計者為了簡化問題。如果取消這個假設，只要在 for 迴圈外面加上適當 return 值回傳失敗狀況即可，因為有找到一定會在 for 迴圈裡面就 return 了。

↓

參考解答：

```
def twoSum(nums, k):
  nums.sort()
  for num in nums:
    if binSearch(nums, k-num) != -1:  # 搜尋成功
      return num, k-num
  return None, None                   # 搜尋失敗
```

效率分析 同樣為 $O(n \lg n)$。

刷題 70：找出相加等於 k 的兩數之位置　　難度：★★

問題：同刷題 11、56、69，找出 n 個相異整數中相加等於 k 的兩個數，回傳兩個數在陣列 nums 中的原始位置。

執行範例：輸入 2, -3, 7, 11, 15, 17 及 $k = 12$，輸出 1, 4，因 -3+15 = 12，-3 和 15 分別是 [1] 和 [4]。

解題思考：

1. 如果只將這 n 個整數排序後執行二分搜尋，只能找到兩個數的值，無法回傳兩數的原始位置，因為原始位置經過排序後已經改變。

2. 所以在 nums 排序前要先將數值以及原來位置儲存在 valuePos 陣列。以執行範例的數值為例，valuePos 將為 [[2,0], [-3,1], [7,2], [11,3], [15, 4], [17,5]]，其中 valuePos[1][0] 的值為 -3、valuePos[1][1] 的值為 1，代表數值 -3 排序前的位置是 1 號，接著再將 valuePos 依照每個元素的數值排序，valuePos 排序後將為 [[-3,1], [2,0], [7,2], [11,3], [15, 4], [17,5]]。

⬇

3. 針對排序後 nums 中的每個數 nums[*i*]，使用二分搜尋法尋找 *k*-nums[*i*] 在 nums 中的位置 *j*，並回傳 valuePos[*i*][1] 及 valuePos[*j*][1]。

參考解答：

```
def binSearch(a, key):
  ...                            # 參考 P8-8 頁
def twoSum2(nums, k):
  valuePos = []
  for i in range(len(nums)):
    valuePos.append([nums[i],i])     # [i][0] 為數值、[i][1] 為原始
                                     # 位置
  valuePos.sort()
  nums.sort()
  for i in range(len(nums)):
    j = binSearch(nums, k-nums[i])
    if j != -1:
      return valuePos[i][1], valuePos[j][1] # 回傳 nums[i] 及 nums[j]
                                            # 的位置

nums = [2,-3, 7, 11,15, 17]
k = int(input())
i, j = twoSum2(nums, k)
print(i, j)
```

效率分析 排序 *n* 個資料需時 O(*n* lg *n*)，一次二分搜尋時間為 O(lg *n*)，所以 *n* 次搜尋也是 O(*n* lg *n*)，因此整體的時間複雜度為 O(*n* lg *n*)。

延伸刷題：使用字典來解 Two Sum 問題

問題：同刷題 70，找出 *n* 個相異整數中相加等於 *k* 的兩個數的位置，不禁止使用程式語言的標準套件或資料結構。

解題思考：

1. 直接使用 Python 的字典將這 *n* 個整數整理成（數值：位置）字典 pos。
2. 針對每個數 num，直接尋找 *k*-num 是否在字典中，若有則輸出 num 及 *k*-num 的 value，pos[num] 及 pos[k-num]，亦即它們位置。

參考解答：

```python
def twoSum3(nums, k):
  pos = {}
  for i in range(len(nums)):
    pos[nums[i]] = i                # key:value 為數值:位置，如 -3:1
  for num in nums:
    if k-num in pos:
      return pos[num], pos[k-num]   # 查表取得 num 及 k-num 的位置
```

| 效率分析 | 將陣列的每個資料加入字典，處理次數是 $O(n)$，假設將一個資料加入字典及從字典查表的效率分別為 $O(p)$ 與 $O(q)$，整體效率為 $O(n(p+q))$。 |

主題 8-D　內插搜尋法 (Interpolation Search)

　　二分搜尋法的改良方式之一，是嘗試更準確地「預測」搜尋鍵在搜尋範圍內所在的位置，而不是盲目挑選中間的資料鍵作比較。例如在查紙本英文字典的時候，若要查 "interpolation"，由於字首為 'i'，通常我們會由

中間稍前的位置開始查起。如果要查 "search"，由於字首 s 的字母順序較後面，因此一般人會翻到稍微後面的位置開始查起。這種根據搜尋鍵來預測資料鍵位置的方法，稱為「內插搜尋法」(interpolation search)。二分搜尋法預測 m 值如下：

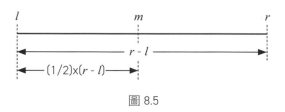

用數線圖來表示，以利於說明：

$$l \qquad\qquad m \qquad\qquad r$$

圖 8.5

m 位於 l 與 r 的正中間，在數線中的位置等於 l 的位置加上 r 與 l 距離 $(r - l)$ 之半，因此 $m = l + \dfrac{1}{2}(r - l)$。內插搜尋法預測的位置係數不再是單純的 1/2，內插就是假設資料鍵在搜尋範圍內平均分布，所以使用以下這一個比例 x 來預測「落點」以取代 1/2：

$$x = \frac{key - a[l]}{a[r] - a[l]}$$

其中分母是範圍內資料鍵值的變化量（範圍內最右邊的資料鍵減去最左邊的資料鍵），而分子則代表 key 與最左邊資料鍵的差。當 $key = a[r]$ 時，此比例 x 為 1；當 $key = a[l]$ 時，x 為 0。也就是當 key 較靠近右邊的鍵

$a[r]$ 時得到的比例會較大而接近 1，而當 key 較靠近左邊的鍵 $a[l]$ 時得到的比例會較小而接近 0。因此內插搜尋法使用這個比例預測 m 值為：

$$m = l + x*(r-l) = l + \frac{key - a[l]}{a[r] - a[l]}*(r-l)$$

當 $key = a[r]$ 時，此比例為 1，算出來的 m 值就等於 r。當 $key = a[l]$ 時，此比例為 0，算出來的 m 值就等於 l。因此內插搜尋根據 key 與頭尾兩個資料鍵的靠近程度作為比例，來預測 key 搜尋鍵的落點。

▎內插 interpolation 這詞的含意，就是使用已知資料值估算範圍內未知值的方法，其中最單純的線性內插，就類似上式按照與兩端的比例進行計算。

✳ 實例演練

已排序資料鍵如下，以內插搜尋法搜尋 key 在資料中的位置：

[0]	[1]	[2]	[3]	[4]	[5]	[6]	[7]	[8]	[9]
6	33	39	41	52	55	69	77	78	81

圖 8.6

$key = 78$

第 i 次比較	l	r	m	key 與 $a[m]$ 比較	新範圍
1	0	9	$0 + (\frac{78 - 6}{81 - 6}) * 9 = 8$	78 = 78	成功

共作 1 次比較就搜尋成功，因為 $key=78$，極為接近 a[r] (=81)，因此計算出的比例很接近 1，預測的 m 值也就很靠近右邊。

key = 39：共作 2 次比較，搜尋成功

第 *i* 次比較	*l*	*r*	*m*	*key* 與 a[*m*] 比較	新範圍
1	0	9	$0 + (\dfrac{39 - 6}{81 - 6}) * 9 = 3$	39 < 41	左半部
2	0	2	$0 + (\dfrac{39 - 6}{39 - 6}) * 9 = 8$	39 = 39	成功

由於內插搜尋法更準確地預測落點，因此比二分搜尋法更快地趨近覓尋對象資料鍵的位置。

範例 8.2　設計內插搜尋法

問題：輸入一個已排序陣列資料，以及搜尋鍵 *key*，使用平均效率比二分搜尋法更快的方法搜尋，找到回傳其位置，找不到回傳 -1。

執行範例：輸入 6, 33, 39, 41, 52, 55, 69, 77, 78, 81，*key* 分別是 6, 78, 35，分別輸出 0, 8, -1。

解題思考：

1. 設計內插法必須考慮特殊的狀況，第 1 個狀況是若搜尋範圍內的資料鍵都相等 (a[*l*] = a[*l*+1] = … = a[*r*])，則計算 *x* 的等式的分母 (a[*r*]-a[*l*]) 將為 0，此時須強制 *x* 的值為 0~1（任何值均可），因為將 *x* 帶入計算出來的 *m* 值在 *l*~*r* 之間，而 a[*l*] ~ a[*r*] 的值均相同，*key* 和哪一個 a[*m*] 比較的結果都一樣。

2. 第 2 個狀況是若 *key* 比 *a*[*r*] 大，計算出來的 *x* 將大於 1，此時須強制 *x* 的值為 1，這樣算出的 *m* 值為 *r*，*key* 會和 *a*[*r*] 作比較，不會超出搜尋範圍。

```
def interSearch(a, key):
  left, r = 0, len(a)-1
  while left <= r:
    if a[r] == a[left]:                        # 避開計算 x 時除數為 0 的可能性
      x = 0
    else:
      x = min(1,(key-a[left])/(a[r]-a[left]))         # x 超過 1 時也只取 1
    m = int(left+ x*(r-left))
    if a[m] == key:
      return m
    elif a[m] < key:
      left = m+1
    else:
      r = m-1
  return -1

nums = [6, 33, 39, 41, 52, 55, 69, 77, 78, 81]
print(interSearch(nums, 77))
```

搜尋效率　內插搜尋法的整理效率及應用場合均同於二分搜尋法，但其平均搜尋效率為 $O(\lg(\lg n))$。亦即一億個鍵平均只需小於 5 次的比較。證明過程超出本書的範圍，在此不證明，但應該不難看出它比二分搜尋法進步許多。內插搜尋落點預測的前提是假設資料鍵平均分佈於搜尋範圍內，如果資料鍵分佈極端不平均，則落點的預測會比較不準而導致效率變差。

問題：給定 3 個陣列，找出出現在 2 個以上陣列的數，不限定答案的順序。

執行範例：輸入 nums1 = 1, 1, 31, 20, nums2 = 20, 31, 3, nums3 = 31，輸出 31, 20，因 20 出現在 2 個陣列、31 出現在 3 個陣列。

解題思考：

1. 本題使用 Python 的 set 以及 dict。首先將這三個陣列轉為 set 後做成聯集 setAll，目的是取得出現在這 3 個陣列中有哪些資料 (不會重複)。

2. 對 setAll 集合裡的每個元素 num，分別測試它們是否在 nums1、nums2 及 nums3 中，每出現在一個陣列就將字典 count 中 key 為 num 的 value 加 1。

3. 最後檢視字典 count 中的每個元素，value 超過 1 的就附加到答案串列。

參考解答：

```python
def twoOfThree(nums1, nums2, nums3):
  count = {}
  setAll = set(nums1) | set(nums2) | set(nums3)  # 出現的數字之聯集
  for num in setAll:
    if num in nums1:
      count[num] = count.get(num,0)+1        # 出現在一個陣列其值加 1
    if num in nums2:
      count[num] = count.get(num,0)+1
    if num in nums3:
      count[num] = count.get(num,0)+1
  result = []
  for num in count:
    if count[num]>= 2:
      result.append(num)
  return result
```

效率分析 線性處理 3 個陣列的資料，因此處理次數是 $O(n1+n2+n3)$，而將一個資料放入集合及從字典查表的效率與 Python 內部的實作有關，假設分別為 $O(p)$ 與 $O(q)$，因此整體效率為 $O((n1+n2+n3)(p+q))$。

刷題 72：找出幸運數　　　　　　　　　難度：★

問題：給定一個整數陣列，若一個數字出現的次數等於它的數值，這個數就是幸運數 lucky number，請輸出最大的幸運數，若沒有幸運數則輸出 -1。

執行範例：輸入 4, 5, 1, 2, 2, 3, 3, 3，輸出 3，因 3 是最大的幸運數。

解題思考：

1. 新增陣列裡的每個資料 num 至字典 count，*key* 為 num，*value* 為 num 出現的次數。

2. 對字典 count 中的每個元素進行掃描，其 *key* 等於 *value* 者即為幸運數，掃描過程中隨時記錄最大的幸運數，掃描完畢即可得到答案。

參考解答：

```
def luckyNumber(nums):
  count = {}
  for num in nums:
    count[num] = count.get(num,0)+1
  maxLucky = -1
  for num in count:
    if count[num] == num:
      maxLucky = max(maxLucky, num)
  return maxLucky

a = [4, 5, 1, 2, 2, 3, 3, 3]
print(luckyNumber(a))
```

線性處理陣列的資料，因此處理次數是 $O(n)$，而將一個資料加
入字典及從字典查表的效率假設分別為 $O(p)$ 與 $O(q)$，整體效
率為 $O(n(p+q))$。

✎ 練習題

8.1 利用循序搜尋法 (sequential search) 自下列名字中 [Alice, Byron, Carol, Duane, Elaine, Floyd, Gene, Henry, Iris] 搜尋 Elaine，需比較幾次名字？

(A) 1 　　　　(B) 3 　　　　(C) 4 　　　　(D) 5

8.2 利用二分搜尋法 (binary search) 自下列名字中 [Alice, Byron, Carol, Duane, Elaine, Floyd, Gene, Henry, Iris] 搜尋 Elaine，需比較幾次名字？

(A) 1 　　　　(B) 3 　　　　(C) 4 　　　　(D) 5

8.3 利用二分搜尋法 (binary search) 自 200 個名字中搜尋某個特定名字，若為成功搜尋 (successfully search)，最多需比較幾次名字？

(A) 6 　　　　(B) 7 　　　　(C) 8 　　　　(D) 9

8.4 Which of the following statements about searching are(is) true?

(A) In average, a sequential search on a sorted integer array takes $O(n)$ time.

(B) In average, a binary search on a sorted integer array takes $O(n)$ time.

(C) A sequential search may be applied to an unsorted array.

(D) A binary search may be applied to an unsorted array.

8.5 下列有關二元搜尋法 (binary search) 的敘述何者錯誤？

(A) 其演算法的時間複雜度為 $O(\log n)$

(B) 檔案資料必須事先排序完成

(C) 可歸屬於分而治之 (divide-and-conquer) 演算法

(D) 若鍵值呈現線性分布，其演算法的時間複雜度為 $O(1)$

↓

8.6　試問二元搜尋法 (binary search) 最適合下列哪種狀況？
　　(A) 已排序的項目 (ordered items)，循序存取設備 (sequential access device)
　　(B) 已排序的項目，隨機存取設備 (random access device)
　　(C) 非排序的項目 (unordered items)，循序存取設備
　　(D) 非排序的項目，隨機存取設備

8-2 在索引結構上的搜尋

▌主題 8-E　直接索引

　　前一主題提到的幾種搜尋方法，都是直接在循序結構上作搜尋。並且二分搜尋法和內插搜尋法的效率要比循序搜尋法好的多，當然這得事先花代價進行排序才行。在某些應用場合上，或者資料變動很頻繁，或者排序代價太大，都使我們考慮其他的方法。其中之一即是索引。

　　索引結構是在資料本身以外的結構，藉著索引可以獲得好的搜尋效率，並且維護這些索引（插入及刪除資料鍵）的代價，又小於直接做排序，當然這些索引結構本身就是額外的記憶體（檔案）需求。

　　如果在檔案或符號表之外，將各紀錄或符號的資料鍵提出來另成一個結構，這個新建的結構稱為直接索引。就好像在課文之外，另外取出章節來作索引一樣。下圖 8.7 是一個有 10 筆紀錄的檔案，以 number 欄位當作索引鍵建立索引，並且依照索引鍵的值排序：

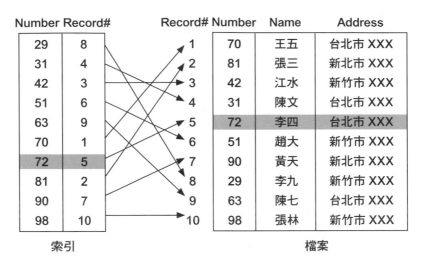

圖 8.7

很顯然索引的結構大小會小於檔案的大小，因為索引每個單位只有兩個欄位，索引鍵和指標（即 Record# 屬性）。對比較小的索引結構做排序，就可以根據搜尋鍵在已經排序好的索引上作二分搜尋或是內插搜尋。例如要搜尋索引鍵為 72 的紀錄，在索引上作二分搜尋，比較 2 次即得到值 72 的紀錄是在索引的第 7 筆，再根據索引的 Record# 屬性，得到索引鍵 72 的紀錄在檔案的第 5 筆。就可以到檔案中把這筆紀錄讀出來，而得到其他的屬性。

| 搜尋效率 | 做二分搜尋的效率是 $O(\lg n)$，作內插搜尋的效率是 $O(\lg(\lg n))$。 |

| 整理效率 | 建立索引並排序的代價是 $O(n \lg n)$，但是插入和刪除後都必須重新排序索引。 |

| 應用場合 | 這個簡單的直接索引只是觀念上的說明，實際應用很少。但是我們和前一主題的搜尋做比較，排序索引比排序檔案代價要小，但同樣帶來 $O(\lg n)$，甚至 $O(\lg(\lg n))$ 的搜尋效率，因我們是以額外的索引空間來換取排序整個檔案的時間。 |

主題 8-F　樹狀結構索引

✴ 二元搜尋樹索引

　　相較於直接索引，更常被使用的是樹狀的索引。如果在檔案或符號表之外，根據各紀錄或符號的資料鍵建立二元搜尋樹，就可以在二元搜尋樹索引上作搜尋。如果能確保其高度平衡（AVL 樹），則在二元搜尋樹上作插入、刪除、搜尋都能保持 $O(\lg n)$ 的效率。下圖 8.8 是一個有 10 筆紀錄的檔案，以及根據 number 欄位所建立的二元搜尋樹索引。

Record#	Number	Name	Address
1	70	王五	台北市 …
2	81	張三	新北市 …
3	42	江水	新竹市 …
4	31	陳文	台北市 …
5	72	李四	台北市 …
6	51	趙大	新竹市 …
7	90	黃天	新北市 …
8	29	李九	新竹市 …
9	63	陳七	台北市 …
10	98	張林	新竹市 …

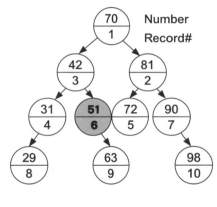

圖 8.8

　　建立好索引，就可以根據二元搜尋樹的搜尋法則進行搜尋。例如要搜尋索引鍵值 51 的紀錄，比較 3 次 (70、42、51) 即得到索引鍵 51 的紀錄在二元搜尋樹中的位置。再根據這個節點的 Record# 屬性，得到此紀錄在檔案的第 6 筆，就可以到檔案中把這筆紀錄讀出來，而得到其他的屬性。

搜尋效率　如果確保二元搜尋樹為 AVL 樹，則搜尋效率是 $O(\lg n)$。

整理效率 建立二元搜尋樹的效率從 $O(n \lg n)$ 到 $O(n^2)$。如果建立的過程維持其高度平衡，將可達到 $O(n \lg n)$。另外動態地插入節點和刪除節點效率是 $O(\lg n)$。

應用場合 二元搜尋樹索引應用於資料較常動態維護的狀況，並且有對數級的搜尋效率。

✦ B 樹索引

B 樹是比二元搜尋樹更多分支，而且是高度平衡的搜尋樹，因此搜尋及維護的效率都更好。

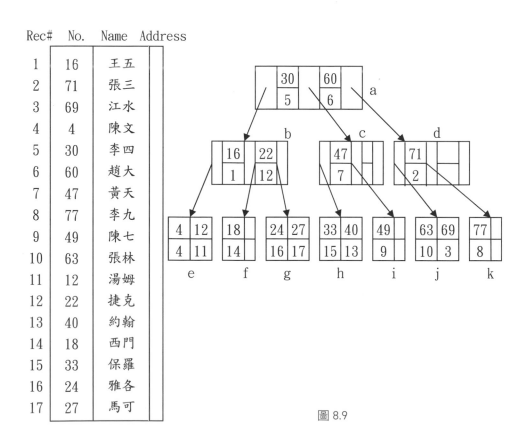

圖 8.9

　　建立好 B 樹索引，就可以根據 B 樹的搜尋法則進行搜尋，得到與搜尋鍵 *key* 相同的紀錄在樹中的位置，而得到此紀錄在檔案的位置，到檔案中把這筆紀錄讀出來，而得到其他的屬性。

搜尋效率 | 由於 B 樹的平衡性，*m* 元 B 樹的高度為 $O(\log_m n)$，因此搜尋效率是 $O(\log_m n) = O(\log n)$。在實務上當 *m* 值越大（分支越多），搜尋效率就會越好。

整理效率 | 動態維護插入節點和刪除節點效率是 $O(\log_m n) = O(\log n)$。

應用場合 | B 樹索引的應用場合與二元搜尋樹索引相同。但實務上 B 樹索引的建立、動態維護與搜尋的代價，都比二元搜尋樹來的小。這是因為當 B 樹的階度 *m* 大於 2 時，雖然是同樣的資料量 *n*，B 樹的高度會小於二元搜尋樹的高度。

| 資料庫管理系統 (Database Management System, DBMS) 都會使用樹狀結構的索引來加快資料查詢的速度，它們用的是 B 樹的改良版 B$^+$ 樹及 B* 樹。

✏ **練習題**

8.7　下列有關索引 (Index) 的敘述何者正確？

(A) 主要是避免搜尋時發生錯誤

(B) 一般需使用額外記憶體空間做為代價

(C) 索引資料通常不必排序或整理

(D) AVL tree 並非索引

8-3 雜湊表

| 主題 8-G　雜湊表

　　前面所提到的搜尋方法，不論是否藉助索引，都是藉由比較資料鍵與搜尋鍵來進行搜尋。經過或多次或少次的比較，而搜尋到所要的紀錄，因此搜尋的效率決定於比較的總次數。如果能夠不必經過比較，而是直接經由計算搜尋鍵而得到紀錄所在的位置，那麼搜尋的效率將是常數級 (O(1))，如果資料鍵和資料儲存位置有著直接對應的關係，那麼計算資料鍵就可以得到位置：

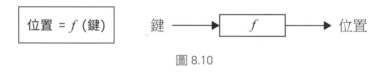

圖 8.10

　　把資料鍵轉換成儲存位置的函數 f，稱為「**雜湊函數**」(hash function)。當我們在存放資料時，送進雜湊函數 f 計算的是資料鍵，計算的結果是資料應當被存放的位置；當我們在搜尋資料時，送進雜湊函數 f 計算的是搜尋鍵，計算的結果是應該去找的位置。這就像有些店家會用地址或地標當店名，像是徐州路 2 號會館、士林三號出口咖啡廳，店名和地址連結，看到店名就知道位置在哪了。

碰撞

　　雜湊函數如果設計妥善，將使得不同資料鍵雜湊至同一位置（碰撞）的情形極少發生。但真實情況是，如果存放資料的記憶體有限，當資料多到一定程度時，將沒有完美的雜湊函數存在，亦即碰撞發生是無可避免的。因此除了雜湊函數的設計之外，解決碰撞問題也是雜湊法中重要的課題。因此我們可以說：「雜湊法就是利用雜湊函數，根據資料鍵計算紀錄存放的

位置，並且在碰撞發生時採取適當的方式解決，以便在存放資料和搜尋資料時共同作依據」。

雜湊函數的設計

雜湊函數的設計考量，是在「減少碰撞」和「計算效率」之間作權衡，以下我們將介紹幾種雜湊函數：

1. 除法 (division)

如果資料量大小（資料鍵數目）為 n，通常取一個大於 n 的質數 m，而令位置 = 資料鍵 MOD m。因此儲存資料的表格（雜湊表）大小也是 m。雜湊表裡每個儲存的位置稱為 slot（雜湊槽）。例如 $m=13$，則資料鍵為 57 的紀錄將被放在表格的第 5 個位置（因為 57 MOD 13=5）。表格大小為質數的原因，在於減少資料分布不均勻時容易碰撞的狀況。資料量與表格大小的比例稱為「負載係數」(load factor) $\propto$，因此 $\propto = n / m$，直覺上 $\propto$ 越小，資料越稀，就越不容易碰撞。據統計讓 $\propto$ 維持在 1/2 與 2/3 之間可保有不錯的存取效率與空間使用效率。

如果資料鍵數目 $n=6$，分別是 57, 8, 62, 26, 77, 42，而表格大小 $m=13$，則這些資料鍵經過 MOD 13 計算後，可以雜湊為：

[0]	[1]	[2]	[3]	[4]	[5]	[6]	[7]	[8]	[9]	[10]	[11]	[12]
26			42		57			8		62		77

圖 8.11

2. 平方取中法 (mid-square)

是將資料鍵平方後，再取其中 k 位數作為雜湊值。例如資料鍵為 5762，5762 的平方為 33200644，取任意 3 位數，例如千百十 3 位數，

可得到 064。如果資料鍵為 2642，2642 的平方為 6980164，取這 3 位數可獲得 016。通常會再將雜湊值 MOD 表格大小 m 取得在表格的位置。

3. **折疊法** (folding)

可以將資料鍵折成若干段，相加之後再 MOD 表格大小。若資料鍵為 381231596，可將資料鍵折成 3 段：381, 231, 596，這 3 個數字直接相加得到雜湊值 1208，再 MOD 表格大小 m 即可得到位置。摺疊資料的方式可以變化，例如資料鍵折成：38, 1231, 596，相加的方法也很多，可以向左對齊、向右對齊，甚至翻轉過來等。

4. **位數分析法** (digit analysis) 是分析所有已知資料鍵每一個位數出現的分佈狀況，並且挑選分佈較為均勻的位數出來。

雜湊函數用到的計算不外乎上述方式以及加減乘除、模除 mod、位元層次的「且」(and)、「或」(or)、「互斥或」(xor)、「旋轉」(rotate) 等運算，只要在「計算複雜度」與「碰撞機率」之間取得平衡，即可發揮創意設計雜湊函數，作為儲存資料與搜尋資料時的共同依據。

Python 的 hash 函式

Python 提供內建函式 hash()，可以接受整數、浮點數、字串、以及其他不可變資料型別的資料 (如 tuple 數組)，轉成整數：

```
print(hash(101))                    # 101
print(hash('hash function'))        # -1058550875366474819
print(hash(10.02))                  # 46116860184272906
print(hash(-10.02))                 # -46116860184272906
```

使用時可以取 hash 結果的絕對值再 MOD 表格大小，即可處理將各種型別的資料鍵。

Python 從 3.4 版後使用的 hash 演算法稱為 SipHash，是綜合運用加法、旋轉、"互斥或" 等計算構成的加密型演算法。

✳ 解決碰撞的方法

解決碰撞的方法可以概分為兩大類：「**開放位址法**」與「**分別鏈結法**」。

1. 開放位址法 (open addressing)

表格大小 m 都要大於資料數目 n，因此可以利用表格的空位來輔助化解碰撞，這種方法稱為「**開放位址法**」。

一旦發生碰撞，就往下探測空的位置，如果探測對象是下一個位置，稱為**線性探測** (linear probing)。在加入資料到雜湊表時，一旦雜湊出來的表格位置已被佔用，就往下找空格將資料鍵放入。如果都找不到空格，代表表格數目 m 太小，必須加大。如果表格大小 $m=13$，資料鍵為 62, 15, 58, 8, 85, 59, 73，並且雜湊函數為「鍵 MOD m」，則這些資料鍵的雜湊結果分別是：

這些資料鍵雜湊後都沒有發生碰撞

h(62) = 10 (62 % 13 = 10) ，h(15) = 2，h(58) = 6，h(8) = 8，h(85) = 7
h(59) = 7--> 8 --> 9 (59 % 13 = 7，位置 7 已有資料 85，往下探測位置 8，位置 8 已有資料 8，往下探測位置 9 可存放)
h(73) = 8 --> 9 --> 10 --> 11 (73 % 13 = 8，位置 8 已有資料 8，往下探測直到位置 11 可存放)

線性探測可能造成**群聚** (cluster) 現象，也就是某些位置越擠越多資料，而越多資料越容易碰撞，造成惡性循環，因此線性探測有幾個可以修正的方式：

A. 往下探測 k 個位置，因直覺上將 k 加大超過 1 可以較快跳開群聚。若 $k=3$ 時，上面同樣資料鍵的雜湊結果是：

```
h(62) = 10, h(15) = 2, h(58) = 6, h(8) = 8, h(85) = 7
h(59) = 7 --> 10 (= 7 + 3) --> 0 (=10 + 3, 要再 MOD 13)
h(73) = 8 --> 11 (= 8 + 3)
```

B. 平方探測 (quadratic probing)：在第 i 次探測時往下探測 i^2 個位置，所以上面資料鍵的雜湊結果是：

```
h(62) = 10, h(15) = 2, h(58) = 6, h(8) = 8, h(85) = 7
h(59) = 7 --> 8(= 7+1²) --> 12(= 8 + 2²),
h(73) = 8 --> 9(= 8+1²)。
```

C. 雙雜湊 (double hashing)：往下探測的個數，是由第二個雜湊函數 h2 計算所得。例如若設計 h2(key)=1+key MOD 7，上面同樣資料鍵的雜湊結果是：

```
h(62) = 10, h(15) = 2, h(58) = 6, h(8) = 8, h(85) = 7
h(59) = 7 --> 11 (= 7 + h2(59) = 7 + 1 + 59%7)
h(73) = 8 --> 12 (= 8 + h2(73) = 8 + 1 + 73%7)
```

可以將上面 3 個方法跟 P8-31 頁線性探測做比較，會發現群聚現象改善不少（位置距離較遠），碰撞次數也減少了。

2. 分別鏈結法（separate chaining）

除了開放位址法，第二類解決碰撞的方法稱為「分別鏈結法」。是在發生碰撞的時候，就將雜湊值相同的資料鍵串在同一個串列。例如資料鍵為 62, 42, 13, 57, 8, 60, 73, 26, 49，雜湊函數為「鍵 MOD 13」，則安排資料成為下圖。在存放資料鍵 26 時，因為 table[0] 已經被佔用，所以就將它串在 table[0].next 的那一個串列中，其餘資料鍵發生碰撞時也是如此處理。

在搜尋資料時，只要發生碰撞，就沿著鏈結循序搜尋直到找到或是鏈結到尾端搜尋失敗為止。

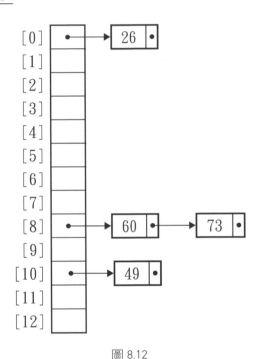

圖 8.12

範例 8.3　設計雜湊表類別

問題：設計一個簡單的雜湊表類別，以除法雜湊為雜湊函數、以線性探測為碰撞機制，先不考慮刪除資料與擴充雜湊表。

解題思考：

1. 先設計項目類別 MapEntry，每個項目是一個 key：value pair(鍵：值配對)。

2. 雜湊表有 *m* 個 slot，初設均為 None。新增項目 (key：value) 到雜湊表時，使用雜湊函數 abs(hash(key)) MOD m 取得位置 slot，如果 table[slot] 不是 None(該 slot 已存有項目)，代表碰撞發生，就往下線性探測 slot=(slot ＋ 1) MOD m，直到找到空位為止，再將項目放入 table[slot]。為了簡化實作，假設雜湊表不會全滿，因此沒有使用 count 去監測。

3. 搜尋時也必須使用同一個雜湊函數計算得到搜尋起點 slot，當 table[slot] 不是 None 且 table[slot].key 不是搜尋鍵 key 時，代表碰撞發生，就往下探測直到找到為止，或遇到空位而搜尋失敗(雜湊表中沒有資料符合此搜尋鍵)。

```
class MapEntry :
  def __init__( self, key, value ):       # 每個 slot 儲存完整項目 key, value
    self.key = key
    self.value = value
class HashTable:
  def __init__(self, M = 101):
    self.m = M
    self.table = [None]*self.m            # 雜湊表 table 有 m 個 slot
  def add(self, key, value):
    entry = MapEntry(key, value)
    slot = abs(hash(key)) % self.m        # 先呼叫 hash()，取絕對值後 mod m
    while self.table[slot] :              # 碰撞，往下找空位
      slot = (slot + 1) % self.m
    self.table[slot] = entry              # 將新項目存入 slot
                                                                    ⬇
```

```
    def get(self, key):
        slot = abs(hash(key)) % self.m          # 同一個雜湊函數
        while self.table[slot] and \
              self.table[slot].key != key:      # 此 slot 有項目但 key 不符
            slot = (slot + 1) % self.m           # 碰撞，往下搜尋
        if not self.table[slot]:                 # 搜尋失敗
            return None
        return self.table[slot].value

h = HashTable()
h.add("android", 100)
h.add("ios", 101)
print(h.get("android"))                         # 得到 100
```

▎ Python 的字典 dict 就是用 hash table 設計的資料結構，具有新增 key：value(鍵：值配對)、搜尋、更新與刪除等功能。

刷題 73：找出相加等於 k 的兩數—雜湊版　　　難度：★

問題：同刷題 11、56、69、70，找出 n 個相異整數中相加等於 k 的兩個數在原始陣列中的位置，時間複雜度限定為 O(n)。

解題思考：

1. Two Sum 問題是很常見且基本的考題，本身就有許多不同的解法，可以因應題目的要求加以選擇。

2. 刷題 70 使用 Python 的字典整理成 n 個數值：位置，時間複雜度為 O($n(p+q)$)，其中 O(p) 與 O(q) 分別是將一個資料加入字典及從字典查表的效率，但因 dict 的內部實作是使用雜湊表，所以其實都是 O(1)。

3. 若沒有特殊使用限制，字典是一個很好的選擇，如果有限制，可以使用範例 8.3 的簡易雜湊表。以下使用雜湊表類別實作 TwoSum：　　　　　↓

參考解答：

```python
from HashTableClass import *
def twoSum4(nums, k):
  h = HashTable()
  for i in range(len(nums)):
    h.add(nums[i], i)
  for num in nums:
    value = h.get(k-num)
    if value != None:
      return h.get(num), value

nums = [2,-3, 7, 11,15, 17]
k = int(input())
i, j = twoSum4(nums, k)
print(i, j)
```

効率分析 陣列的 *n* 個資料，都要加入雜湊表及搜尋各一次，加入及搜尋的效率都是 O(1)，因此整體效率為 O(*n*)。

刷題 74：找出最長不重複子字串　　　　　難度：★★

問題：給定一個字串，找出出現在字串中，字母不重複的最長子字串。

執行範例：輸入 "fsfetwenwe"，輸出 5，因最長不重複子字串出現在 1 號位置開始的 5 個字 "sfetw"，而 "sfetwe" 有重複字母 e，不合規定。

解題思考：

↓

1. 掃描輸入字串的所有字母，隨時記錄目前不重複子字串的最大長度，當遇見一個字母時，會有三種狀況：

   (1) 不曾看過的新字母，則單純將此字母加入目前子字串中（例如 "sf" + 'e' → "sfe"）。

   (2) 曾經出現，但不在目前子字串裡面，也算新字母，也是單純將此字母加入。

   (3) 已出現在目前子字串中，則需要從目前子字串中，將已出現的此字母之前的內容都刪掉，再加入此字母（例如 "sfetw" + 'e' → "s̶f̶e̶tw" + 'e' → "twe"）。

2. 要記錄字母是否出現過，以及最近出現在哪個位置，就需要使用字典或雜湊表來記錄 " 字母 : 最近出現位置 " 配對，在此使用字典 pos。

3. 初設字典 pos 為空，最大長度 maxLen、目前子字串長度 curLen、目前子字串起始 curStart 均初設為 0。

4. 對應第 1 點狀況 (1)：掃描每個字母 ch = chars[i]，如果 ch 沒有出現過（ch not in pos），就將 curLen 加 1，並且視需要更新 maxLen，同時將 ch 及其出現位置加入字典。例如掃描到 "fsfetwenwe" 中的前兩個字母，因 f 及 s 都是新字，此時 curStart = 0、curLen = 2、maxLen = 2、pos = {'f':0, 's':1}，代表目前子字串為 "fs"。

5. 對應第 1 點狀況 (2)：雖然 ch 有出現在字典中，但不在目前子字串，也就是 ch 的位置在目前子字串開始位置之前（pos[ch] < curStart），因此採取跟狀況 (1) 相同處理方式。

6. 對應第 1 點狀況 (3)：如果 ch = chars[i] 曾經出現過（ch in pos），而且上次出現位置（pos[ch]）是在目前子字串裡面（pos[ch] >= curStart），代表需要重設子字串的起點與長度。將起點 curStart 設為 ch 上次出現的位置加 1，例如 chars[2] 為 f，f 上次出現在位置 0，因此設定 curStart 為 0+1，

代表目前子字串從 chars[1] 開始 (= "sf")。並且重算長度 curLen 為 2 – curStart + 1(=2)，而 pos['f'] 的值更新為 2 (pos = {'f':2, 's':1})。

又例如在處理 chars[6] 為 e 時，此時 curStart 為 1、curLen 與 maxLen 均為 5 (目前子字串為 "sfetw")，而 e 上次出現在 "fsfetwenwe" 的 3 號位置，也在目前子字串內，因此目前子字串改從 chars[4] 開始，再加入本次的 e，成為 "twe"，curLen 更新為 3，但 maxLen 不變仍為 5。接著再繼續掃描下個字，尋找可能的更長子字串。

參考解答：

```
def longestSub(chars):
  pos = {}
  maxLen, curLen, curStart = 0, 0, 0
  for i in range(len(chars)):
    ch = chars[i]
    if ch in pos and pos[ch] >= curStart: # ch 出現過且在目前子字串中
      curStart = pos[ch] + 1              # 重設子字串起點
      curLen = i - curStart + 1           # 重設子字串長度
    else:
      curLen += 1                         # 多一個字
    maxLen = max(maxLen, curLen)          # 視需要更新最大長度
    pos[ch] = i                           # 新增項目或更新字母位置
  return maxLen

strIn = list(input())
print(longestSub(strIn))
```

效率分析 每個字母做一次字典或雜湊表的搜尋、加入或設值，因此整體的時間複雜度為 $O(n)$。

✎ 練習題

8.8　下列何者不是雜湊法 (hashing) 用到的雜湊函數 (hashing function)？

　　(A) 分配法 (distribution)　　　　(B) 除法 (division)

　　(C) 數字分析法 (digit analysis)　　(D) 數字疊合法 (folding)

8.9　設計 Hash Function 的原則，下列敘述何者錯誤？

　　(A) 為求 Collision 少，Hash Function 的計算要盡量複雜

　　(B) 以除法作 Hash Function，除數應取夠大的質數

　　(C) 以除法作 Hash 時，如果以 3 作除數，X=X1X2 及 Y=X2X1 會被
　　　　Hash 到同一地址

　　(D) 如果除數是 16，Hash 後的地址由 Least Significant Digit 決定

8.10　利用除法作為雜湊函數 (Hashing Function)，依序將 12, 33, 125, 78,
　　　64 存入 7 個 slot，位址為 0 至 6，若以線性探測 (Linear Probing)
　　　來處理碰撞情形，則下列敘述何者錯誤？

　　(A) 共發生三次碰撞 (Collision)

　　(B) 載入密度為 5/7

　　(C) 位址 2 存入 64

　　(D) 位址 6 存入 125

MEMO

附 **A** 錄

─ Python 語法快速入門 ─

本文節錄自旗標出版「Python 技術者們 - 實踐！帶你一步一腳印由初學到精通」一書

A-1 資料型別、變數及運算

▌資料的種類：型別

　　資料的種類稱為**資料型別 (Data Type)**，Python 的資料型別，比較簡單的有**整數、浮點數、字串** ... 等，較為複雜的則有**串列、字典、集合** ... 等。

　　我們先介紹最基本的 4 種資料型別：

- **整數 (int)**：不含小數點的數值，例如：3、-2、900。

- **浮點數 (float)**：包含小數點的數值，例如：3.14、-2.5、5.0、900.345。

- **布林 (bool)**：就是真假值，只有 True（真）和 False（假）二種。請注意，英文第一個字要大寫後面要小寫。

- **字串 (str)**：由單（雙）引號、或連續 3 個單（雙）引號括起來的一串文字資料，例如："abc 123"，'哈囉！'，''' 符號 @#$%^&*()'''。

整數、浮點數、與布林是屬於純量 (Scalar 純數值) 型別, 而字串則是屬於有結構的 (Structural) 型別, 是由一串的字元所組成。**Python 會在程式中自動判定資料的型別**, 例如我們 key 入 3 它就知道是整數型別, key 入 3.0 它就知道是浮點數型別, 不用特別告訴它資料是甚麼型別。

整數 int 與浮點數 float

整數 (int) 和浮點數 (float) 都是屬於數值型別, 它們只差在是否有小數點。例如: 3 是整數而 3.0 是浮點數。

浮點數如果數值比較大, 也可採用科學記號表示法, 例如 1.23e5 或 1.23e-3。其中 e (或 E) 代表指數, 後面要再接一個正數或負數, 代表 10 的幾次方。

布林 bool 型別

布林 (bool) 只有兩個值, Python 內建為 True (真) 和 False (假), 其實 True 和 False 都是數值, 分別是 1 和 0。布林資料主要是做為條件判斷之用, 底下來看在交談模式下執行的幾個例子:

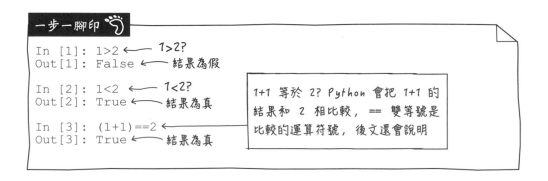

字串 str 型別

字串 (str) 比較特別，是由一串的字元所組成，所謂字元就是英、數字或符號，也可以是中文繁體、簡體、或其他日、韓、俄文等，例如 "筆,笔,ペン,펜,ручкаручка"。

字串前後必須用單引號 ' 或雙引 " 號括起來，例如：'Hi guys' 或 "Hi guys" 皆為合法的字串表示，但單引號和雙引號不能混用。要注意的是，字串用哪種符號括住，在字串中就不能再出現該種符號，否則會被視為字串的結束符號。例如以雙引號括住，那麼字串中就不能有雙引號，但可以有單引號。

▍型別轉換

不同型別的資料在做運算時，如果都是數值類的型別，那麼 Python 會自動把範圍小的型別轉換成範圍大的型別，例如：

```
True + 1    # True 先自動轉為整數再做運算  輸出  2
1 + 2.1     # 1 先自動轉換為浮點數再做運算  輸出  3.1
```

除了以上的情況外，一般都需要手動型別轉換為相同的型別再做運算。我們可以用 int(x)、float(x)、bool(x)、str(x) 這些函式 (function) 來將 x 轉換為整數、浮點數、布林、或字串，例如 int(x) 就是把一個資料 (例如字串 '123') 轉換成整數型別。

資料的名牌：變數

變數 (Variable) 可以讓我們重複使用資料，用變數幫資料命名後，就可以多次指名存取該資料。看以下範例你就懂了：

```
一步一腳印

In [1]: age=18    ← 將資料 18 命名為 age

In [2]: age+1     ← 重複使用 age
Out[2]: 19

In [3]: pi=3.14159    ← 這是圓周率

In [4]: r=1.23456     ← 半徑量到小數點 5 位

In [5]: 2*pi*r    ← 用變數命名就不用每次 key 到手酸還 key 錯！
Out[5]: 7.7569627008

In [6]: pi*r*r    ← 算圓的面積
Out[6]: 4.788217935949825
```

變數，故名思義，就是可以改變的數，因此我們可以任意改變 age 的值，例如把 age 的值改為 12 或 11.5, 甚至改成 " 兒童 " 也可以。但是事實上 Python 用變數為資料命名只是把變數名當成一個**名牌**綁 (bind) 到資料上面而已，這一點和傳統的程式語言有很大的不同。

因此，更改變數的值，其實並沒有真正改到資料，而是把變數名**改綁**到其他的資料上：

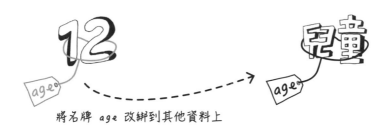

將名牌 age 改綁到其他資料上

變數命名規則

在為變數取名字時, 必須符合 Python 的命名規則:

- 名稱中只能包括:數字、大小寫英文字及底線 (也可以用中文或他國文字如日、韓文等, 一般不建議), 請注意!變數名當中大寫和小寫字母是不一樣的, 例如 age 和 Age 是不同的變數。

- 名稱開頭的第 1 個字不可為數字。

- 名稱不可是 Python 的保留字 (如下表)。

False	await	else	import	pass
None	break	except	in	raise
True	class	finally	is	return
and	continue	for	lambda	try
as	def	from	nonlocal	while
assert	del	global	not	with
async	elif	if	or	yield

所以簡單來說, 最好只用**英、數字及底線**來命名, 而**第一個字不能是數字**。下表列出一些正確及錯誤的變數名稱:

正確的名稱
filename
file_name
giveMe5
_8i
姓名

錯誤的名稱	錯誤原因
9dogs	不可數字開頭
file-name	不可有符號 -
dog&cat	不可有符號 &
None	不可是保留字
print	不可是內建函式的名稱

運算式與算符

運算式就是「運算資料的式子」，例如「1+2」。其中運算的符號稱為算符 (operator)，例如 + 號，被運算的資料則稱為運算元 (operand)，例如 1 和 2。

算符大多數都是符號字元，例如 +-*/>< 等，但也有文字的，例如 not、and、or (後述)。算符除了可以運算數值及布林值之外，有些也可運算其他的資料，例如 + 可用來串接字串。這些我們都會在適當的時機介紹。

✶ 指 (綁) 定算符 =

首先來介紹我們最熟悉的 = 號算符，= 號算符就是將等號左邊的**變數名綁定** (binding, 雖然是個動名詞，但發音和綁定相似，很好記憶) 給等號右邊的**變數值 (資料)**。這裡用「綁定」而不說「指定」，就是提醒我們 Python 其實是將左邊的變數 (名牌) 綁在右邊運算結果的資料上。雖然我們對 = 算符已很熟悉了，但是仍然有些細節及操作需要補充：

一步一腳印

```
In [1]: a=b=1  ←── 可以同時將多個名牌, 例如 a 和 b 綁在 1 上

                    把 a 的內容 1 取出來加 1, 產生一個新資料,
In [2]: a=a+1  ←── 再把 a 綁上去, 而不是直接把 1 改成 2

In [3]: a, b  ←── 這裡有一個重點! 就是現在 a 這個名牌已經綁到新資料 2 上面了,
Out[3]: (2, 1) ←── 至於名牌 b 仍然綁在資料 1 上面!
```

用 = 做變數的初始化

　　= 算符還有一個十分重要的功能，就是用來做變數的初始化。在 Python 中, 變數必須先用 = 號把變數名綁到一個物件上 (即初始化) 才能開始使用, 否則會出現 NameError 的錯誤：

一步一腳印

```
In [1]: a = 1     ←── a 有用 = 做初始化, 綁到整數 1 物件上

In [2]: a = a + 1 ←── 所以 a 可以開始使用, 沒問題

In [3]: b = b + 1 ←── b 沒有用 = 做初始化, 一使用就 NameError 了
Traceback (most recent call last):

  File "<ipython-input-3-5b4f6730ad03>", line 1, in <module>
    b = b + 1

NameError: name 'b' is not defined ←── 'b' 這個變數名未定義 (not defined)
```

算數算符 + - * / 以及 // % **

　　算數算符除了最常用的加 (+)、減 (-)、乘 (*)、除 (/) 之外, 還有求除法的商 (//)、求除法的餘數 (%)、及次方 (**), 底下以範例來解說：

```
In [1]: 2*3.0
Out[1]: 6.0     ← 整數與浮點數做算數運算時, 結果會是浮點數 (避免損失小數)
In [2]: 4/2, 5/2
Out[2]: (2.0, 2.5)     ← 使用除法時, 無論是否整除結果都會是浮點數

In [3]: 5//2, 5%2
Out[3]: (2, 1)     ← 用 // 及 % 計算整數除法的商及餘數, 結果都是整數

In [4]: 4.4//2, 3.4%2
Out[4]: (2.0, 1.4)     ← 浮點數除法的商及餘數, 結果都是
                         浮點數 (商數的小數一定是 0)
In [5]: False+1, True/2     ← 還記得嗎? True 可以做為 1 而 False 可做為 0
Out[5]: (1, 0.5)

In [6]: 4**0.5, 8**(1/3)
Out[6]: (2.0, 2.0)     ← 次方若為小數, 會變成開根號(如平方根、立方根等)
```

▌請注意, 凡是用小括號括起來的運算式會最優先計算, 例如上面倒數第 2 行的 (1/3)。

整數、浮點數、和布林都是數值 (布林的 True 等同 1, False 等同 0), 因此可以相互做數值運算。而字串的運算則只有「字串＋字串」及「字串 * 整數」二種, 其他都不可使用, 字串 *n 的運算結果是字串重複 n 次。

```
In [1]:'Ab'+'12'+'3'     ← 串接字串
'Ab123'

In [2]:'Ab'*3     ← 字串重複 3 次
'AbAbAb'
```

✳ 比較算符

比較算符可分為 3 組共有 6 種：

① 大於 (>)、大於等於 (>=)

② 小於 (<)、小於等於 (<=)

③ 等於 (==)、不等於 (! =)

而比較的結果，則只會有 True 及 False 二種。

一步一腳印
```
In [1]: print(5 >= 5, 5 >= 6)
True False

In [2]: print(5 == 5, 5 != 6)
True True

In [3]: print(True ==1, False != 0)
True False
```

✳ 邏輯算符

邏輯算符主要是針對布林值做運算，共有 and、or、not 3 種。右表假設 A 和 B 均為布林值：

運算式	運算結果
A and B	A 和 B 全部都為真才是真，否則為假
A or B	A 和 B 有一個為真就是真，否則為假
not A	A 為真則變假，A 為假則變真

一步一腳印
```
In [1]: not 5 > 4   ← 5>4 是 True, 所以 not Ture 就是 False
Out[1]: False
                    5>4 和 4<3 是布林值 True 和 False, 結果是 ...:
In [2]: (5 > 4 and 4 < 3
   ...: )   ← 因為上一行右括號未輸入就按 Enter , 等你輸入右括號才算完成
Out[2]: False

In [3]: (5 > 4 or  4 < 3)   ← 5 >4 是 True, 4<3 是 False, 結果是 True
Out[3]: True
```

┃算符的優先順序

算符是有運算優先順序的，例如我們都知道「先乘除、後加減」，因此「1+2*3」會先計算 2*3 然後再加 1。底下將常用算符的優先順序由高而低列出：

算符 (由高到低)	說明
( )	小括號，若有多層括號則越內層越優先，例如 a*(b/(c+d)) 會最先算 (c+d)
**	次方
+x, -x	正、負號
*, /, //, %	乘除類的算符
+, -	加減法
<, <=, >, >=, ! =, ==	比較算符
not	邏輯 not
and	邏輯 and
or	邏輯 or

> ┃ 更完整的算符優先順序列表，參見官網：docs.python.org/3/reference/expressions.html#operator-precedence

以上同一列的算符其優先順序相同，例如 *、/、//、% 都相同。當優先順序相同時，會由左往右依序運算，例如 5/2*3 會先算 5/2 然後再乘 3。

A-2 Python 內建的資料結構(容器)

資料結構 (Data structure) 簡單來說，就是有結構的資料型別。像 int、bool、float 這種資料型別，它們沒有更細部的結構，我們稱為純量

(scalar) 型別。除了純量型別，Python 還提供了具有內部結構的型別，Python 官方文件稱之為**資料結構** (Data Structure)，為避免跟前面 8 個章節所稱的資料結構混淆，我們會將之稱它為**容器** (container)。Python 的容器內部所裝的資料項目稱為**元素** (element)。

例如，字串中可以存放很多的字元，因此字串就是一種容器。除了字串外，常用的容器還有 **list**(串列)、**tuple**(元組)、**set**(集合)、與 **dict**(字典) 等 4 種，這 4 種容器內部可以存放任意型別的資料 (除了少數例外)，甚至容器中還可以有容器，因此在使用上非常有彈性。

▍list：可儲存一串資料的串列容器

串列 (list) 是一種相當有彈性的資料結構，上例的 sales 就是一個 **list** (串列) 容器。所謂串列就是一串資料，這串資料可長可短，從幾筆到幾百萬筆都可以。list 要用中括號 [x, y, z,...] 來標示，例如底下建立最愛的水果串列：

```
一步一腳印

In [1]: fruit=['蘋果', '香蕉', '芭樂']  ←── 用中括號建立含有 3 個水果的 list

In [2]: fruit[0], fruit[2]  ←── 讀取第 0 和第 2 個水果
                                 (注意! 串列的元素是由 0 算起)
Out[2]: ('蘋果', '芭樂')

In [3]: fruit[3]  ←── 讀取第 3 個水果, 喔喔! 索引超出範圍了...
Traceback (most recent call last):

  File "<ipython-input-3-8e2553fd7de9>", line 1, in <module>
    fruit[3]

IndexError: list index out of range
```

上例是在 list (串列) 中存放 3 個字串資料, 但其實 list 的元素可以是「任意型別」, 例如我們可以用 a = [' 西瓜 ', 45, False] 代表西瓜一斤 45 元、目前缺貨。

從 list 取值或改值: 使用索引

list 中的元素是依照順序排列的, 像這種有序的容器我們稱為**序列容器** (sequence container), 其他像是字串和 tuple (元組) 也是序列容器。

凡是序列容器, 都可以用**索引** (Index) [i] 來指定容器中第 i 個位置的元素, 但要注意 i 是從 0 算起。另外也可以用 [$-i$] 來指定倒數第 i 個元素, 例如:

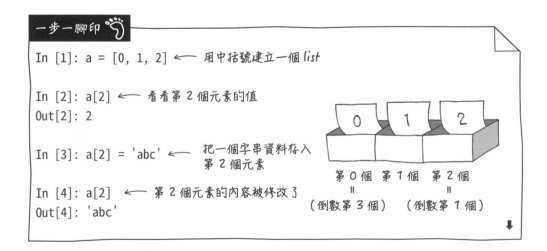

```
In [5]: a[-1] ← 看看倒數第 1 個元素的內容
Out[5]: 'abc'

In [6]: a[-4] ← 倒數的 4 個元素.....
Traceback (most recent call last):
  File "<ipython-input-6-4b43f82cd5c9>", line 1, in <module>
    a[-4] ← a[-4] 出問題
IndexError: list index out of range ← 產生 index out of range
                                      (索引超出範圍) 的錯誤
```

多層的 list

前面說 list 的元素可以是「任意型別」，因此也可以是容器型別，例如底下的價格組合：

一步一腳印

```
In [1]: fruit=[['蘋果', 82], ['香蕉', 45], ['芭樂', 59]] ←
                                        建立 3 組水果價格組合,
                                        在大 list 中有 3 個小 list
In [2]: fruit[0][1] ←
Out[2]: 82          查看第 0 組的水果價格 (注意索引由 0 開始,
                    [0][1] 表示取第 0 個子串列的第 1 個元素)
```

像以上內含子容器的容器，我們就稱之為多層的容器。它經常用來儲存表格化的資料，例如以下的二維表格：

排名	一月	二月	三月
小明	2	1	4
小美	3	2	3

➡ [[2, 1, 4], [3, 2, 3]]

如果想建立三維或更多維的資料，也只要將最內層的元素更換為容器即可（每加一層就會增加一個維度），例如 a = [[[0,1],[2,3]], [[4,5],[6,7]]] 即為 3 層的容器，每一層都有 2 個元素。

使用切片（Slicing）

切片 (Slicing) 可以由 list 中切出一個 list 片段，例如：a[m: n] 可以由 a 串列中切出**由 m 到 n 但不包含 n** 的串列片段，m、n 均可為正或負數，若 m 省略則預設為 0，若 n 省略則預設切到（包含）最後一個元素。請注意！所謂切片其實只是把那段長度為 n-m 的串列元素 COPY 出來而已，並沒有真的把串列切斷或變短，原串列的元素一個也沒有變。COPY 出來的 list 片段會保持其元素型別不變，例如：

由 m 到 n 但不包含 n
Python 口訣「有頭無尾！」

請注意！下表中每一列程式都會使用此預設來運算，而不受其他列程式的影響。

預設 a = [0, 1, 2, 3, 4, 'last']

程式	結果	說明
a[1: 3]	[1, 2]	傳回索引 1 到 2（不含 3) 的 list
a[4: 4]	[]	索引 4 到 4 但不含 4, 長度 n-m = 4-4 = 0, 所以傳回空 list
a[-5: 3]	[1, 2]	索引 -5 和 1 是同一位置
a[-5:-3]	[1, 2]	索引 -5 到 -4（注意不含 -3)
a[-2:]	[4, 'last']	取倒數 2 個元素, 元素型別不會改變（注意不可用 a[-2:0], 會傳回空 list, 原因見底下的 TIPS)

> ▌ 在 [m:n] 中 m 的位置必須在 n 的前面（左邊）才行，否則會視為無效範圍而傳回空串列 []（例如 0 是最前面的位置，因此 n 不可為 0（沒有任何 m 是在 0 之前的）。

▌ tuple：不可更改的串列

　　tuple 一般譯為「元組」或「數組」，但這個譯名並不能顯示其函意，因此建議直接以原文稱之。tuple 和串列完全一樣，只除了其中的元素**不可更改** (immutable) 的，tuple 要用小括號 (x, y, z,...) 來標示。請注意！tuple 雖然是用 () 標示，但仍然要用 [] 而非 () 來做索引以存取其元素，例如底下的 grade 這個 tuple，若寫成 grade(0)，則會變成呼叫 grade() 函式而不是指 grade 這個 tuple 的第 0 元素。

　　tuple 的各種操作就和 list 相同，例如使用索引或切片來讀取元素值，或使 +、*、>、<、in、not in 等算符做運算。但因 tuple 的元素不可更改，因此**不可使用那些會更改元素的操作**，例如用索引或切片來更改元素值。

▌ set：一堆資料的集合

　　如果說 list 是「一串資料」，那麼 set（集合）就是「一堆資料」。一串資料是有順序性的，例如 '甲'、'乙'、'丙'... 依序排列，而一堆資料則是隨機擺放，沒有固定順序。

　　集合要用大括號 {x, y, z,...} 來標示，例如樂透的明牌號碼：{23, 8, 17, 11, 38}。

　　集合的元素必須是唯一而不可重複的，如果加入重複的資料則會被合併。除了使用 {} 來建立 set 之外，也可以用 set() 函式取用其他容器的元素來建立 set，例如：

```
In [1]: myset = {0, 1, 2, 1}; mystr = 'abcd'  ← 用{}建立一個 set,
                                                並建立一個字串

In [2]: myset
Out[2]: {0, 1, 2}  ← myset 中 1 這個重複的資料被合併了

In [3]: newset = set(mystr)  ← 取用 mystr 的元素來建立 newset

In [4]: newset
Out[4]: {'a', 'b', 'c', 'd'}  ← newset 是由 'a' 'b' 'c' 'd' 四個字元所組成
的 set

In [5]: mystr
Out[5]: 'abcd'  ← mystr 字串的內容並沒被改變
```

> 如果要建立空集合, 則只能使用不加參數的 set() 來建立, 而不可使用空的大括號 { }, 因為 { } 會被當成是下一節會介紹的空字典。

為了確保集合中的「元素是不重複的」, 所以集合不允許放入「元素可以改變」的資料, 以防止未來被改變而造成重複。因此例如串列、集合、或下節會介紹的字典都不行！而其他不會改變的資料則可以, 包括 tuple、字串、及純量資料 (如整數) 等。

dict：以鍵查值的字典

dict (字典) 跟集合很像, 其差別在於字典中的元素是以「**鍵：值**」成對的方式來儲存 (就像英文字典裡的「單字：解釋」一樣), 以方便我們用**鍵** (key) 來查詢對應的**值** (value), 也因此字典中的**鍵必須是唯一的**, 但**值可以重複**。

字典是用大括號 {key1: x, key2: y,...} 來標示，例如飲料的價格：{' 紅茶 ': 25, ' 拿鐵 ': 50, ' 柳橙汁 ': 50}。其中，' 紅茶 '、' 拿鐵 '、' 柳橙汁 ' 只能出現一次，但價錢方面，' 拿鐵 ' 和 ' 柳橙汁 ' 都是 50。這很容易想像，例如你經營一家飲料店，一種飲料絕不能標兩種價格，但不同的飲料是可以賣同樣價錢的。

字典中的鍵及值都可以是任意型別，例如 {2.0: 'OK', ' 命中 ': 100}。但請注意，如果鍵重複了，則新的值會蓋掉舊的值，例如：

一步一腳印

```
In [1]: {'A': 1, 'B': 2, 'A': 3}
Out[1]: {'A': 3, 'B': 2}
```
↖ 第 1 個元素的值被第 3 個蓋掉了

此外，由於鍵是唯一而不可重複的，因此**鍵**也和 set 一樣，不允許是「元素可以改變」的容器，例如 list、set、與 dict 等都不行。但**值**則沒有限制，因為值是可重複的。例如：

程式	執行結果	說明
{(1,2): [3,4]}	{(1, 2): [3, 4]}	鍵為 tuple, 值為 list 是 OK 的
{[1,2]: 3}	TypeError: unhashable type: 'list'	鍵用 list 會錯誤
{{1,2}: 3}	TypeError: unhashable type: 'set'	鍵用 set 一樣會錯誤

✦ dict 的索引操作

由於字典是由「鍵：值」所組成，而且鍵不會重複，因此可以用索引算符 [] 來「以鍵取值」：

一步一腳印

```
In [1]: d = {'紅茶': 25, '柳橙汁': 45}

In [1]: d['紅茶']   ← 以鍵取值
Out[1]: 25
```

另外，由於字典是可更改的，因此也可用索引來「以鍵設值」，甚至「以鍵增、刪元素」：

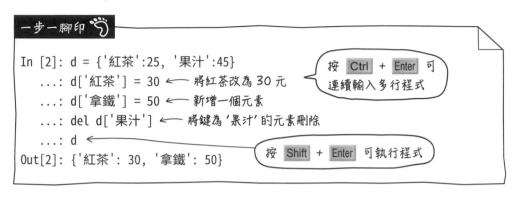

```
In [2]: d = {'紅茶':25, '果汁':45}
   ...: d['紅茶'] = 30 ← 將紅茶改為 30 元
   ...: d['拿鐵'] = 50 ← 新增一個元素
   ...: del d['果汁'] ← 將鍵為 '果汁' 的元素刪除
   ...: d ←
Out[2]: {'紅茶': 30, '拿鐵': 50}
```

按 Ctrl + Enter 可連續輸入多行程式

按 Shift + Enter 可執行程式

▌ 請注意，dict 不能用切片也不能用編號做索引，以上例而言，d[0] 和 d[0:1] 都是不允許的，為什麼呢？因為 dict 不是有序容器，所以不能用順序取值。

▌字串也是一種客器

由於字串也是一種有順序的「序列容器」，因此操作方法也和串列很類似；不過和 tuple 一樣，其元素是不能改變的，因此只要是改變元素的操作都不適用於字串。

首先來看索引算符 []，其索引和切片的功能都可使用，例如：

預設 ▶ s = '0123456'

程式	執行結果	說明
s[1]	'1'	取索引 1 的字元（注意索引由 0 開始）
s[1] = 4	TypeError: 'str' object does not support item assignment	字串不可更改內容
s[: 2]	'01'	索引由 0 到 1 的子字串
s[3:]	'3456'	索引由 3 到結尾
s[2: 1]	''	索引 2 在 1 的後面，因此結果為空字串
s[1: 6: 2]	'135'	由索引 1 到 5, 每隔 2 個取 1 個

▋ Python 沒有「字元」專用的型別，因此都是以「只有一個字元的字串」來表示「字元」。

▋容器常用的函式 (Function)

len()、max()、min()、與 sum() 函式

內建函式 len()、max()、min()、sum() 可分別用來計算容器的長度、最大值、最小值、與加總，在使用上都很直覺，而且都不會更改到容器的內容。

len() 函式最簡單，它會算出容器元素的個數，但它只會算出第一層的個數，如果是多層容器，第二層以下 (含第二層) 都不會被計入。例如：

一步一腳印

```
In [1]: len('string')
Out[1]: 6

In [2]: len(['string', 'statement'])  ← 這麼長 len() 卻只有 2!
Out[2]: 2

In [3]: len({1:'abc', 2:'def', 3:'123'})  ← 這樣也只有 3!
Out[3]: 3
```

max()、min() 會傳回容器內元素的最大值、最小值，但元素之間必須可以比較大小才行，例如：int 和 str 不可比較，而 int 和 int、str 和 str、或 int 和 bool 則可以比較。而 sum() 則可以對 list、tuple、set、dict 的元素加總，條件是其元素型別必須是數值。

```
In [1]: a = [0, 3, 1, 2]

In [2]: max(a), min(a), sum(a)/len(a)  ← 求 list 的最大、最小、總和/長度
Out[2]: (3, 0, 1.5)
```

max()、min()、及 sum() 也可使用於字典，不過因為 dict 的特性，這 3 個函式只會取字典的鍵來做計算：

```
In [1]: d = {1:4, 2:5, 3:6}

In [2]: max(d), min(d), sum(d)
Out[2]: (3, 1, 6) ←
```
        max()、min()、sum() 只取 d 的鍵來計算

sorted() 及 reversed() 函式

sorted() 可讀取容器中的元素，然後由小到大排序後放在新的 list 中傳回。若想改為由大到小排序，則可多加一個 reverse=True 參數。

程式	執行結果	說明
sorted([3, 1, 2])	[1, 2, 3]	傳回 list 容器排序後的 list
sorted({3, 1, 2})	[1, 2, 3]	傳回 set 容器排序後的 list
sorted({3:7, 1:8, 2:9})	[1, 2, 3]	傳回 dict 容器排序後的 list
sorted('bac', reverse=True)	['c', 'b', 'a']	傳回 str 反向排序後的 list

reversed() 則可將序列容器中的元素反轉 (反過來排)，但傳回的是一個 list_reverseiterator 型別的動態容器，可再轉到 list 或其他容器來使用：

程式	執行結果	說明
list(reversed([1,2,3,0]))	[0, 3, 2, 1]	把 list 中的元素反轉
tuple(reversed('bdac'))	('c', 'a', 'd', 'b')	把字串中的字元反轉
tuple(reversed({0,1,2}))	TypeError: 'set' object is not reversible	非序列容器不可反轉

A-3 Python 的流程控制

文字輸入與輸出的技巧

程式要和人互動, 使用文字輸入與輸出是最基本的方法。

文字輸入

Python 內建的輸入函式 input() 很簡單, 格式及範例如下：

InputString = input(" 提示文字 ")

傳回一個字串

```
name = input("請問你是？")
print(name + " 你好！")
```

請問你是？大雄　←── 輸入：大雄, 然後按 Enter 鍵

大雄 你好！　←── 程式即會顯示這一行

如果呼叫 input() 時省略參數, 那就不會顯示提示文字了。另外, 當使用者在輸入時若直接按 Enter 鍵, 則會輸入空字串。

> ▌ input 函式會傳回一個字串,所以如果你希望取得一個數值,那一定要用 int()
> 或 float() 來轉換型別,否則不能當數值來使用 (會產生 TypeError)。

文字輸出

之前我們已使用過 print() 了,不過那只是 print() 最簡單的形式,其實
print() 可以傳入多個參數,其中包含要輸出 (顯示) 的資料以及控制輸出
格式的參數:

```
print(資料1, 資料2,..., sep=資料分隔字串, end=結束時要加的字串)
```
　　　　要輸出的資料　　　　　　　　　指定輸出格式

上式中,資料 1、資料 2、…是多個要顯示的資料,而 **sep=** 是用來指
定要用甚麼字串來分隔資料 (例如:空兩格 ' ' 或逗號 ',', 未指定此參數
時預設為一個空白字元), **end=** 則是指定結束時要加的字串 (未指定此參
數時預設為換行字元)。這種在函式呼叫時用等號指定參數值 (例如:
sep='|') 的參數傳遞方式叫做指名方式,在第 4 章會有詳細說明。例如:

```
print('蘋果', '柳丁', '香蕉', sep='、', end='很好吃\n')    # \n 為換行字元
```

蘋果、柳丁、香蕉很好吃 ⟵ '、' 為分隔字串, '很好吃\n' 為結尾

在指定結尾字串 (end=) 時,一般會在字串最後加上換行字元 (\n),否
則後續的輸出 (如果有的話) 會接在同一行的後面,而不會換到下一行開
始。

> ▌ 字串中凡是以 \ 開頭的都是轉義字元,而 \n 是換行 (New line) 的轉義字
> 元。有關轉義字元參見第 1 章最後的補充學習。

▌if 判斷式

if 判斷式可以在程式中做「**如果 ... 就 ...**」的判斷，寫法如下：

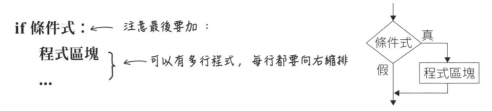

if 條件式： ←— 注意最後要加 :

　　程式區塊 ←— 可以有多行程式，每行都要向右縮排
　　...

以上就是「當**條件式**為真時就執行**程式區塊**」內的敘述，否則略過**程式區塊**。例如：

```
if a < 1:  ←— if 判斷式
    a += 1
    b = a + 3  ←— 程式區塊
print(b)  ←— 接下來的程式未縮排,不屬於 if 區塊了
...
```

注意！屬於 if 的程式區塊要「以 4 個空格向右縮排」，表示它們是屬於上一行 (if...:) 的區塊，而其他非區塊內的敘述則「不可縮排」，否則會被誤認為是區塊內的敘述。

> ▌其實 Python 允許我們用任意數量的空格或定位字元 (Tab) 來縮排，只要同一區塊中的縮排都一樣就好。不過強烈建議使用 4 個空格，這也是官方建議的用法。請注意！ Tab 鍵和空格鍵不要混用，在某些 IDE 環境下會出現錯誤。

如果區塊中只有一行程式，那麼也可併到 if 的冒號之後，例如：

```
if a < 1: a += 1    # 合併為一行的 if
print(a)
```

✦ if...elif...else...

如果想讓 if 多做一點事，例如「**如果 ... 就 ... 否則就 ...**」，那麼可加上 else：

if 條件式：
　　程式區塊　←── 條件為真時要執行的程式
else：　　　←── 注意 else 最後也要加：
　　程式區塊　←── 條件為假時要執行的程式

又如果想做更多的判斷，例如「**如果 x 就 A 否則如果 y 就 B 否則就 C**」，則可再加上代表**否則如果**的 elif：

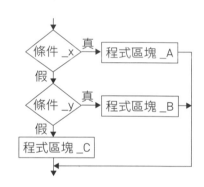

if 條件_x：　　←── 如果 x
　　程式區塊_A
elif 條件_y：　←── 否則如果 y
　　程式區塊_B
else：　　　　←── 否則
　　程式區塊_C

以上 elif 可以視需要加入多個，而 else 如果有的話則要放在最後。例如下面範例用分數來判斷成績等第 (A~E)：

```
a = 70
if a >= 90:      # 如果 >= 90
    grade = 'A'
elif a >= 80:    # 否則如果 >= 80
    grade = 'B'
elif a >= 70:    # 否則如果 >= 70
    grade = 'C'
                                    ↓
```

```
elif a >= 60:    # 否則如果 >= 60
    grade = 'D'
else:            # 否則
    grade = 'E'
print(f'{a} 分, 等第為 {grade}')
```

輸出
↓

```
70 分, 等第為 C
```

✴ 多層的 if

在 if 區塊內還可做更多的判斷, 我們稱之為多層 (或巢狀) 的 if。例如:

if 條件 _x:

　　if 條件 _y:　←── 在 x 為真的狀況下, 再來判斷如果 y 就 ...

　　　　程式區塊 _A

　　else:　　　　←── 否則 ...

　　　　程式區塊 _B

else:

　　程式區塊 _C

請注意, 內層區塊要用更深的縮排, 建議使用 4 的倍數來空格, 例如空 8、12... 格, 而且同一區塊的空格數要一樣。

| while 迴圈：依條件重複執行

如果需要重複執行某項工作, 可利用 while 或 for 迴圈來進行。其中 while 迴圈可依照條件來重複執行, 而 for 迴圈則專門用來走訪容器中的元素。本節先介紹 while 迴圈, 其語法如下:

while 條件式：

　　程式區塊

while 會先對條件式做判斷，如果條件為真，就執行接下來的程式區塊，然後再回到 while 做判斷，如此一直循環到條件式為假時，則結束迴圈，然後繼續往下執行。例如底下的迴圈可算出任何正整數的階乘 (Factorial)：

```
n = int(input('請輸入一個正整數:'))
k = n               # k 和 n 兩個變數名綁到同一個數值上
while(n > 1):
    n = n-1         # 再複習一下，n=n-1 會讓 n 這個變數名綁一個新的數值上
    k = k*n         # 所以現在的 n 和 k 是脫鉤的
print(k)            # 注意!為了聚焦解說 while 迴圈的用法，本程式
                    不處理過濾 0、負數、非整數字串的輸入
```

以上程式是用 while 來執行固定次數 (n-1 次) 的迴圈。其實 while 更常用在不定次數的迴圈，例如底下「計算非負數平方根」的迴圈：

```
i = float(input('請輸入一個正數:'))
j = 0.0
while j*j < i:
    j = j+0.00001   # 每次將 j 加一個微小的量
print(f'{i} 的平方根是: {j}')
```

程式中，j 的初始值 0.0，然後每次迴圈都加一個微小的量，一直加到 j*j 不小於 i 為止，最後再印出 j 的值。這個程式有兩個問題，第一是它不過濾負數和非數字字串，讀者可比照之前溫度換算程式來改良之。第二是當輸入的正數由 10000、100000、1000000 逐次增加時，運算速度明顯慢了下來，這是演算法的問題，也是可以改良的。

✦ 使用 break 與 continue

break 可用來跳出迴圈, 而 continue 則可直接跳到 " 下一圈 " 的開頭 (略過後面未執行的敘述) :

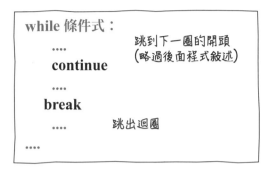

例如底下程式會印出 1 到 10 的整數, 我們將 while 的條件式設為永遠 True, 然後使用 break 來跳出迴圈, 另外再用 continue 來跳過 5 不印 :

```python
i = 1
while True:
    if i == 5:            # 若 i==5 就
        i += 1            # 先將 i 加 1,
        continue          # 然後直接跳到迴圈開頭
    print(i, end=' ')
    if i == 10:           # 若 i==10 就
        break             # 跳出迴圈
    i += 1
print('結束')
```

輸出

1 2 3 4 6 7 8 9 10 結束 ← 5跳過不印了

| for 迴圈 : 走訪容器的每個元素

for 迴圈可將容器中的元素一一讀取出來做處理, 其語法如下 :

for 變數 in 容器 :
　　程式區塊

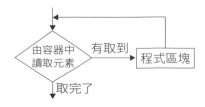

```
s = [0, 1, 2, 3]
for i in s:                # 每次由 s 中讀取一個元素，並指定給 i
    print(i, end=' ')      # 印出 i 的值並空一格
```

輸出

```
0 1 2 3
```

像以上這種「一一讀取出來」的動作，就稱為**走訪**（或迭代，Iterate）。凡是**可走訪 (Iterable)** 的容器都可用 for 來走訪，如果是有順序的，例如字串、串列、tuple 等，就會依序走訪，而沒有順序的，例如集合、字典等，則是隨機走訪，但每個元素都只會走訪一次。

底下分別走訪字串、集合、與字典：

```
for a in 'abc':
    print(a, end=' ')
print('in str')          輸出  a b c in str

for a in {0,1,2}:
    print(a, end=' ')
print('in set')          輸出  0 1 2 in set

for a in {'a': 0,'b': 1,'c': 2}:
    print(a, end=' ')
print('in dict')         輸出  a b c in dict
```

以上在走訪字典時，其實讀取到的是鍵，若要讀取值、或鍵和值，則可用字典的 values() 或 items() 等 method，例如：

```
d = {'a': 0,'b': 1,'c': 2}
for a in d.values():
    print(a, end=' ')
print('in dict.values')  輸出  0 1 2 in dict.values
                                                          ↓
```

```
for a in d.items():
    print(a, end=' ')
print('in dict.items')    輸出 ▶  ('a', 0) ('b', 1) ('c', 2) in dict.items
```

✦ 使用 range() 來走訪數列

range(m, n) 可以傳回一個指定範圍的數列容器，其參數和索引切片很像，會產生「由 m 到 n 但不包含 n」的數列。若 m 省略則預設為 0；但 n 不可省略，因為不能沒有終止值。例如底下分別是 0~9 及 1~10 的 for 迴圈：

> 別忘了「有頭無尾！」的口訣！

```
for i in range(10):       # 走訪由 0 到 10 但不包含 10 的數列
    print(i, end=' ')     輸出 ▶ 0 1 2 3 4 5 6 7 8 9


for i in range(1, 11):    # 走訪由 1 到 11 但不包含 11 的數列
    print(i, end=' ')     輸出 ▶ 1 2 3 4 5 6 7 8 9 10
```

另外還可再加第 3 個參數來指定遞增量，省略時預設為 1，若指定為負值，則數列是由大到小排列。例如：

```
for i in range(1, 10, 2):    # 只產生 1~9 的奇數數列
    print(i, end=' ')        輸出 ▶ 1 3 5 7 9
for i in range(9, 0, -2):    # 遞增量為負數時，m 要大於 n
    print(i, end=' ')        輸出 ▶ 9 7 5 3 1
```

其實 range() 傳回的是一個 range 型別的容器，它是屬於「動態容器」，也就是「它的元素是在每次走訪時動態產生的」，而不是預先產生好的！事實上，它只儲存了我們所指定的數列範圍，及目前被走訪的次數（例如 ragne(1,10,2) 只會儲存 1、10、2 及走訪次數），因此無論是設定多大的數列，都不會增加儲存空間。

✦ 使用 break、continue

for 和 while 一樣, 也可使用 break 來跳出迴圈, 或是用 continue 來跳到下一迴圈的開頭。

✦ 多層的 for 迴圈

迴圈中當然還可以有迴圈, 多層的 for 迴圈可用來走訪多層的容器, 例如:

```
a = [[1,4,3,2], [5,3,6], [4,7,3,8,3], [8,3]]
cnt = 0
for s in a:
    for n in s:
        if n == 3: cnt += 1
print('共有', cnt, '個 3')        輸出➤ 共有 5 個 3
```

✦ for 的容器生成式

我們可以在 [ ] 和 { } 裡頭置入一個 for 迴圈, 從一個容器取出元素加以運算後, 自動生成串列、集合、或字典等容器, 而不用手動一一填入容器的元素。生成串列的就稱為**串列生成式** (List Comprehensions), 生成字典的就叫做**字典生成器**, 其他以此類推。各種生成式的語法如下:

從這個容器中 … 取出元素 … 運算後產生新元素

串列生成式:**[運算式 for 變數 in 容器]** ← 用中括號

集合生成式:**{ 運算式 for 變數 in 容器 }** ← 用大括號

字典生成式:**{ 運算式 _k: 運算式 _v for 變數 in 容器 }** ← 注意裡頭有:

在以上的**運算式**中可以使用 for 裡的**變數**做運算，而其運算結果就是所生成容器的一個元素，for 跑了幾圈，容器就會有幾個生成的元素。例如下面程式可產生 1~5 平方的串列、集合、與字典：

```
print([i*i for i in range(1, 6)])      輸出  [1, 4, 9, 16, 25]    # 串列
print({i*i for i in range(1, 6)})      輸出  {1, 4, 9, 16, 25}    # 集合
print({i: i*i for i in range(1, 6)})   輸出  {1: 1, 2: 4, 3: 9, 4: 16,
                                             5: 25}   # 字典
```

除了用 range() 外，也可以用其他容器哦！

A-4 函式 Function

▎設計自己的函式

使用**函式 (Function)** 的理由是為了要重複使用同一段程式。我們可以將**需要重複使用的程式片段**賦予一個**函式名稱**，然後像變數一樣，呼叫這個函式名稱來重複使用這個程式片段。

定義函式要使用 def, 語法如下：

def 函式名稱 (參數 1, 參數 2, ...):

　　　…………

　　　程式區塊

　　　…………

其中，函式名稱的命名規則就跟變數一樣，而參數可以有多個，也可以無參數，若無參數仍須保留小括號。

Python 在執行程式時，會依順序先看到程式中 def 所定義的函式，它會將內縮的程式區塊儲存在記憶體中、用函式名綁定，然後繼續往下執行，直到主程式呼叫函式時才會真正執行函式。另外，在本書中，我們會在函式

名後面加上 (), 例如 foo(), 來提醒這是一個函式名, 而非一般的變數名。但是, 其實函式名和變數名是同樣位階的, 因為前者是把一個名稱綁到 (bind) 一個程式區塊, 而後者是把一個名稱綁到 (bind) 資料上, 也就是說如果它們的名稱一樣, 是會互相被取代的, 所以要小心二者不要重複同一個名稱!

> ▌ 請注意, 自訂函式跟變數一樣, 必須先定義然後才能呼叫使用, 否則會出現 "NameError: name 'xxx' is not defined" 的錯誤。

底下來看看函式沒參數和有參數的真實例子:

```
def hello():        ← 定義沒有參數的函式 hello, 最後別忘了加 ":"
    print('Hello!')  ← 函式的內容

def sayHi(name, title): ← 此函式有 2 個參數 (代表姓名和頭銜)
    print(name + title + ' 你好!')  ← 函式的內容

hello()                    輸出  Hello!
sayHi('王小明', '同學')     輸出  王小明同學 你好!
```

▌參數的傳遞與傳回值

Python 的函式定義很簡單, 但是在呼叫時的參數傳遞就比較有點學問。

位置參數法與指名參數法

傳遞參數值, 一般是依照參數定義的順序來傳遞, 例如上例中呼叫 sayHi() 時要先放 name 的值再放 title 的值, 這種依照位置順序擺放參數值的方式我們稱為**位置參數法** (positional parameters)。

不過我們也可以直接用參數的名稱來指定參數值，這樣就不用依照順序了，此方式稱為**指名參數法 (named parameters)** 或**關鍵字參數法 (keyword parameters)**，例如：

```
呼叫函式時的參數值傳遞方式
sayHi('王小明', title='同學')      ← 第 2 個參數值用名稱指定
sayHi(title='同學', name='王小明')  ← 全部參數值都用名稱指定, 可以不照順序
sayHi(title='同學', '王小明')       ← 錯誤了！因為'王小明'並未指定參數名, 所以
                                      不是指名參數而是位置參數, 要放在前面才行
```

✴ 使用 return 來傳回物件

在函式中可以用 **return xxx** 來結束函式並傳回 xxx 物件，若 xxx 省略則傳回 None。例如底下計算矩形面積的函式：

```
def calc(w, h):        # w,h 代表寬、高
    if(w<=0 or h<=0):
        return ← 結束函式, 無傳回值
    return w*h ← 結束函式並傳回面積

print(calc(3, 4))   輸出  12
print(calc(3,-4))   輸出  None ← 函式無傳回值時, 會傳回 None
```

當函式沒有傳回值時 (無論是否使用 return)，都會傳回 None 來表示未指定傳回值。另外，return 也可以傳回容器，甚至是多維的容器，例如：

```
def calc(w, h):
    return ((w+h)*2, w*h)       # 傳回 (周長, 面積) 的 tuple

print(calc(3,4))   # (14, 12) ← 傳回值是一個 tuple
```

> ▌ 以上的 return ((w+h)*2, w*h) 也可以不加小括號：return (w+h)*2, w*h, 此時會把用逗號分隔的資料自動打包為 tuple, 因此結果是一樣的。

變數的有效範圍 Scope Rule

變數的 Scope Rule (**有效範圍**) 在程式設計當中是十分重要的, 對於 Scope rule 的不了解, 往往是程式 Bug 的來源。

Python 的變數分為**全域變數** (Global variable) 及**區域變數** (Local variable) 二種。最上層程式 (也就是我們寫的主程式) 建立的變數是**全域變數**, 其有效範圍涵蓋全程式, 因此程式全區都可以讀取。在函式中建立的變數則為**區域變數**, 只有在該函式中才能存取, 而函式的參數, 也同樣是屬於區域變數。

```
a = b = c = 1          ← 建立 a、b、c 三個全域變數

def test(b):           ← 參數 b 為區域變數
   a = 2               ← 建立區域變數 a
   print(a, b, c)      ← 輸出區域變數 a、b 及全域變數 c

test(3)   輸出  2 3 1  ← 呼叫 test(), 在函式中會輸出區域變數 a、b 及全域變數 c
print(a, b, c)  輸出  1 1 1  ← 輸出全域變數 a、b、c
```

這個範例要這樣解讀: 首先程式建立了 a、b、c 三個全域變數 (因為在最上層), 所以最後一行的 print(a, b, c) 也是在最上層, 所以就會輸出 1 1 1 三個全域變數的值。接著來看 test() 函式, 我們在 def test() 時, 建立了 a 和 b 兩個區域變數, 因此 test() 函式執行時所看到的 (稱為 test() 內的 scope) 是區域變數 a、b 而不是最上層的全域變數 a、b (你可以說區域變數 a、b 遮蓋掉同名的全域變數 a、b), 而全域變數 c 則可以在 test() 函式中被讀取 (未被遮蓋)。所以 test() 內的 print(a, b, c) 前兩個參數 a, b 是區域變數, 而最後一個 c 是全域變數。程式倒數第 2 行呼叫 test(3) 時, 3 被當成參數值傳給參數 b, 而 a 是 test() 內的區域變數, 其值為 2, 只有 c 是全域變數, 其值為 1。所以這時 test(3) 內的 print(a, b, c) 輸出的是 2 3 1 和最後的 print(a, b, c) 輸出 1 1 1 不一樣。

A-5 物件、類別與套件

物件 (object) 與類別 (class)

在 Python 中，所有的東西都是物件！不只資料是物件，就連函式也是物件。而寫 Python 程式就是在操作這些物件來得到想要的結果。

其實，我們一直在使用物件與類別，所以底下要介紹物件與類別的三大特點，你應該不陌生，而且很快可以進入狀況：

1 物件 (Object) 是由類別 (Class) 產生的。

2 類別規劃了物件的資料儲存方式，這些儲存的資料就稱為物件的**屬性** (attribute)。

3 類別規劃了物件的操作方式，這些操作方式就稱為物件的**方法** (method)。

所謂『**物件** (object) 是由 **類別** (class) 產生的』是甚麼意思呢？基本上**類別就像是物件的設計藍圖**。有了類別（藍圖），我們就可用它來產生（建立）物件，同一個類別所產生的物件都具有相同的屬性及操作方法，就像是同一個模子（藍圖）印出來的。例如車廠設計好某一車型的藍圖（類別），然後依此藍圖生產車子（物件），生產出來的車子，規格和操作方法都一樣。

相同的類別（藍圖）

```
class 汽車：
─────────────────
屬性 1 行駛里程數
屬性 2 例行保養紀錄
…
─────────────────
方法 (method) 1（可踩油門）
方法 (method) 2（可踩剎車）
…
```

不同的物件（車輛）

→ 物件 1
→ 物件 2
 …
→ 物件 n

雖然是同一型號（類別）的汽車，但每部汽車都是不一樣的，每部汽車都是一個獨立的物件，出廠時都會賦予一個獨立的車體編號。你馬上可以想到，每輛汽車（物件）出廠銷售後，其行駛公里數、保養歷史、操駕方式…都不相同，是的，所以相同類別的不同物件其屬性值可能不一樣。

▌用類別與物件簡化程式起飛！

從第 3 章開始，我們就將許多資料結構包裝成類別，方便我們在處理一些比較複雜的演算法時，可以讓程式更為簡潔。此處我們大致說明一下 Python 類別和物件的基本語法，先讓我們來看看一個簡單的實例：

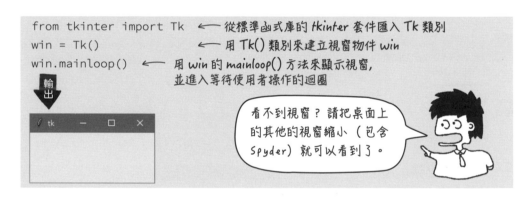

哇！只用 3 行程式就顯示一個視窗!!!是不是很神奇？這就是現成類別好用之處！在這 3 行程式中，我們先用 import 指令從 tkinter 套件中匯入 Tk 類別，然後用 win = Tk() 建立一個 Tk 類別的物件，再用物件的方法來開啟視窗。

用類別建立物件

所以，用類別建立物件的語法就是：

物件名 = 類別名 ()

- **套件 (package)**：如果功能較多或較複雜，則可將之分門別類儲存到多個模組中，然後將這些模組存放在一個資料夾裡，這個資料夾就稱為套件。在套件中可以包含多個模組，而且必須有一個名為 __init__.py 的模組（裡面可以有程式或是空的）。另外套件也可以是巢狀的，也就是套件中還有子套件。

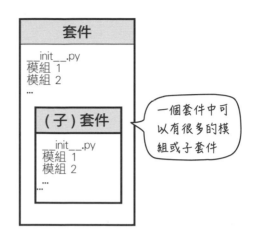

　在使用 import xxx 時，其實就是將 xxx 匯入到程式中使用，因此程式中會多出一個 xxx 物件可以使用。xxx 可以是變數、函式、類別、模組、或套件：

- 如果 xxx 是變數、函式、或類別，那麼就可以直接使用，例如 xxx 為函式時，就可以呼叫 xxx()。

- 如果 xxx 是模組，則會將該模組中所有定義的變數、函式、類別等，都加到 xxx 物件的名稱空間中，因此就可以用 xxx.yyy 的寫法來存取模組中的 yyy（變數、函式、或類別）了。

- 如果 xxx 是套件，則和匯入模組類似，但匯入的是套件中的 __init__.py 模組，細節後述。

　Python 在執行 import xxx 時，會先在目前程式所在的資料夾中尋找 xxx，若找不到則會到儲存內建函式庫及第三方套件的資料夾中尋找，若都找不到則顯示錯誤訊息。因此如果 xxx 不是最上層的模組或套件，則要改用 from ppp import xxx 的寫法，其中 ppp 是最上層的模組或套件。如果

套件有多層則要用 . 來串接，例如 from ppp.qqq import xxx 會從 ppp 套件中的 qqq 模組 (或子套件) 來匯入 xxx。

底下來看例子，假設目前程式所在的資料夾中有一個 mdu.py 模組，其內容如右：

mdu.py
var = 1 fun()

那麼底下用法都是正確的：

import 敘述	匯入的資源	匯入的物件名稱	匯入後的使用方式
import mdu	mdu.py 模組	mdu	mdu.var、mdu.fun()
from mdu import fun	mdu.py 的 fun()	fun	fun()
from mdu import *	mdu.py 的所有東西	var、fun	var、fun()

在上表中，import mdu 是匯入整個 mdu 模組，如果要取用其中的函式 fun() 或變數 var，必須用 mdu.fun() 或 mdu.var。至於 from mdu import fun 則是直接匯入 mdu 模組內的 fun，這時 fun 已在主模組了，所以直接用 fun() 就可以了。同樣的，from mdu import * 是從 mdu 內把所有的物件都匯進來了，所以也是直接取用就可以了。另外請注意，在 import 模組時，不需要 (也不可以) 加 .py 副檔名。

Python 也允許我們用 from pkg import * 來匯入套件中的多個模組，但實際上會匯入哪些模組，是由套件中 __init__.py 的 __all__ 變數所指定，若未指定則只會匯入 __init__ .py 模組。因此請務必參照套件的說明來使用。

Python
資料結構×演算法
刷題 鍛鍊班